PowerPoint 2016

从入门到精通

【第2版】

邱银春 编著

中国铁道出版社

CHINA RAILWAY PUBLISHING HOUSE

内 容 简 介

本书以当前最新的 2016 版本为操作平台，通过"知识点+实例操作"的模式进行讲解。其主要内容包括：PowerPoint 2016 的新功能讲解，在 PowerPoint 中对文本、形状、图片、表格、图示等对象的设置，为幻灯片中的对象添加超链接和动画效果，以及对演示文稿的后期管理，最后通过实战案例的方式具体讲解了 PowerPoint 在教学课件、商务推广及生活娱乐中的应用，让读者通过学习，最终达到实战应用的目的。

本书主要适用于希望掌握快速设计各类演示文稿方法的初、中级用户，适合办公人员、文秘、财务人员、公务员、家庭用户使用，也可以作为各大中专院校及各类电脑培训班学习 PowerPoint 的教材。

图书在版编目（CIP）数据

PowerPoint 2016 从入门到精通/邱银春编著. —2 版. —北京：
中国铁道出版社，2019.3
ISBN 978-7-113-25115-4

Ⅰ.①P… Ⅱ.①邱… Ⅲ.①图形软件 Ⅳ.①TP391.412

中国版本图书馆 CIP 数据核字（2018）第 255585 号

书　　名：**PowerPoint 2016 从入门到精通（第 2 版）**
作　　者：邱银春　编著

责任编辑：张亚慧　　　　　　　　　　读者热线电话：010-63560056
责任印制：赵星辰　　　　　　　　　　封面设计：**MXK** DESIGN STUDIO

出版发行：中国铁道出版社（100054，北京市西城区右安门西街 8 号）
印　　刷：三河市兴博印务有限公司
版　　次：2016 年 6 月第 1 版　　2019 年 3 月第 2 版　　2019 年 3 月第 1 次印刷
开　　本：787mm×1 092mm　1/16　印张：25.25　　字数：583 千
书　　号：ISBN 978-7-113-25115-4
定　　价：69.00 元

阅读说明

　　PowerPoint 是设计和展示幻灯片最常用，也是功能最强大的软件之一，使用该工具可以制作出集文字、图片、声音和视频剪辑等多媒体元素于一体的演示文稿，PowerPoint 的演示功能对于成功地介绍公司产品、展示学术成果等有很强的辅助作用。

　　为了让更多的读者了解 PowerPoint，我们编写并全新升级了这本《PowerPoint 2016 从入门到精通（第 2 版）》，下面先来了解本书的结构和阅读说明。

二级标题
二级标题+内容说明，让读者一目了然本节主讲内容。

素材
本书资源下载中包含了书中案例讲解对应的全部素材和效果文件，方便读者上机操作。另外还免费附送了一套 PowerPoint 2013 的软件教学视频和本书综合案例制作视频，以及附赠大量实用的、专业的模板，读者稍加修改即可制作出需要演示的文稿。

操作步骤
本书案例步骤采用一步一图的形式，配合步骤小标题，让操作更清晰、学习更直观。

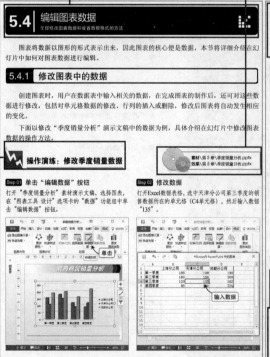

5.4 编辑图表数据
掌握修改图表数据和设置数据格式的方法

　　图表将数据以图形的形式表示出来，因此图表的核心便是数据，本节将详细介绍在幻灯片中如何对图表数据进行编辑。

5.4.1 修改图表中的数据

　　创建图表时，用户在数据表中输入相关的数据，在完成图表的制作后，还可对这些数据进行修改，包括对单元格数据的修改、行列的插入或删除，修改后图表将自动发生相应的变化。

　　下面以修改"季度销量分析"演示文稿中的数据为例，具体介绍在幻灯片中修改图表数据的操作方法。

操作演练：修改季度销量数据

素材\第 5 章\季度销量分析.pptx
效果\第 5 章\季度销量分析.pptx

Step 01 单击"编辑数据"按钮
打开"季度销量分析"素材演示文稿，选择图表，在"图表工具 设计"选项卡的"数据"功能组中单击"编辑数据"按钮。

Step 02 修改数据
打开 Excel 数据表格，选中天津分公司第三季度的销售数据所在的单元格（C4 单元格），然后输入数据"135"。

　　除此之外，用户还可以通过"数字"功能组中的按钮，为数据设置百分比、小数点及千位分隔符格式，如单击"会计数字格式"下拉按钮，在弹出的下拉列表中预设了多种货币格式，如图5-40所示。

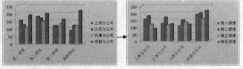

图5-40 选择会计数字格式

5.4.3 设置行列数据互换

　　行列互换在图表中也是经常应用，其设置比较简单。选择图表后，单击"图表工具 设计"选项卡"数据"功能组中的"切换行/列"按钮即可。

　　另外，在"图表工具 设计"选项卡的"数据"功能组中单击"选择数据"按钮，在打开的"选择数据源"对话框中单击"切换行/列"按钮也可以互换图表中的行列数据。

　　图5-41（左）所示的图表主要用于分析每一季度各分公司的销量数据，以比较各分公司在不同时期的销量情况。如将该图表的行列数据互换，得到的图表如图5-41（右）所示，该图表则可用于分析各分公司在一年中不同季度的销量变化情况，用以调整分公司的销售战略。

图5-41 互换行列数据前后图表的变化

读者提问
Q： 为什么我的图表无法进行行列切换呢？
A： 要进行行列切换的图表，其数据应该是多行多列的，如饼图的数据只有一列（行），进行行列切换没有实际意义。另外，在进行行列切换操作前，应先单击"数据编辑"按钮打开数据表，然后再单击"切换行/列"按钮，否则该按钮为不可操作状态。

5.4.4 选择指定数据行列创建图表

　　对于幻灯片中的图表而言，在制作好数据表后，还可重新选择其中的任意行列数据来创建图表，如在前面制作的"季度销量分析"图表中，希望只对上海和天津分公司的第一季度销量情况进行对比，则可进行如下操作。

操作演练
通过"操作演练"和"实战演练"版块，分别对知识点进行实战操作和汇总应用，读者可以根据操作步骤轻松进行实战练习，以达到快速掌握知识点的目的。

拓展小栏目
本书不仅对知识点本身进行介绍，对于与该知识点相关的扩展知识和技巧，本书采用"提示"、"技巧"和"读者提问"小栏目进行罗列，让读者更全面、深入地掌握和应用该知识。

■ 本书内容

本书分 4 个阶段贯穿了从入门到精通学习 PowerPoint 的主线，分别是"基础操作阶段"→"进阶操作阶段"→"后期管理阶段"→"实战应用阶段"。

全书各章节具体需要掌握的知识要点提示如下图所示：

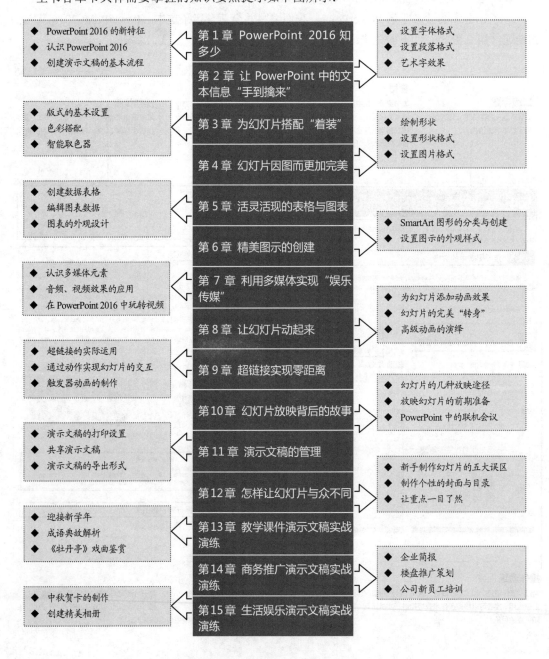

◆ PowerPoint 2016 的新特征
◆ 认识 PowerPoint 2016
◆ 创建演示文稿的基本流程

第 1 章 PowerPoint 2016 知多少

第 2 章 让 PowerPoint 中的文本信息"手到擒来"

◆ 设置字体格式
◆ 设置段落格式
◆ 艺术字效果

◆ 版式的基本设置
◆ 色彩搭配
◆ 智能取色器

第 3 章 为幻灯片搭配"着装"

第 4 章 幻灯片因图而更加完美

◆ 绘制形状
◆ 设置形状格式
◆ 设置图片格式

◆ 创建数据表格
◆ 编辑图表数据
◆ 图表的外观设计

第 5 章 活灵活现的表格与图表

第 6 章 精美图示的创建

◆ SmartArt 图形的分类与创建
◆ 设置图示的外观样式

◆ 认识多媒体元素
◆ 音频、视频效果的应用
◆ 在 PowerPoint 2016 中玩转视频

第 7 章 利用多媒体实现"娱乐传媒"

第 8 章 让幻灯片动起来

◆ 为幻灯片添加动画效果
◆ 幻灯片的完美"转身"
◆ 高级动画的演绎

◆ 超链接的实际运用
◆ 通过动作实现幻灯片的交互
◆ 触发器动画的制作

第 9 章 超链接实现零距离

第10章 幻灯片放映背后的故事

◆ 幻灯片的几种放映途径
◆ 放映幻灯片的前期准备
◆ PowerPoint 中的联机会议

◆ 演示文稿的打印设置
◆ 共享演示文稿
◆ 演示文稿的导出形式

第 11 章 演示文稿的管理

第12章 怎样让幻灯片与众不同

◆ 新手制作幻灯片的五大误区
◆ 制作个性的封面与目录
◆ 让重点一目了然

◆ 迎接新学年
◆ 成语典故解析
◆《牡丹亭》戏曲鉴赏

第13章 教学课件演示文稿实战演练

第14章 商务推广演示文稿实战演练

◆ 企业简报
◆ 楼盘推广策划
◆ 公司新员工培训

◆ 中秋贺卡的制作
◆ 创建精美相册

第15章 生活娱乐演示文稿实战演练

▸ 学到什么

❶ 快速创建各种演示文稿

随着 PPT 演示技术的改善和发展，演示文稿被越来越广泛地应用于工作、学习和日常生活中，通过对本书的学习，可以创建如商务、教学、培训等各种类型的演示文稿。

❷ 制作图文并茂的演示文稿

为了增强演示文稿的易接收性，需要在演示文稿中插入形状、图片、表格、图表和图示等对象，并对演示文稿中的对象进行适当的美化，从而制作出图文并茂的演示文稿。

❸ 为演示文稿添加动画和交互效果

动画和交互效果是 PPT 技术的高级应用，它们不仅可以使演示文稿更加生动形象，还使演示文稿的放映变得更简单、更好控制，通过学习本书，可以较全面地掌握制作动画和交互效果的技能，使演示文稿"动起来"。

❹ 放映和管理演示文稿

本书介绍了多种放映演示文稿的方法，以及在演示过程中需要掌握的技巧，并且详细介绍了对演示文稿进行后期管理的方式。如打印或打包演示文稿、共享演示文稿、将演示文稿创建为视频等，以协助用户更好地保管自己的成果。

运行环境

本书以 2016 版本介绍有关 PowerPoint 的知识和操作，对于本书中所有的素材、源文件及模板文件，有可能出现以下情况：

- 使用 PowerPoint 2007/2010/2013 打开，有可能出现效果不一致的情况。
- 使用 PowerPoint 2003 打开，有可能会打开是否下载兼容包的提示，如下图所示。

因此，最好在 PowerPoint 2016 环境下使用本书中提供的各种 PowerPoint 文件。

另外，如果用户使用 PowerPoint 2016 打开较旧的 PowerPoint 2003 的文件，在标题栏会出现"[兼容模式]"字样，如下图所示，这只是高版本和低版本之间的兼容问题，但是查阅和编辑文件内容是不受任何影响的。

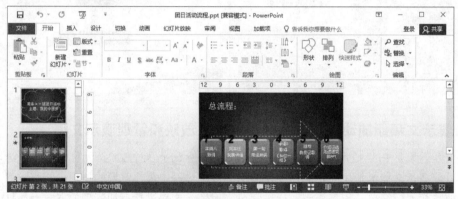

此外，要确保 PowerPoint 2016 能够正常安装和使用，用户的电脑必须确保是 Windows 7、Windows 8 等高版本的操作系统。

读者对象

本书主要定位于希望快速掌握设计各类演示文稿的初、中级用户，适合办公人员、文秘、财务人员、公务员、家庭用户使用，也可作为各大中专院校及各类电脑培训班的 PowerPoint 教材使用。

由于编者知识有限，书中难免会有疏漏和不足之处，恳请专家和读者不吝赐教。

编　者

2018 年 9 月

目　录

第 3 章　为幻灯片搭配"着装"

第 11 章　演示文稿的管理

第 12 章　怎样让幻灯片与众不同

第 13 章　教学课件演示文稿实战演练

第 14 章　商务推广演示文稿实战演练

第 15 章　生活娱乐演示文稿实战演练

第 1 章

PowerPoint 2016 知多少

登录 Microsoft 账户

在功能区中添加组和命令

设置背景和主题

帮助系统

1.1 PowerPoint 2016 的新特征
了解 PowerPoint 2016 新功能

PowerPoint 2016具有简洁的全新外观，特别适合在支持Windows 8及以上系统的平板电脑和支持Microsoft Office 2016的手机上使用，因为用户可在演示文稿中随意轻扫或点击对象。

PowerPoint 2016中的演示者视图可自动适应用户的投影仪设置，甚至可以在一台监视器上播放。主题也提供了诸多变体，可更加简单地打造所需外观。当与其他人协作时，用户可以添加一些批注以提出问题和获得反馈。

1.1.1 精美的入门选项

PowerPoint 2016中提供了多种方式来使用模板、主题、最近打开的演示文稿或空白演示文稿来启动下一个演示文稿，而不是直接打开空白演示文稿。

在启动PowerPoint 2016后，经过几秒的短暂等待，会在当前界面上看到多种精美的主题选项，如图1-1所示。

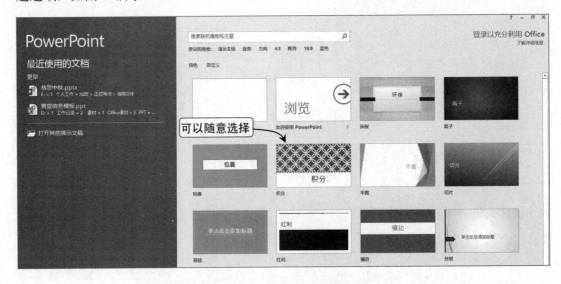

图1-1　PowerPoint中的主题选项

用户可根据需要选择一种主题选项，进入PowerPoint 2016的工作界面。

1.1.2 优秀的设计工具

PowerPoint 2016中的设计工具相当人性化，不仅继承了PowerPoint 2013的设计优点，也增加了更多的实用功能，下面具体介绍。

1．更丰富的切换效果

PowerPoint 2016的"切换"选项卡中新增了许多华丽的幻灯片切换效果，这些切换效果包括真实三维空间中的动作路径和旋转，通过这些效果可以使幻灯片拥有如同Flash一样的3D效果，如图1-2所示。

帘式　　　　　　　　　　　　　　　　　　　　日式折纸

图1-2　"帘式"与"日式折纸"切换效果

此外，在PowerPoint 2016中附带全新的切换效果类型"变形"，可帮助用户在演示文稿中的幻灯片上执行平滑的动画、切换和对象移动。

2．更人性化的智能搜索框

在PowerPoint 2016中，新增了智能搜索框，直接将文本插入点定位到"告诉我你想做什么"搜索框中，将弹出一个下拉列表，选择任意选项，这里选择"启动演示文稿"选项，如图1-3（左）所示，打开启动演示文稿相关的设置，如图1-3（右）所示。

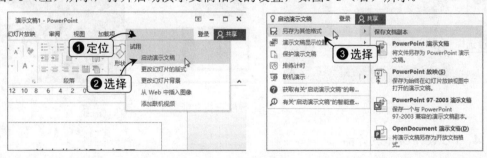

图1-3　直接选择智能查找选项

此外，用户还可以在其中输入需要功能的关键字，如输入"图表"，此时程序自动显示出与该关键字相关的功能，如果搜索的功能当前可用，则为高亮显示，如图1-4（左）所示的"添加图表"功能；如果搜索到的功能为当前编辑状态不可用，则呈灰色显示，如图1-4（右）所示的"放映时隐藏"和"未播放时隐藏"功能。

图1-4　通过关键字查找功能

此外，在弹出的下拉列表中选择获取有关的帮助命令还可以获得具体的帮助信息，从而显得更加人性化和智能化。

3．智能查找功能

当选择某个字词或短语后，在其上右击，在弹出的快捷菜单中选择"智能查找"命令，或者直接在"审阅"选项卡中单击"见解"功能组中的"智能查找"按钮，如图1-5所示。此时程序将自动打开智能查找窗格，在其中即可查看来源于维基百科和网络相关搜索对该词语的解释。

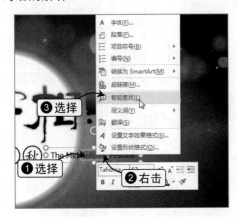 

图1-5　智能查找功能

4．PowerPoint 设计器

PowerPoint设计器是PowerPoint 2016新增的一项功能，通过该功能，程序自动根据用户的内容生成多种多样的构想，方便用户从中选择。对于设计水平较差的用户而言，这项功能非常实用。当用户添加照片或其他独特的可视内容时，程序会自动打开设计器窗口，在其中即可查看到生成的多种构想方法。

此外，用户也可以选择幻灯片中的某些对象，然后单击"设计"选项卡"设计器"功能组中的"设计创意"按钮，如图1-6所示。在右侧的"设计理念"窗格中即可查看到根据该图片产生的不同布局效果的设计构想。

图1-6　利用设计器自动生成设计构想效果

5．快速启用共享功能

共享功能在早期版本的PowerPoint软件中也有，只是在PowerPoint 2016中将该功能设计为功能区上的"共享"按钮，如图1-7所示，在打开的"共享"窗格中即可选择将文件保存到云还是作为附件发送，从而快速启用共享功能来完成在SharePoint、OneDrive 或OneDrive for Business上与他人共享演示文稿。

图1-7　快速启用共享功能

6．屏幕录制功能

对于从事培训和教学的用户而言，有时需要录制一些视频来辅助教学，在PowerPoint

2016中，程序新增了屏幕录制功能，不仅可以对指定的屏幕区域的操作过程进行录制，而且还可以把录制好的内容插入幻灯片中，有关操作将在本书的第7章介绍。

7．增加了新的图表模型

在PowerPoint 2016中，程序新增了6种图表，包括树状图、旭日图、直方图、直方图（排列图）、箱形图和瀑布图，如图1-8所示，这几种图表主要是为了方便用户创建财务或分层信息的一些最常用的数据可视化，以及显示数据中的统计属性。

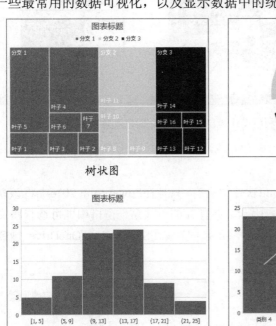

树状图　　　　　　　　　　　　　　　　　旭日图

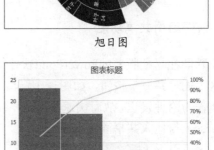

直方图　　　　　　　　　　　　　　　　　直方图（排列图）

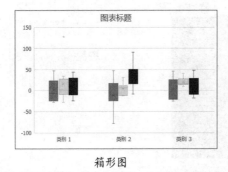

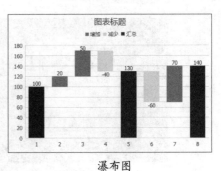

箱形图　　　　　　　　　　　　　　　　　瀑布图

图1-8　　新增6种图表效果

8．增加墨迹书写功能

在PowerPoint 2016中，除了提供一些常规的圆的面积及勾股定理的数学公式之外，还新加入墨迹公式的功能，直接在"插入"选项卡"符号"功能组中单击"公式"按钮，选择"墨迹公式"命令即可启用该功能，如图1-9（左）所示。此时，若想要实现复杂公式的输入，可以直接在打开的对话框中书写，然后系统自动进行识别并转换成文本，如果书写错误了，还可以使用擦除功能擦除并更正，如图1-9（右）所示。

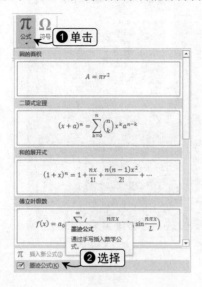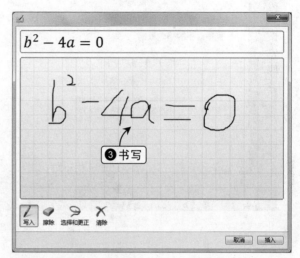

图1-9　使用墨迹公式输入复杂公式

此外，在早期的PowerPoint 2013中使用墨迹勾画重点时，只能在放映时才能使用笔工具和墨迹功能，而在PowerPoint 2016中，直接将该功能显示在"审阅"选项卡的"墨迹"功能组中，单击"开始墨迹书写"按钮，程序自动进入"墨迹书写工具 笔"选项卡中，如图1-10所示，在其中可以更方便地对墨迹参数进行设置。

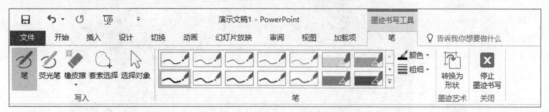

图1-10　更方便的墨迹书写工具

1.1.3　完美的演示者工具

在一个演示文稿被精心打造出来之后，演示者工具就派上用场了，一个好的演示者工具会让操作者省不少心。

1. 简易的演示者视图

演示者视图允许操作者在其监视器上查看用户笔记，而观众只能看到幻灯片。在早期版本中，很难弄清楚谁在哪个监视器上查看哪些内容。改进的演示者视图解决了这一难题，使用起来更加简单，直接按【Alt+F5】组合键进入演示者视图，如图1-11所示。

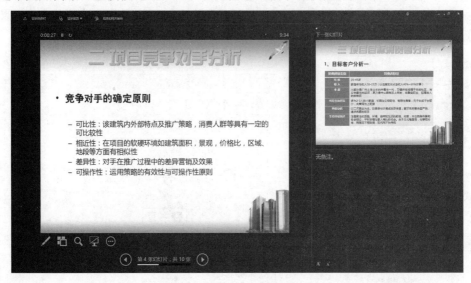

图1-11　演示者视图

2．友好的宽屏界面

现在许多电视和视频都采用了宽屏和高清格式，PowerPoint 2016也是如此。它具有16：9的比例，新主题旨在尽可能使用宽屏，如图1-12所示。

图1-12　宽屏展示

3．在 PowerPoint 中启动联机会议

现在，用户可以采用多种方式通过互联网共享PowerPoint演示文稿。用户可以向他人发送指向幻灯片的超链接，或者启动完整的Lync会议，该会议可显示平台及音频和IM。观众可以在任何位置的任何设备使用Lync或Office Presentation Service加入会议，如图1-13所示。

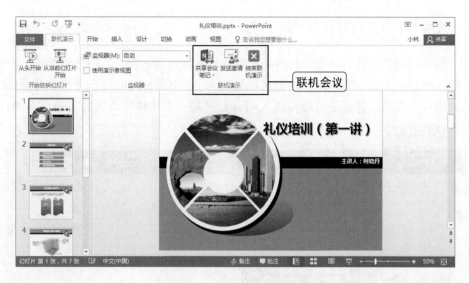

图1-13　联机共享演示文稿

1.1.4　触控设备上的 PowerPoint

通过基于Windows 8的触控设备与PowerPoint 2016进行交互，用户可以用触控手势在幻灯片上轻扫、点击、滚动、缩放和平移对象，真正地感受演示文稿，让其尽在掌握中，如图1-14所示。

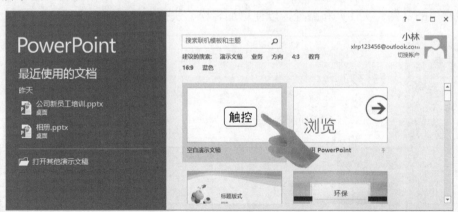

图1-14　触控设备上的PowerPoint

1.1.5　共享和保存

PowerPoint 2016中将共享和保存的方法进行了多样化，用户在共享和保存演示文稿时有更多的选择。

1．共享 Office 文件并保存到云

云相当于网络的文件存储器，每当用户联机时，就可以访问云。用户将Office文件保存到自己的OneDrive或组织的网站后，就可以访问和共享PowerPoint演示文稿和其他的Office文件，如图1-15所示，甚至还可以与他人同时处理同一个文件（有关共享的更多操作可参见本书第11章）。

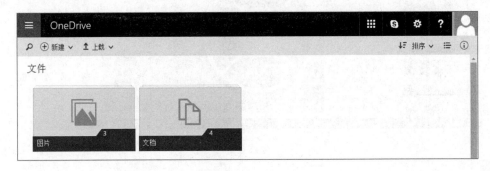

图1-15　登录后的云

2．新的"另存为"选项卡

新的"另存为"选项卡摒弃了诸多旧的"另存为"对话框中的浏览和滚动操作。用户最常用的文件夹都将自动出现在"另存为"选项卡中，如图1-16所示。同时，用户可以"固定"最常用的文件、文件夹和路径，以便更加轻松、快捷地保存演示文稿。

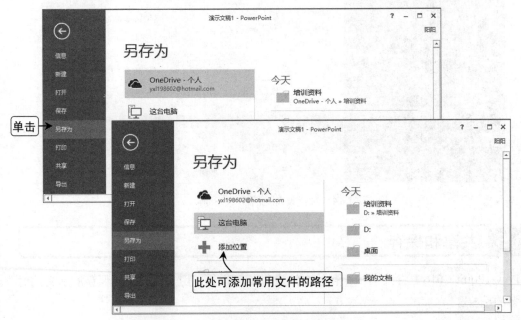

图1-16　"另存为"选项卡

1.1.6 个性化的账户设置

账户设置是Microsoft Office 2016的全新亮点，用户在注册并登录账户后，可以在 Microsoft Office 2016的登录界面、操作界面和"文件"选项卡中看到用户信息。

1．用户信息设置

在PowerPoint 2016中可以直接注册Microsoft账户，用户在注册成功之后，即可上传照片，或者修改用户名，其具体操作如下。

 操作演练：注册Microsoft账户

Step 01 打开登录界面

在PowerPoint 2016操作界面中单击右上角的"登录"超链接，打开"登录"对话框随意输入一个邮箱，单击"下一步"按钮。

Step 02 单击"注册"按钮

在打开的提示对话框中，程序提示没有注册，单击"注册"超链接。

Step 03 填写账户信息

在打开的对话框中输入个人账户信息、创建密码和确认密码。

Step 04 创建账户

继续输入其他必填信息，然后输入验证字符，最后单击"创建账户"按钮创建成功。

提示
Attention

注册 Microsoft 账户的另一种方法

通过在 Microsoft 中国官方网站（https://products.office.com/zh-cn/home）注册账户并成功登录后，也可以在 Microsoft Office 2016 中登录自己的账户。

2. 背景和主题设置

用户在登录账户后，可以在PowerPoint 2016的"账户"选项卡中对背景和主题进行自定义设置，初始界面样式如图1-17所示。

图1-17　初始界面样式

在Microsoft Office 2016中默认了"春天"、"稻草"、"年轮"、"书法"等14种背景，如图1-18（左）所示。图1-18（右）所示为应用"书法"背景的效果。

图1-18　Office背景效果

对于主题效果，程序只提供了"彩色"、"深灰色"、"白色"3种，如图1-19（左）所示。图1-19（右）所示为"白色"的主题效果。

图1-19　"白色"的主题效果

用户在PowerPoint 2016中的背景与主题设置，会同步应用到Word 2016和Excel 2016中。

1.2 认识 PowerPoint 2016
PowerPoint 2016 的启动与退出、工作界面的介绍等

本节将介绍PowerPoint 2016的基本操作，如PowerPoint 2016的启动与退出、工作界面的构成及其各项功能的分类讲解等。

1.2.1　PowerPoint 2016 的启动与退出

PowerPoint 2016的启动方法是：将PowerPoint 2016安装到电脑中之后，在"开始"菜单中可以找到该程序的启动命令，通过它可以启动软件，如图1-20所示。

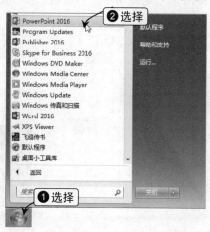

图1-20　启动PowerPoint 2016

除了上述启动PowerPoint 2016的方法外，用户还可以通过双击PowerPoint文件启动该软件。与前一种方法的不同之处在于，后者在启动软件后将直接打开该文件，而前一种方法启动后将进入PowerPoint 2016的入门选项界面。

PowerPoint 2016的启动界面如图1-21所示。

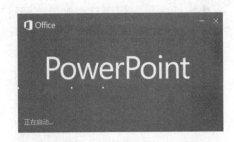

图1-21　PowerPoint 2016的启动界面

启动PowerPoint 2016后，可在其入门选项界面中选择任意一种主题，这里选择"离子（会议室）"主题，在打开的"离子会议室"对话框中选择一种变体，也可不选保存默认选项，如图1-22所示。

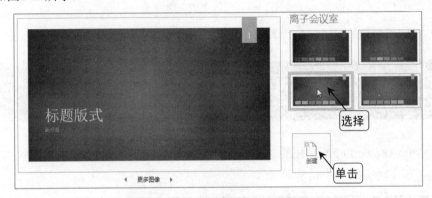

图1-22　"离子会议室"的主题及变体

如果想了解此主题更多的信息，可以单击"离子会议室"对话框下方"更多图像"的▶按钮，可以看到与此相关的更多图片信息，如图1-23所示。

如果想进入PowerPoint 2016的工作界面，可以单击"离子对话框"中的"创建"按钮。图1-24所示为进入"离子会议室"的主题工作界面。

图1-23　"离子会议室"的相关图片信息

图1-24　"离子会议室"的主题工作界面

　　如果对入门选项界面中的主题都不太满意，可以在搜索框中输入想要的主题或模板的关键字进行搜索，或者单击"建议的搜索"栏中的超链接，即可得到更多的主题选项。图1-25所示为单击"自然"超链接后得到的相关主题选项。

图1-25　更多的主题选项

　　选择一种满意的主题或模板，即可打开该主题或模板的下载对话框，这就要求用户在进行这一操作时，必须确保自己的电脑已连入互联网。在该对话框中提供了此主题或模板的显示模式、提供者、下载大小及其他相关信息，如图1-26所示。

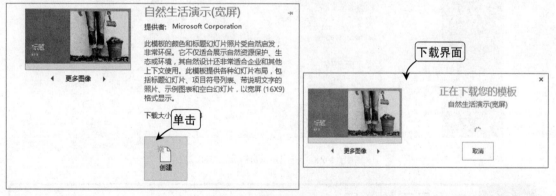

图1-26　模板的相关信息

　　单击对话框中的"创建"按钮，可以下载该模板，下载完成后，程序自动进入下载的模板界面，如图1-27所示。

图1-27　根据模板新创建的演示文稿

　　如果用户看了简介之后觉得不喜欢，可以退出继续选择其他主题，在"新建"窗格右侧中罗列了很多主题类别，并给出了主题类别个数，用户可以在其中浏览选择主题。

　　当然也可以不选择任何主题，在入门选项界面中单击"空白演示文稿"选项，可直接进入空白的PowerPoint工作界面。

　　退出PowerPoint 2016常见的方法有以下两种：

◆　如果当前只打开了一份演示文稿，单击 PowerPoint 2016 工作界面标题栏中的"关闭"按钮，即可关闭当前打开的文件并退出 PowerPoint 2016。

◆　单击 PowerPoint 2016 工作界面顶端的最左侧中的"文件"选项卡，在其中单击"关闭"按钮，可退出 PowerPoint 2016，如图 1-28 所示。

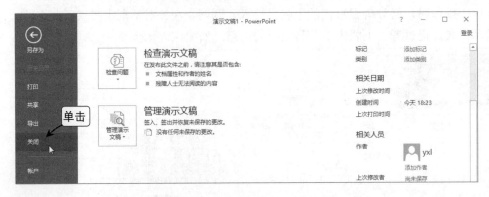

图1-28　退出PowerPoint 2016

1.2.2　工作界面的介绍

　　在PowerPoint 2016操作界面中，所有工具都位于功能区内，并以更直观的方式对它们进行了组织，其具体组成如图1-29所示。

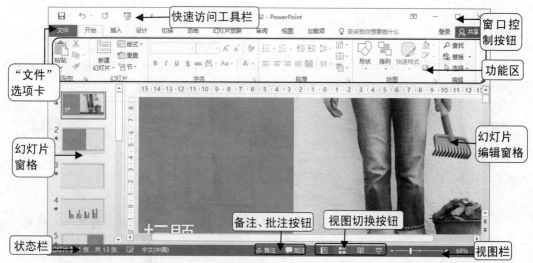

图1-29　PowerPoint 2016的工作界面

1．功能区

PowerPoint 2016中的功能区是一个动态的带状区域，由多个选项卡组成，每个选项卡下又集成了多个功能组，每个功能组中又包含了多个相关的按钮或选项。整个功能区嵌入在标题栏下固定的位置，这样便取代了以往PowerPoint中大部分有重复内容的菜单和工具栏的功能，如图1-30所示。

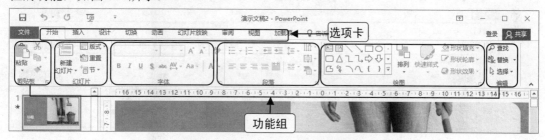

图1-30　PowerPoint 2016的功能区

2．"文件"选项卡

与PowerPoint 2013中的"文件"选项卡相似，PowerPoint 2016中的"文件"选项卡集结了PowerPoint中最常规的设置选项及功能命令，较之PowerPoint 2010更加丰富，如图1-31所示。

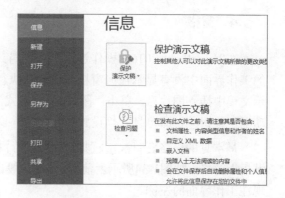

图1-31　"文件"选项卡

3．选项卡

选项卡是操作PowerPoint 2016时经常提到的名词，PowerPoint 2016功能区中的选项卡可分为两大类，一类是常规选项卡，如图1-32所示。

图1-32　常规选项卡

另一类是"工具"选项卡，它又包含"图片工具 格式"、"图表工具 设计 格式"、"绘图工具 格式"、"表格工具 设计 布局"和"Smartart工具 设计 格式"等7种选项卡，如图1-33所示。

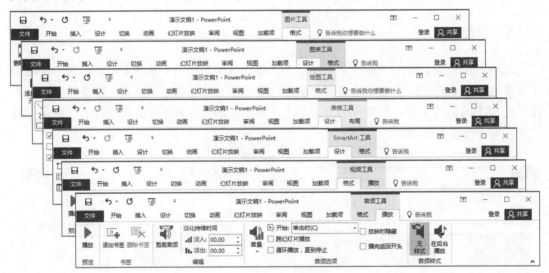

图1-33　各种"工具"选项卡

4．窗格

在PowerPoint 2016的操作过程中，会遇到很多窗格。在默认情况下，PowerPoint 2016的工作界面中没有显示任何窗格，只有在执行了相应的操作之后，窗格才会出现。如在演示文稿中插入图片后，单击"图片工具 格式"选项卡"图片样式"功能组中的"对话框启动器"按钮，即可打开"设置图片格式"窗格，如图1-34（a）所示。

最常见的窗格有4种，分别为"设置图片格式"、"设置形状格式"、"批注"和"剪贴板"窗格，如图1-34所示。前3种窗格一般出现在工作界面的右侧，"剪贴板"窗格则出现在工作界面的左侧。

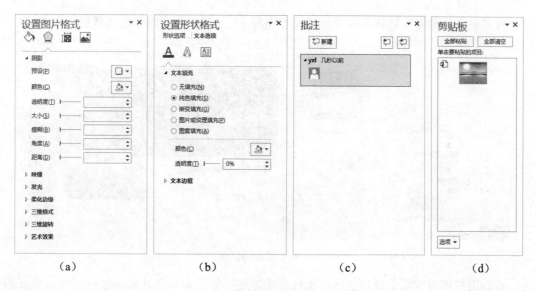

图1-34 4种不同的窗格

5．迷你工具栏

制作幻灯片时文本格式的设置是最基本的，因此在PowerPoint 2016中除了可通过功能区设置文本的格式外，还可使用迷你工具栏来进行快速设置。

用户选择文本后，在鼠标光标附近会自动显出一个浮动工具栏，该工具栏被称为迷你工具栏，如图1-35所示，在其中选择相应的选项或单击对应的按钮即可快速设置文本格式，设置完后该迷你工具栏会自动消失。

图1-35 迷你工具栏

1.2.3 界面状态的调整与自定义

PowerPoint 2016的人性化设计使用户可以根据自己的需要和使用习惯对界面的状态进行调整和自定义。

1．隐藏和折叠功能区

在默认情况下，功能区总是显示在标题栏的下方。若用户感觉该区域占据了显示区域，可在工作界面右上角单击"功能区显示选项"按钮，在其下拉列表中选择"自动隐藏功能区"选项将功能区隐藏，如图1-36（左）所示。此时工作界面呈现全屏显示状态，如图1-36（右）所示。

若要显示功能区可以将鼠标光标移至界面最上方，在显示的橘红色条状栏上单击即可，但它只是悬浮于工作界面上，单击该界面，功能区会自动隐藏。

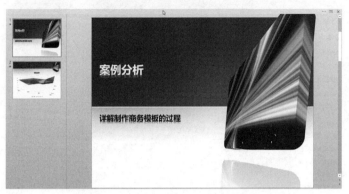

图1-36　隐藏功能区

有些用户可能觉得隐藏功能区后操作会不方便，这时也可将功能区进行折叠，只保留选项卡。用户在单击某选项卡后，其下的功能区才会显示出来，在编辑完后该区域又会自动消失。具体的设置方法有如下3种。

◆ 在 PowerPoint 2016 功能区的任意位置右击，在弹出的快捷菜单中选择"折叠功能区"命令，如图 1-37（左）所示。

◆ 双击展开的选项卡可快速折叠功能区，如图 1-37（右）所示。

◆ 在工作界面右上角单击"功能区显示选项"按钮，在其下拉列表中选择"显示选项卡"选项，也可折叠功能区。

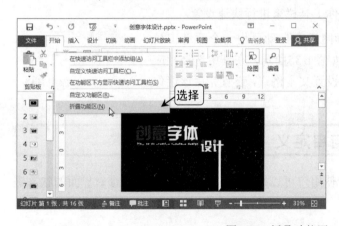

图1-37　折叠功能区

将折叠的功能区显示出来，只需双击任意常规选项卡或在"功能区显示选项"下拉列表中选择"显示选项卡和命令"选项，如图1-38所示。

图1-38　显示功能区

2．自定义功能区

如果用户想要自己定义功能区，如增加、删减选项卡或选项，调换选项卡位置等，都可以在"自定义功能区"选项卡中进行。

下面以在"绘图工具　格式"选项卡中新建"形状组合"功能组并向其中添加"拆分形状"、"剪除形状"、"联合形状"、"相交形状"和"组合形状"命令为例，介绍怎样自定义功能区，其具体操作如下。

 操作演练：功能区的自定义

Step 01 选择"工具选项卡"选项

新建空白演示文稿，在功能区上右击，选择"自定义功能区"命令，在"自定义功能区"的下拉列表框中选择"工具选项卡"选项。

Step 02 新建组

在下方列表框的"绘图工具"组中选中"格式"复选框，并单击"新建组"按钮，其中新建一个组。

Step 03 重命名组

单击"重命名"按钮，打开"重命名"对话框，在"显示名称"文本框中输入文本"形状组合"，并单击"确定"按钮。

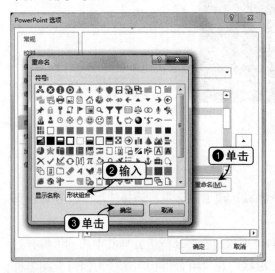

Step 04 添加命令

在"从下列位置选择命令"下拉列表框中选择"不在功能区中的命令"选项，在下面的列表框中选择"拆分形状"选项，单击"添加"按钮。

Step 05 添加其他命令

该命令将自动添加到新建的"形状组合"组中，在右边的列表框中继续选择并添加"剪除形状"、"联合形状"、"相交形状"、"组合形状"命令。

Step 06 移动命令位置

在右边的列表框中选择"拆分形状"选项，单击右侧的"下移"按钮，可以调整该命令在"形状组合"组中的位置，最后单击"确定"按钮即可。

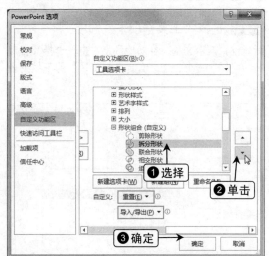

在"绘图工具 格式"选项卡中添加"形状组合"功能组及其命令后，工作界面的前后变化如图1-39所示。

添加前　　　　　　　　　　　添加后

图1-39　添加"形状组合"功能组及其命令的前后对照效果

3. 调整幻灯片窗格与备注窗格的大小

幻灯片窗格及备注窗格都紧临着幻灯片编辑窗格,它们之间都有一条分界线,按住鼠标左键不放拖动这些分界线即可调整它们的大小,如图1-40所示。

图1-40　调整幻灯片窗格与备注窗格的大小

在默认情况下,工作界面是不会显示备注窗格的,需要通过设置将其显示出来,单击窗口下方的"备注"按钮后,备注窗格就会在工作界面中显示,定位文本插入点,可输入备注文字。

4. 通过缩略图编辑幻灯片

幻灯片窗格中的缩略图是可以在其中随意拖动位置的,也可以通过对缩略图的操作增加和删减幻灯片,如图1-41所示。

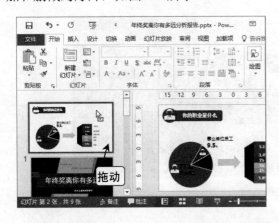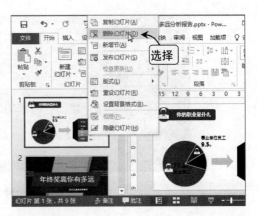

图1-41　通过缩略图编辑幻灯片

5．调整视图模式

PowerPoint 2016 为用户提供了 6 种视图模式，包括普通视图、幻灯片浏览视图、阅读视图、幻灯片放映视图、大纲视图和备注页视图，以满足用户不同的创作需求。

在默认情况下，"视图切换"按钮功能组中的按钮只包括前 4 种视图的按钮，单击组中的任意按钮，即可切换到相应的视图模式下。下面来认识一下这 6 种视图模式及其特点。

◆ **普通视图**：普通视图是 PowerPoint 2016 的默认视图，启动 PowerPoint 2016 后将直接进入该视图模式。在该视图下调整幻灯片总体结构、编辑单张幻灯片中的内容以及在"备注"窗格中添加演讲者备注都非常方便。

◆ **幻灯片浏览视图**：单击 按钮切换到幻灯片浏览视图，在该视图下可以较方便地浏览整个演示文稿中各张幻灯片的整体效果，如图 1-42 所示，以决定是否要改变幻灯片的版式、设计模式和配色方案等，也可在该模式下排列、添加、复制或删除幻灯片，但不能编辑单张幻灯片的具体内容。

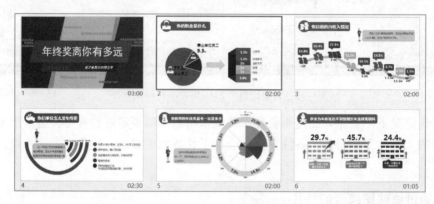

图 1-42　幻灯片浏览视图

◆ **阅读视图**：单击 按钮，进入阅读视图。该模式用于查看演示文稿，以方便审阅，如图 1-43 所示。如果要更改演示文稿，可随时从阅读视图切换至其他视图。

图 1-43　阅读视图

◆ **幻灯片放映视图**：在该视图下可以查看演示文稿的放映效果，从而体验演示文稿中设置的动画和声音效果，并且能观察到每张幻灯片的切换动画。

◆ **大纲视图**：在"视图"选项卡中选择"大纲视图"选项，在大纲窗格中可以看到每张幻灯片的标题和文本内容，同时还会显示备注窗格，如图 1-44 所示。

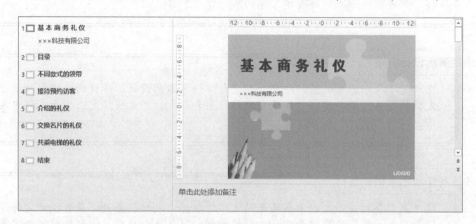

图1-44 大纲视图

◆ **备注页视图**：在"视图"选项卡中选择"备注页"选项，就可以查看每张幻灯片的整体效果与备注，在其中不能对幻灯片的内容进行编辑，此时的幻灯片就相当于一张图片，拥有图片的属性，可对其进行图片格式设置。在文本框中可以对备注进行编辑，如图 1-45 所示。

图1-45 备注页视图

1.3 创建演示文稿的基本流程
了解演示文稿的创建步骤

由于用户的个性化要求越来越高，因此制作演示文稿的方式也越来越灵活多变，但演示文稿的制作并不是随机的，它一般会遵循一定的流程，这包括前期的策划、资料的收集和管理、演示文稿的制作和后期的修改、放映与发布等，这样才能做到条理清楚，事半功倍，其具体操作流程如图1-46所示。

1．确定演示的目标与受众

演示的目的将决定演示文稿的制作方向，因此演示的对象和目标必须在制作演示文稿前先行确定。首先了解受众的特点和背景，其次明确自己所要达到的目标，两者相结合是制作演示文稿的第一步。

2．确定演示设计方案

在确定了演示的目的后，即可分类进行演示方案的设计，设计的内容包括演示文稿的整体框架与结构、演示文稿的风格和配色，并大致拟定出演示文稿中应该包含的内容。

3．收集制作演示文稿的素材

接下来需要对演示文稿中所展示的文字、数据、表格、图片、声音视频文件等进行准备，这些内容称为演示文稿的素材，准备充分后在具体制作时才会更有效率。

4．制作演示文稿

素材准备完毕后，即可开始创建演示文稿，并根据需要设置母版幻灯片的内容与格式，再选择幻灯片的版式并添加相应内容，或者添加其他幻灯片，对幻灯片的内容进行充实，包括添加各种素材。

5．修饰和检查演示文稿

演示文稿初步制作完成之后，可以根据需要为演示文稿的对象进行美化，添加动画、交互效果等。另外，还需要对演示文稿中的内容进行仔细检查，以免在演示中出现错误。

6．放映或展示演示文稿

放映演示文稿前需要对其进行一系列设置，并进行放映预览，也可将演示文稿打印并分发给观众，如果需要反复使用或相互传阅演示文稿，可将演示文稿进行保存、打包或发布。

图1-46　创建演示文稿的基本流程

1.4 从"帮助"开始学习
通过"帮助"更进一步地学习 PowerPoint 2016

　　前面介绍了从"告诉我你想做什么"搜索框可以进入帮助系统，此外，在"文件"选项卡界面的右上方有一个 按钮，它被称为"帮助"按钮，单击该按钮将打开一个"PowerPoint 2016帮助"窗口，在这里用户可通过单击相应的超链接，查看对应的PowerPoint知识，另外也可直接在搜索框中输入查询内容的关键字，然后单击"搜索联机帮助"按钮，查阅指定的内容，如图1-47所示。

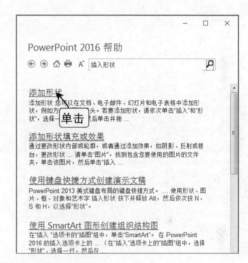

图1-47　通过"帮助"按钮进入"PowerPoint 2016帮助"页面

　　除了通过"帮助"按钮进入"PowerPoint 2016帮助"页面外，还可以通过Microsoft中国官方网站进入"PowerPoint 2016帮助"页面，如图1-48所示。

图1-48　通过Microsoft官网进入"PowerPoint 2016帮助"页面

第 2 章
让 PowerPoint 中的文本
信息 "手到擒来"

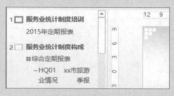

在大纲窗格中输入文本

设置字体格式

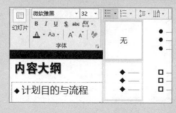

为文本添加项目符号

设置艺术字效果

2.1 文本信息的表现形式
建立字体库、了解文本的编排方式

文本是体现演示文稿中心思想的关键，幻灯片中的主要内容是通过文本的方式来表达的，那么在PowerPoint 2016中如何展示这些文本内容呢？它们的表达方式有哪些？在不同的场合又应该如何编排呢？这些都是本节重点介绍的知识。

2.1.1 建立字体库

随着人们审美观的提高，字体的样式丰富多变，而且更具美感。在PowerPoint 2016中能选择不同的字体，实质上是电脑系统中安装的字体文件在发挥作用，也就是说只有在电脑中安装了字体，它才会出现在软件的字体选项中，而字体又分为中文与英文两类。

在默认情况下，电脑系统中自带有少量的字体文件，如常用的中文字体"宋体"、"黑体"及英文字体"Arial"、"Times New Roman"等，为了设置丰富多样的字体效果，就需要在电脑中安装其他字体，这将涉及字体文件的获取与安装。

下面将具体介绍建立字体库的操作方法。

操作演练：建立字体库

Step 01 寻找字体

在网络中搜索需要下载的字体，如"书法家字体"，单击该超链接进入下载页面。

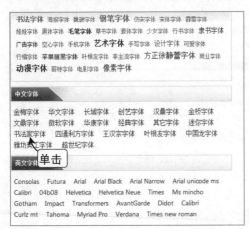

Step 02 下载字体

选择一种适合的字体，单击"字体下载"按钮，将其下载保存到电脑中。

Step 03 安装字体

将下载的字体解压并复制到"C:\Windows\Fonts"文件夹中。

Step 04 应用字体

进入PowerPoint 2016工作界面,在"开始"选项卡"字体"功能组中的"字体"下拉列表框中即可看到安装的"书法家淡古印"字体,此时即可应用该字体。

 提示
Attention

常用的字体下载网站

站长之家字体下载的网址: http://font.chinaz.com/;
汉仪字库网址: http://www.hanyi.com.cn/。

几种常见的字体效果展示,如图2-1所示。

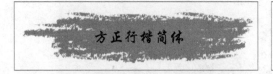

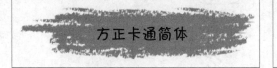

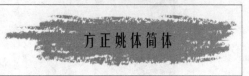

图2-1 常见的字体效果展示

2.1.2　几种常见的文本编排方法

文本的编排是指根据具体的需要，有目的地改变文字在版面上的摆放位置、排列顺序，以及文字的组合方式与层次关系。文本的编排方式由文本的内容和文字的设计风格而定，常见的方法有横排法、竖排法、斜排法、弧线法、渐变法和一些特殊的图形编排方法。

1. 横排文本法

横排文本是最常见、最普遍的文本编排方法。图2-2所示为《威尼斯商人》文摘英文和中文的横排文本对照，背景为简约的深蓝色，将英文文本以横排的方式置于版面的左上角，既丰富了背景中空旷的地方，又增强了整体的时尚感。

图2-2　《威尼斯商人》文摘英文和中文的横排文本对照

2. 竖排文本法

竖排的文本通常出现在较为传统、古典的演示文稿中，一般不宜多用。图2-3所示为杜牧的《清明》，整个版面背景的基调古典淡雅，将文字以竖排的方式编排，既保持了文字内容与背景风格的融合统一，也符合古诗词书写的传统习惯。

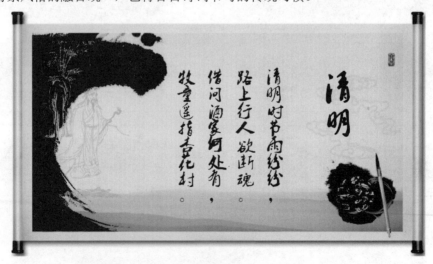

图2-3　杜牧的《清明》

3. 斜排文本法

斜排的文本在较为正式和严肃的场合出现并不多，这种排列方式通常会使文本按照一定的角度放置在版面中，当然角度不宜过大，以45°角为最佳，以吸引观众的注意力，如图2-4所示。

4. 弧线排列文本法

弧线排列的文本一般出现在生活、娱乐、艺术类的文本编排中，其个性化和创意感较强，从视觉空间上给人一种灵活、丰富的感觉，如图 2-5 所示。

图2-4　斜排文本

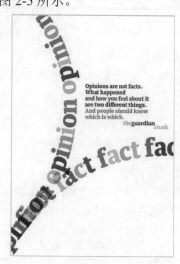

图2-5　弧线排列文本

5. 渐变排列文本法

文本的渐变排列方法越来越受广大设计爱好者的青睐，给文本添加渐变后，会给人一种时尚青春的感觉，如图 2-6 所示。

6. 文本的特殊图形编排法

文本除了表达信息外，还可以传达视觉效果，将文本用特殊图形的方式编排，可以传递出一种不一样的视觉感受，如图 2-7 所示。

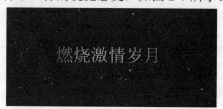

图2-6　渐变排列文本法

图2-7　文本的特殊图形编排法

2.2 输入文本信息的方式
了解怎样在幻灯片中输入文本

要对幻灯片中的文本进行编辑和处理，首先需要将文本输入幻灯片中。在幻灯片中输入文本有4种方式：利用占位符输入文本、在"大纲"窗格中输入文本、绘制文本框插入文本或者将Word文档转化为演示文稿，本节将具体介绍这4种文本输入方式。

2.2.1 在文本占位符中输入文本

在PowerPoint 2016中新建空白演示文稿，其中会包含默认的幻灯片版式，如图2-8所示，这些版式是由系统预设的占位符来确定的。

图2-8 占位符

有的占位符是用于输入文本内容的，称为文本占位符；有的占位符则是用于插入其他对象的，称为项目占位符。

它们在幻灯片中以一定的位置和格式存在，用户只需要将文本插入点定位在其中，或者单击相应的按钮，即可开始输入文本或插入对象，如图2-9所示。

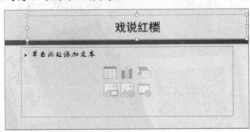

图2-9 输入文本

幻灯片中的文本占位符主要分为标题占位符（单击此处添加标题）、副标题占位符（单击此处添加副标题）和正文占位符（单击此处添加文本），如图2-10所示。

单击此处添加标题	单击此处添加副标题	单击此处添加文本

图2-10 文本占位符

2.2.2 在大纲窗格中输入文本

除了使用占位符输入文本之外，还可以在大纲窗格中直接输入文本。选用后者，有利于用户更好地掌握输入的文本内容的结构层次。

对于结构复杂、层次较多的文本内容，利用在大纲窗格中输入文本的方式可以更清晰地查看整个演示文稿中前后文之间的结构关系，其具体操作如下。

 操作演练：在大纲窗格中输入文本

素材\第 2 章\服务业统计制度培训.pptx
效果\第 2 章\服务业统计制度培训.pptx

Step 01 切换到大纲窗格

打开素材文件，在"视图"选项卡的"演示文稿视图"功能组中单击"大纲视图"按钮，切换到大纲视图。拖动窗格右侧的分隔条增大该窗格，在其中可看到当前演示文稿各幻灯片占位符中的文本内容。

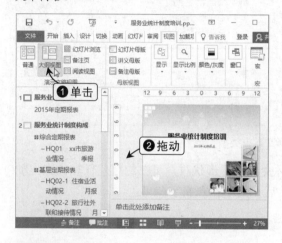

Step 02 输入文本内容

将文本插入点定位在第三张幻灯片内容的末尾，按【Enter】键，文本插入点将移至下一行，此时，直接输入"3、取消××行业的资格。"文本，其内容将同步出现在第三张幻灯片的末尾。

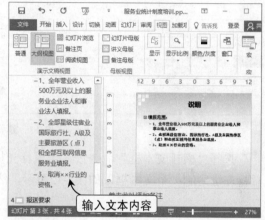

Step 03 新建幻灯片

将文本插入点定位到第四张幻灯片末尾，按【Enter】键在其后新建一张幻灯片，直接输入文字"报送时间"，由于文本插入点位于新建幻灯片的第一行，所以输入的文字成为该幻灯片的标题。

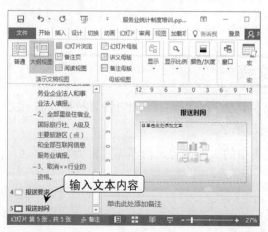

Step 04 输入下一级文本

在标题后按【Ctrl+Enter】组合键，将文本插入点切换到下一行并缩减一级文本，输入文本内容"月后7日前网上报送。"将会成为标题的下一级文本。

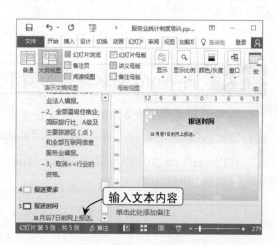

2.2.3 在应用文本框中输入文本

前面已经介绍了利用占位符和大纲窗格输入文本的方式。如果想要在幻灯片中的任意位置灵活地输入文本内容，则可以通过手动绘制的文本框来实现。

在幻灯片中单击"插入"选项卡"文本"功能组中的"文本框"下拉按钮，在弹出的下拉菜单中选择文本框的类型，如图2-11（上）所示。也可以在"开始"选项卡的"绘图"功能组中选择文本框类型，如图2-11（下）所示。

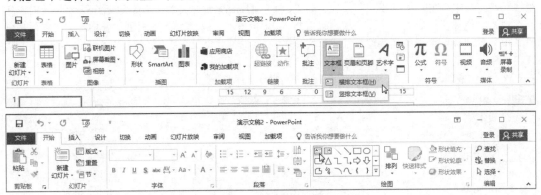

图2-11　选择文本框类型

选择"横排文本框"命令后，当鼠标光标变为十字形状时，可在幻灯片任意位置拖动鼠标左键绘制一个文本框，如图2-12所示，然后在其中输入文字即可。

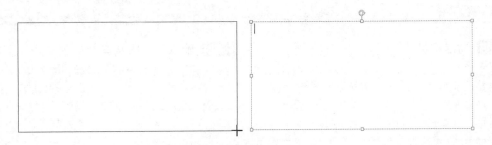

图2-12　绘制横排文本框并准备输入文字

2.2.4 将 Word 文本转换为演示文稿

很多用户习惯先在Word文本中做好演讲文稿，然后在PowerPoint中将其转换成演示文稿，这时，Office各组件之间的协同作用就体现出来了。

在PowerPoint 2016中可以直接插入Word文本中的大纲内容，而不需要重新输入文字，下面将具体说明其操作方法。

操作演练：将Word文本转换为演示文稿

Step 01 调整 Word 文本的大纲级别

打开需要转为演示文稿的Word文档,调整需要转化为演示文稿的大纲级别, 然后关闭该文档。

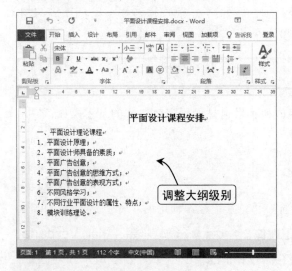

Step 02 选择 "幻灯片 (从大纲)" 命令

在PowerPoint 2016中单击 "新建幻灯片" 下拉按钮,选择 "幻灯片 (从大纲)" 命令。

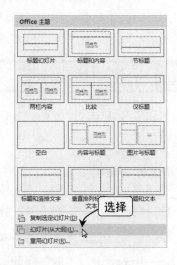

Step 03 将 Word 文本插入幻灯片中

在打开的 "插入大纲" 对话框中找到Word文档的保存路径, 最后单击 "插入" 按钮完成操作。

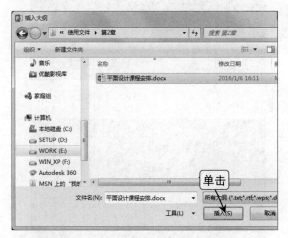

Step 04 最终效果

在PowerPoint中, 插入的Word文档将按照大纲级别依次排列到幻灯片中。

提示 Attention

设置大纲级别

利用从大纲新建幻灯片的方式将 Word 文档转换为演示文稿时, 必须将 Word 文档进行大纲的梳理和调整, 否则将不能成功转换为符合要求的演示文稿。

2.3 设置字体格式
掌握设置字体格式的方法

字体格式是指文字的外观属性，包括字体样式、字号大小、文本颜色和效果等。

在默认情况下，幻灯片中的字体格式是由所应用的模板决定的，如果是创建空白演示文稿，则其中文本标题的格式为宋体、60 号，副标题的格式为宋体、24 号。为了增强文本的演示效果，就需要对字体的格式进行自定义设置。

2.3.1 选择字体和字号

字体和字号决定着文本的外观，更改字体和字号也是设置字体格式的基本操作，它从根本上改变了文字的视觉效果。

1. 选择合适的字体

在默认情况下，操作系统中安装有几十种字体，其中经常使用的字体包括宋体、楷体、**黑体**、华文仿宋、幼圆、*华文行楷*、隶书、**方正姚体**、华文新魏、微软雅黑、Arial、Verdana、Times New Roman 等，不同的字体之间也会有比较和谐的搭配，如图 2-13 所示。

标题：方正大标宋　　内文：宋体

标题：方正大黑　　内文：黑体

标题：微软雅黑　　内文：华文仿宋

标题：华文行楷　　内文：楷体

图2-13　不同字体的搭配

除了这些常用字体之外，一些较为特殊的字体在幻灯片中也可以使用，但这类字体都常作为标题使用，切记不能大量作为正文。

◆ 方正粗活意、方正粗倩等可用于一些设计类作品中作为标题；方正卡通、方正少儿、方正胖娃、方正剪纸等字体可用于儿童类幻灯片中制作标题，如图 2-14 所示。

标题：方正粗倩 内文：方正粗活意 　　标题：方正胖娃 内文：方正卡通

图2-14 特殊字体的使用（一）

◆ 方正古隶、方正祥隶、方正魏碑等字体可用于古代题材幻灯片中；方正瘦金书、迷你简启等，可用在制作一些类似签名、黑板手写效果的幻灯片中，如图 2-15 所示。

标题：方正魏碑 内文：方正祥隶 　　标题：方正瘦金书 内文：迷你简启

图2-15 特殊字体的使用（二）

另外，在幻灯片中英文字体的选择也很重要，英文字体一般用Arial、Verdana、Times New Roman比较多。

Arial是一种很不错的字体，端庄大方，间距合适，即使放大后也没有毛边现象。Verdana字体比较清晰一些，一般宜用作文件标题和正文标题。而Times New Roman字体则适合于大段的文本，方便阅读，如图2-16所示。

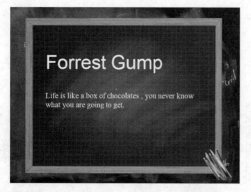 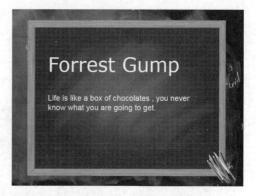

标题：Arial　内文：Times New Roman　　　　标题：Verdana　内文：Arial

图2-16　英文字体的使用

在幻灯片中，要选择字体类型，首先选中需要设置字体的文本内容，然后单击"开始"选项卡"字体"功能组中的"字体"下拉按钮，在其下拉列表中即可选择合适的字体，如图2-17所示。

图2-17　选择合适的字体

2. 选择合适的字号

幻灯片中常用的字号是16～40，整张页面中的文字字号差别不宜过大，不同大小的演示厅放映的距离也不同，为了使文字显示清楚，一定要选择合适的字号，从表2-1中可以大致了解要选择的字号。

表 2-1　字号大小参考表

投影距离 L	投影尺寸	封面标题	内页正文	最小字号
L<3m	1.6m～4.7m	36 号	20 号	12 号
3m≤L≤6m	1.6m～4.7m	36 号	20 号	16 号
L>6m	1.6m～11.8m	40 号	24 号	18 号

在幻灯片中设置字号大小的方式与设置字体的方式类似。单击"开始"选项卡"字体"功能组中的"字号"下拉按钮，在其下拉列表中可以选择合适的字号，如图2-18所示。

图2-18　选择合适的字号

另外，用户也可在字号文本框中直接输入字号大小或者单击右侧的"增大字号" Ａ 和"减小字号" Ａ 按钮。

2.3.2 选择字体颜色

新建一张空白幻灯片，在默认情况下字体的颜色为黑色，若应用了模板或主题，则字体的颜色由模板或主题的样式来决定，如图2-19所示。

图2-19　不同的模板或主题有不同的字体颜色

如果需要改变字体的颜色，则首先选中需要更改颜色的字体，其次单击 "开始" 选项卡 "字体" 功能组中的 "字体颜色" 下拉按钮，在其下拉菜单中可以选择需要的颜色，如图2-20所示。

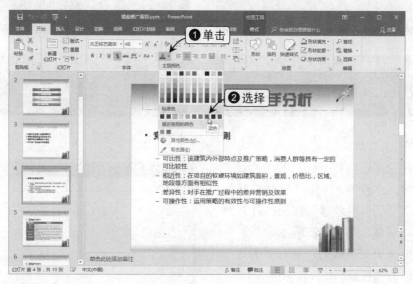

图2-20　更改字体的颜色

在 "字体颜色" 下拉菜单中选择 "其他颜色" 命令，将打开 "颜色" 对话框，在其中可设置更多的颜色，如图2-21（左）所示。

此外，还可以在 "字体颜色" 下拉菜单中选择 "取色器" 命令，任意拾取屏幕中的颜色，并显示出该颜色的R、G、B数值，如图2-21（右）所示。

图2-21 用其他方式设置字体颜色

2.3.3 设置文字效果

在幻灯片中设置文字的效果包括对文字加粗、倾斜、添加下画线、添加阴影、添加删除线等，这些基本的效果设置都可以在"开始"选项卡的"字体"功能组中通过单击不同的按钮来实现，如图2-22所示。

 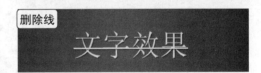

图2-22 常见的文字效果

文字的效果还包括上标、下标、双删除线、等高字符等，单击"字体"功能组中的"对话框启动器"按钮，打开"字体"对话框，如图2-23所示。在其中可选择更多的文字效果，并对文字效果进行具体的设置。

如图2-24所示，其中左图为利用"字体"对话框设置文字效果实现数学公式的表达，右图为特殊样式的下画线的文字效果。

图2-23 "字体"对话框

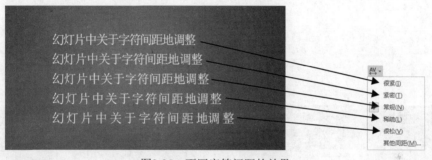

图2-24 特殊的文字效果

2.3.4 调整字符间距

字符间距是指段落中相邻两个字符之间的距离，调整字符的间距，使文本框中能容纳更多或更少的字符。

选择文本后，在"开始"选项卡的"字体"功能组中单击"字符间距"下拉按钮，在弹出的下拉菜单中选择不同的字符间距，如图2-25所示。

图2-25 不同字符间距的效果

除了系统提供的几种字符间距外，用户也可以自定义字符间距，单击"字符间距"下拉按钮，在弹出的下拉菜单中选择"其他间距"命令，打开"字体"对话框的"字符间距"选项卡，在"间距"下拉列表框中选择"加宽"或"缩紧"命令后，在"度量值"数值框中设置间距（单位为磅），如图2-26所示。

表2-2所示为系统提供的几种预设选项对应的间距值，用户可以此控制字符的间距。

图2-26 在对话框中设置字符间距

表 2-2 系统预设间距选项对应的间距值

预设选项	对应的间距值
很紧	紧缩 3 磅
紧密	紧缩 1.5 磅
常规	常规
稀疏	加宽 3 磅
很松	加宽 6 磅

✕ 实战演练　设置演示文稿"美人吟"的字体格式

本小节主要讲解了在PowerPoint 2016中对字体的格式进行简单设置的方法，其中包括选择字体和字号、选择字体颜色、设置文字效果、调整字符间距。下面将以制作"美人吟"幻灯片为例，巩固设置字体格式的方法。

素材\第2章\美人吟.pptx
效果\第2章\美人吟.pptx

Step 01　输入中文文本

打开"美人吟"素材演示文稿，在版面偏右的位置绘制一个竖排文本框，在其中输入"美人吟"文本。

Step 03　调整字符间距

选中"美人吟"文本，单击"字符间距"下拉按钮，在其下拉菜单中选择 "很松"命令。

Step 02　设置字体、颜色和字号

将"美人吟"文本的字体设置为"方正黄草简体"，并调整字号大小为60。

Step 04　设置阴影效果

选中"美人吟"文本后右击，在弹出的快捷菜单中选择"设置文字效果格式"命令，在打开的窗格中，展开"阴影"栏，设置阴影效果。

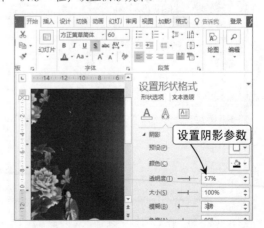

Step 05 输入英文文本

在幻灯片中绘制一个竖排文本框，在其中输入英文"Beautiful songs"文本。

Step 06 设置英文字体格式

将英文文本的字体设置为"Arial"，字体颜色设置为"金色"，并调整字号大小为20。

2.4 设置段落样式
掌握设置段落样式的方法

在PowerPoint 2016中除了可以对文字的格式进行设置外，还可以设置段落的格式，设置段落格式包括调整文本的对齐方式、更改文本的排列方向、添加项目符号和编号、设置列表级别、调整行间距等，下面将逐一进行讲解。

2.4.1 调整文本对齐方式

文本的对齐方式包括左对齐、居中对齐、右对齐、两端对齐和分散对齐5种基本类型，单击"段落"功能组中对应的按钮即可实现。另外，单击"段落"功能组中的"对话框启动器"按钮，打开"段落"对话框，如图2-27所示，在其中可以精确地调整对齐的方式。

图2-27　"段落"对话框

文本左对齐、文本居中对齐、文本右对齐和文本分散对齐4种对齐方式的效果，如图2-28所示。

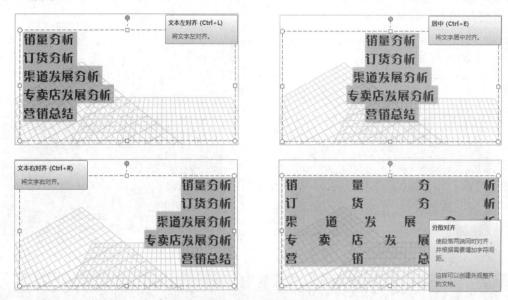

图2-28　4种常见的对齐方式

2.4.2　文本的分栏排列

在PowerPoint 2016中用户还可以根据需要对文本进行分栏排列，选中需要分栏排列的文本，单击"段落"功能组中的"分栏"下拉按钮，在弹出的下拉菜单中选择不同的命令可对文本进行不同的分栏排列，如图2-29所示。

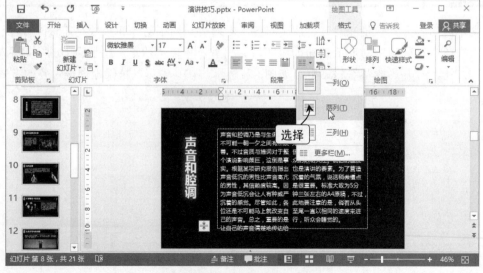

图2-29　文本的分栏排列效果

2.4.3 更改文字方向

一般情况下，幻灯片中的文字多为横向排列，不过根据具体的需要，用户可以改变文字的排列方向。

改变文字排列方向有如下两种方法。

◆ **通过文本框类型改变**：手动绘制的文本框有"横排文本框"和"垂直文本框"两种，用户可以在绘制文本框时自行选择文本框类型，从而得到不同排列方向的文字。

◆ **单击"文字方向"按钮**：如果要更改已经编辑好的文本方向，可以单击"开始"选项卡"段落"功能组中的"文字方向"按钮，在其下拉菜单中有"横排"、"竖排"、"所有文字旋转 90°"、"所有文字旋转 270°"和"堆积"5 种选项用于更改文字的方向。另外，选择"其他选项"命令，将打开"设置形状格式"窗格，并自动切换到"文本选项"选项卡中的"文本框"栏，如图 2-30 所示，在其中可以调整文字的旋转角度。

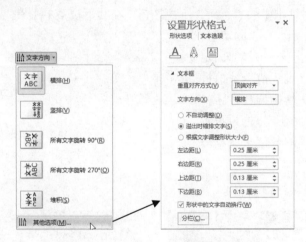

图2-30 在"文本框"栏中设置文字的方向

通过选择命令更改文字方向的效果如图2-31和图2-32所示。

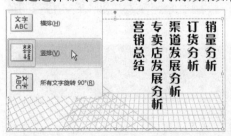 

图2-31 几种文字方向的效果（一）

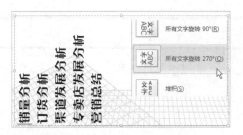

图2-32　几种文字方向的效果（二）

2.4.4　调整行距和段落缩进

在幻灯片中输入一段文字，默认情况下，行距为"单倍行距"，段前、段后的距离都为0，并且没有段落缩进样式，因此需要用户自行对段落的行距和缩进进行调整。

选中一段文字，单击"段落"功能组中的"对话框启动器"按钮或右击，在弹出的快捷菜单中选择"段落"命令，打开"段落"对话框，在其中可以调整段落行距和缩进。

单击"段落"对话框中的"行距"下拉按钮，在其下拉菜单中有"单倍行距"、"1.5倍行距"、"双倍行距"、"固定值"和"多倍行距"5种选项。选择"固定值"选项，即可在"设置值"数值框中输入相应的数值，精确调整行距，如图2-33所示。另外，还可以通过设置"段前"、"段后"的数值来调整段落间距。

图2-33　调整行距

图2-34所示为不同行距的效果。

HQ02-1　住宿业活动情况 HQ02-2　旅行社外联和接待情况 HQ02-3　旅行社经营出境旅游情况 HQ02-4　旅游景区管理业活动情况 HQ02-5　互联网信息服务业活动情况	HQ02-1　住宿业活动情况 HQ02-2　旅行社外联和接待情况 HQ02-3　旅行社经营出境旅游情况 HQ02-4　旅游景区管理业活动情况 HQ02-5　互联网信息服务业活动情况
固定值 20 磅	单倍行距
HQ02-1　住宿业活动情况 HQ02-2　旅行社外联和接待情况 HQ02-3　旅行社经营出境旅游情况 HQ02-4　旅游景区管理业活动情况 HQ02-5　互联网信息服务业活动情况	HQ02-1　住宿业活动情况 HQ02-2　旅行社外联和接待情况 HQ02-3　旅行社经营出境旅游情况 HQ02-4　旅游景区管理业活动情况 HQ02-5　互联网信息服务业活动情况
1.5 倍行距	双倍行距

图2-34　不同行距的效果

图2-35   调整行距

调整行距的其他方法

除了在"段落"对话框中调整行距外，还可以单击"段落"功能组中的"行距"下拉按钮，在弹出的下拉菜单中有 5 种选项可选择，如图 2-35 所示，选择"行距选项"命令可在打开的对话框中具体调整行距。

文本的段落缩进有3种类型：文本之前缩进、首行缩进、悬挂缩进，下面介绍这3种缩进类型的含义。

◆ **文本之前缩进**：它将首行缩进与悬挂缩进作为一个整体，来控制它们与文本框左边框的距离。

◆ **首行缩进**：段落文本中第一行左侧与文本框左边框的距离。

◆ **悬挂缩进**：段落文本中除了第一行外其余各行左侧与文本框左边框的距离。

调整段落缩进一般有3种方式，下面逐一对其进行介绍。

1. 通过标尺调整段落缩进

选择目标文本后，通过拖动水平标尺中对应的滑块，即可直接调整段落的缩进值，如图2-36所示。

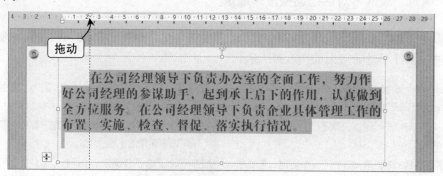

图2-36   通过标尺调整段落缩进

在水平标尺上有两个主要的滑块，上方的滑块为首行缩进滑块，显示首行文本或项目符号和编号的位置；下方的滑块为左缩进滑块，显示列表中的左缩进位置，如图2-37所示。如果需要细微拖动标尺，则可以同时按住【Ctrl】键进行拖动。

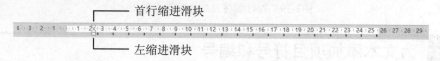

图2-37   标尺上滑块的含义

2. 通过列表级别调整段落缩进

由于系统对各级正文设置了不同的缩进值，所以改变段落文本的正文级别也可调整其左缩进值。选择文本后，单击"段落"功能组中的"提高列表级别"按钮 ⧉ 或"降低列表级别"按钮 ⧉，即可改变文本的级别。提高列表级别的效果如图2-38所示。

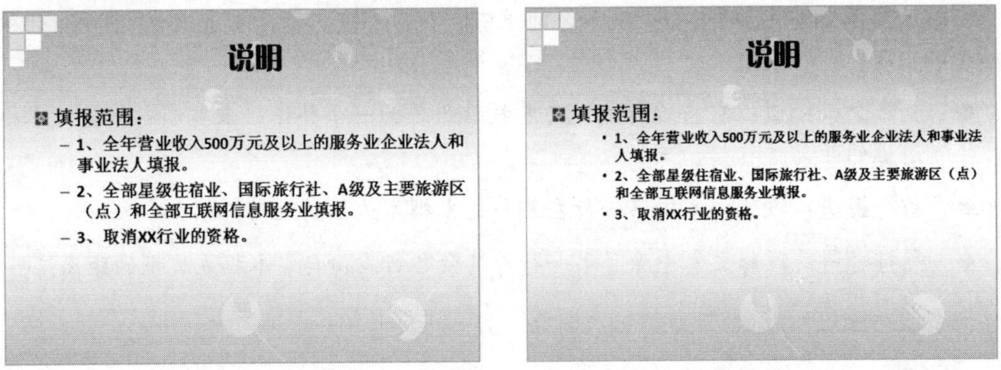

提高前 　　　　　　　　　　　　　　　　提高后

图2-38　提高列表级别

3. 通过"段落"对话框调整段落缩进

如果对缩进值要求比较精确，则可通过"段落"对话框的"缩进"栏设置各缩进值，首行缩进与悬挂缩进的效果如图2-39所示。

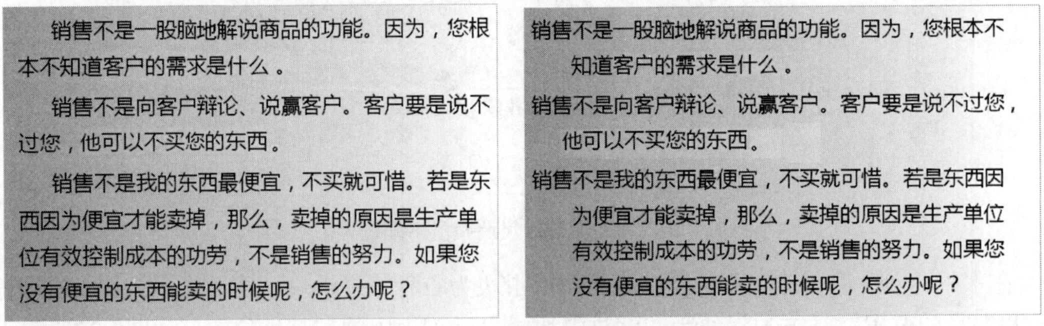

首行缩进 　　　　　　　　　　　　　　　悬挂缩进

图2-39　首行缩进与悬挂缩进的效果

2.4.5　为文本添加项目符号和编号

在幻灯片的制作过程中，对于层次鲜明的文本，可为其添加项目符号和编号，以便观众更有效地获取信息。

下面将详细介绍为文本添加项目符号和编号的具体方法。

操作演练：添加项目符号和编号

素材\第2章\研究报告.pptx
效果\第2章\研究报告.pptx

Step 01 添加项目符号

打开"研究报告"素材演示文稿，选中第二张幻灯片的正文文本，单击"段落"功能组中的"项目符号"下拉按钮，选择一种项目符号样式。

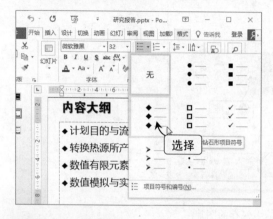

Step 02 添加编号

切换到第三张幻灯片，选中需要添加编号的文本内容，单击"编号"下拉按钮，在弹出的下拉菜单中选择合适的编号样式。

Step 03 调整段落缩进

保持文本的选中状态，右击，在弹出的快捷菜单中选择"段落"命令，打开相应对话框，在其中调整"悬挂缩进"的磅值，最后单击"确定"按钮。

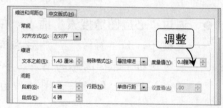

除了通过单击"项目符号"下拉按钮，在弹出的下拉菜单中选择合适的项目符号之外，还可以选择"项目符号和编号"命令，打开如图2-40所示的对话框，然后单击"图片"按钮，打开如图2-41所示的"插入图片"对话框，可以选择来自电脑中存储的图片或者联机搜索的图片作为项目符号。

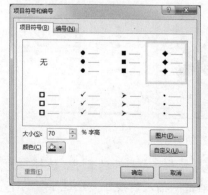

图2-40 "项目符号和编号"对话框

图2-41 "插入图片"对话框

在"插入图片"对话框中有以下4种插入图片的方式。

◆ **插入电脑中保存的图片**：单击"来自文件"栏的"浏览"按钮，打开"插入图片"对话框，在其中选择图片，单击"插入"按钮，如图 2-42（左）所示，即可将该图片作为项目符号，如图 2-42（右）所示。

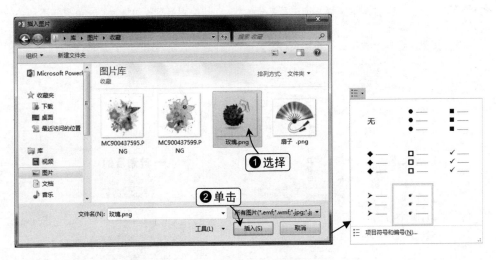

图2-42　插入电脑中保存的图片

◆ **通过"必应图像搜索"插入**：在"必应图像搜索"的搜索框中输入要搜索图片的关键字，如"符号"，然后单击"搜索"按钮，进入"必应图像搜索"的搜索结果对话框，选择满意的图片，单击"插入"按钮，将图片下载到电脑中，如图 2-43（左）所示，即可将该图片作为项目符号，如图 2-43（右）所示。

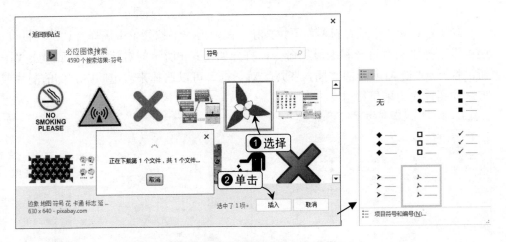

图2-43　插入通过"必应图像搜索"的图片

◆ **插入保存在云中的图片**：单击云所对应的"浏览"按钮，在打开的云中，选择"图片"文件夹，进入对应的对话框，选择图片，单击"插入"按钮，经过短暂的下载后，如图 2-44（左）所示，即可将该图片作为项目符号，如图 2-44（右）所示。

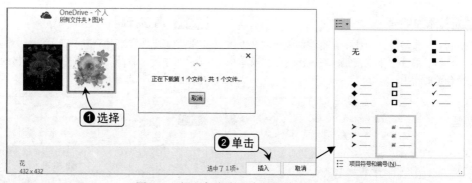

图2-44 插入保存在云中的图片

✖ 实战演练 **调整演示文稿"职业生涯规划"的段落格式**

本小节主要讲解了如何使用 PowerPoint 2016 对文本进行段落格式的调整，包括调整文本的对齐方式、更改文字的排列方向、调整行距和段落缩进、为文本添加项目符号和编号，下面将以一个实例来巩固所掌握的操作。

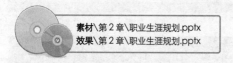

素材\第2章\职业生涯规划.pptx
效果\第2章\职业生涯规划.pptx

Step 01 添加项目符号

打开"职业生涯规划"素材演示文稿，选中第二张幻灯片的正文文本，单击"段落"功能组中的"项目符号"下拉按钮，在弹出的下拉菜单中选择合适的选项。

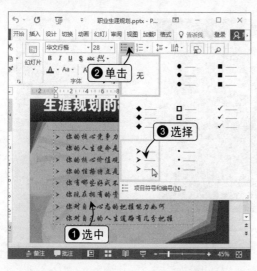

Step 02 调整段落缩进

切换到第四张幻灯片，选中正文文本，单击"段落"功能组中的"对话框启动器"按钮，在打开的"段落"对话框中设置"首行缩进"的度量值。

Step 03 添加编号

切换到第六张幻灯片，选中需要添加编号的文本内容，单击"编号"下拉按钮，在弹出的下拉菜单中选择合适的选项。

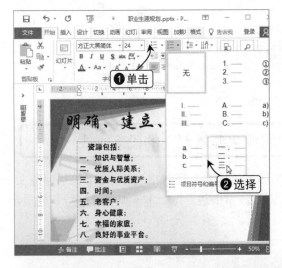

Step 04 调整行距

切换到第七张幻灯片，选中正文文本，单击"段落"功能组中的"行距"下拉按钮，在弹出的下拉菜单中选择"1.5"选项。

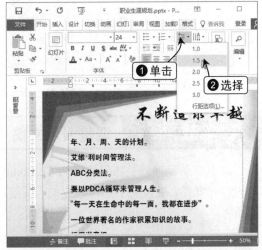

2.5 | 艺术字效果
掌握添加艺术字的方法

添加艺术字效果是PowerPoint 2016中一项强大的文字美化功能，它可以给文字的字形、字号、形状、颜色添加特殊的效果，并且能将文字以图形、图片的方式进行编辑，如图2-45所示的艺术字。

图2-45　艺术字效果

2.5.1 添加艺术字效果

在PowerPoint 2016中系统预设的艺术字样式有20种，如图2-46所示，用户可以根据需要快速应用这些预设的艺术字样式。

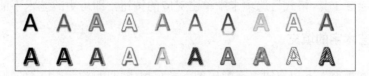

图2-46 默认的艺术字类型

为文本添加艺术字效果有以下两种方法。

◆ **直接插入艺术字**：在幻灯片中单击"插入"选项卡"文本"功能组中的"艺术字"下拉按钮，在弹出的下拉列表中选择一种艺术字样式，将出现一个艺术字文本框，在其中输入文本内容即可，如图 2-47 所示。

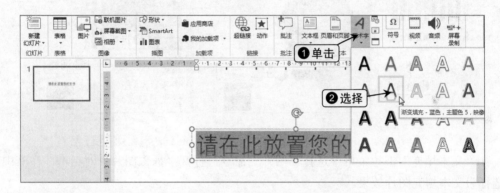

图2-47 直接插入艺术字

◆ **为文本添加艺术字样式**：选中需要添加艺术字效果的文本，单击"绘图工具 格式"选项卡"艺术字样式"功能组中的"其他"按钮，在弹出的下拉列表框中选择艺术字效果，如图 2-48 所示。

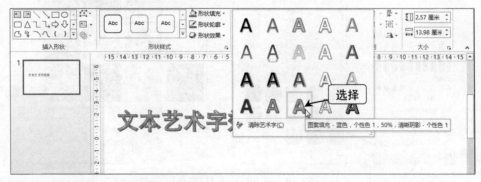

图2-48 为选中的文本添加艺术字效果

2.5.2 设置艺术字格式

在PowerPoint 2016中除了预设的20种艺术字样式之外，用户还可以自行调整艺术字的样式，包括对文本填充、文本轮廓和文本效果进行更改等。在幻灯片中添加艺术字后，选中文本，在"绘图工具 格式"选项卡中单击对应的按钮，即可更改艺术字的格式。

1．更改艺术字的填充

单击"文本填充"下拉按钮，在弹出的下拉菜单中可以选择艺术字的填充颜色，选择"其他填充颜色"命令，打开"颜色"对话框，可以选择更精确的颜色，或者自定义颜色，如图2-49所示。

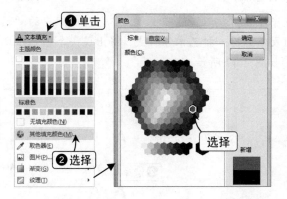
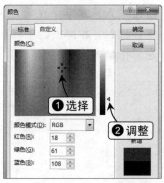

图2-49　选择填充颜色

在"文本填充"下拉菜单中选择"图片"命令，打开"插入图片"对话框，在其中可以选择为文本填充图片效果。

若选择"渐变"或"纹理"命令，将展开对应的子菜单，在其中可选择渐变或纹理的样式，如图2-50所示。

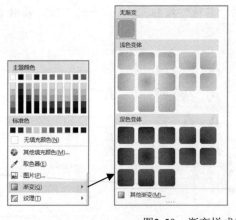
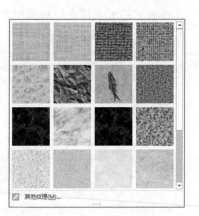

图2-50　渐变样式和纹理样式

2. 更改艺术字的轮廓

单击"文本轮廓"下拉按钮，在弹出的下拉菜单中可对文本轮廓的颜色、粗细、线型进行设置，如图2-51所示。

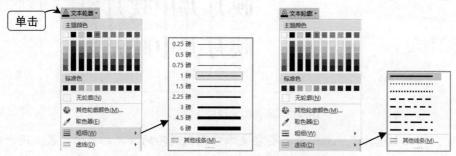

图2-51 选择文本轮廓的粗细和线型

3. 更改艺术字的文本效果

单击"文本效果"下拉按钮，在弹出的下拉菜单中有阴影、映像、发光、棱台、三维旋转和转换6种效果可供选择，选择某个命令，在其展开的子菜单中可以选择具体的效果样式。

下面将具体展示这6种文本效果。

◆ 阴影：在"文本效果"的下拉菜单中选择"阴影"命令，在弹出的子菜单中可看到其中包括了外部、内部、透视 3 种阴影类型，每种类型下还有多种预设效果，各种阴影在位置上稍有差别，如图 2-52 所示。用户还可单击"阴影选项"命令，在打开的"设置形状格式"窗格中对阴影效果进行自定义。

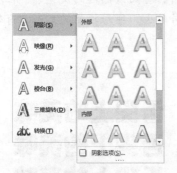

图2-52 不同的阴影效果

◆ 映像：为文本设置映像效果后，可得到如同文本在水面或镜面上倒映的效果。选中文本后，单击"文本效果"按钮，在弹出的"映像"子菜单中选择系统提供的多种映像效果即可，如图 2-53 所示。

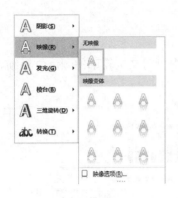 

图2-53　不同的映像效果

◆ **发光**：为文本选择发光效果后，会在文本四周出现不同颜色的光晕效果。用户可在"发光"子菜单中选择不同的发光预设效果，也可在其"其他亮色"菜单下自定义发光颜色，如图2-54所示。

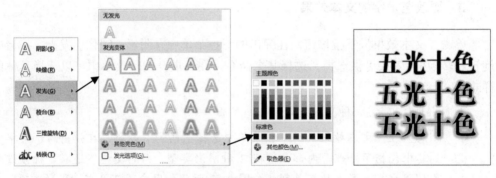

图2-54　不同的发光效果

◆ **棱台**：使用棱台效果可使文本的边缘出现倾斜、弯曲或凸起的视觉感，但对于大多数文本使用此效果并不明显，只有对于字号较大、字形较粗的文本才有较好的效果，如图2-55所示。

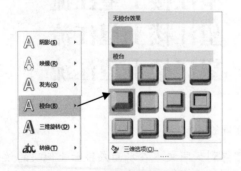

图2-55　不同的棱台效果

◆ **三维旋转**：三维旋转是指将平面上的文本在三维空间中进行旋转，从而产生立体的效果，如图2-56所示。

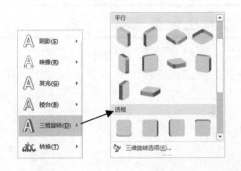 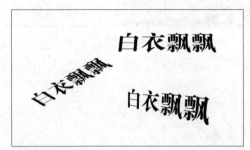

图2-56 不同的三维旋转效果

◆ **转换**：转换是专门针对文本的一项效果设置的，包括两种效果：一种是将文本的排列路径转换成曲线，而文字本身的形状不发生变化；另一种是将文本挤压或扭曲为某种特别的形状，如图 2-57 所示。

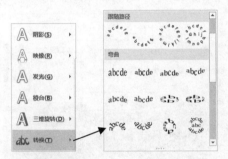 

图2-57 不同的路径转换效果

当文本设置了转换效果时，选择文本后在文本框附近将出现一个淡紫色的菱形控制点，通过拖动该控制点可控制文本形状的变化，如图2-58所示。

图2-58 通过拖动控制点调整形状

对跟随路径效果的设置

在调整文本跟随路径效果的过程中，如果发现文本左右不平衡，这时可单击"段落"功能组中的"居中"按钮。在为文本使用跟随路径的第四种效果时，可通过将文本分段来控制文本出现在上方、中部和下方的路径，如图 2-59 所示。

提示
Attention

图2-59 通过分段控制文本路径

实战演练 在"圣诞快乐"卡片上设置艺术字效果

本节主要介绍了如何对文本制作艺术效果以及对其艺术效果进行自定义的相关操作，下面将以在幻灯片中制作艺术字"圣诞快乐"为例，介绍设置艺术字效果的具体方法。

素材\第 2 章\圣诞快乐.pptx
效果\第 2 章\圣诞快乐.pptx

Step 01 为文本选择金色轮廓

打开"圣诞快乐"素材演示文稿，选择其中的"圣诞快乐"文本，单击"绘图工具 格式"选项卡"艺术字样式"功能组中的"文本轮廓"下拉按钮，选择"金色，个性色4，淡色60%"选项。

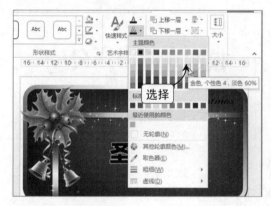

Step 02 设置英文文本的颜色

选中英文文本，在"文本填充"下拉菜单中为文本设置一种合适的填充颜色，然后在"文本轮廓"下拉菜单中选择"取色器"命令，在图中拾取文本的轮廓颜色。

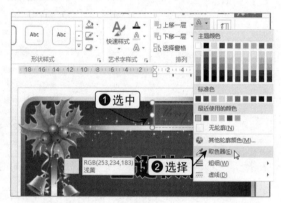

Step 03 设置阴影效果

选中中文文本，单击"文本效果"下拉按钮，在弹出的下拉菜单中选择"阴影"|"向下偏移"命令。

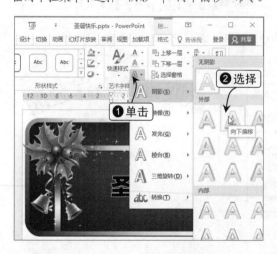

Step 04 设置转换效果

保持文本的选中状态，在"文本效果"的下拉菜单中选择"转换"|"上弯弧"命令。

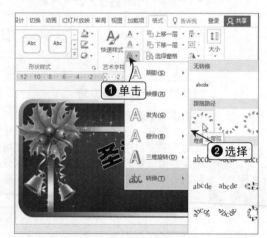

Step 05 设置文本居中效果

在"开始"选项卡的"段落"功能组中单击"居中"按钮,使文本水平居中。

Step 06 调整文本位置

此时文本位置发生了偏移,拖动文本框到合适的位置即可完成最终效果。

2.6 更改和精炼文本内容
对文本内容进一步进行修饰

制作完演示文稿后需要对演示文稿的内容进行更改和精炼,以避免在放映时对观众的理解造成干扰,特别对于文本信息较多的演示文稿。

2.6.1 拼写检查

利用拼写检查功能可以快速对演示文稿中的拼写和语法错误进行检查和修改,当文稿中出现拼写错误时,将在对应的字或词语下方出现一条红色的波浪线,如图2-60所示。

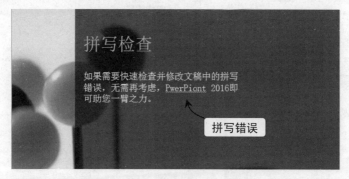

图2-60　以红色波浪线标记拼写错误

将鼠标光标放在标记拼写错误的地方,右击,在弹出的快捷菜单中将出现修改的方案供选择，如图2-61所示，用户可以根据实际情况选择相应的选项或命令对错误进行合理的处理。

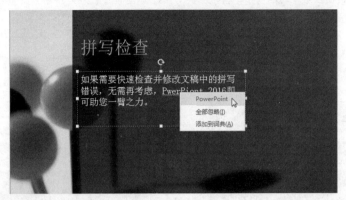

图2-61　选择修改方案

2.6.2　查找和替换文本

在篇幅较长的演示文稿中若需要快速定位或替换某一个字或词语，则可以使用程序中的查找和替换功能。

下面将以在"公司干部述职报告"演示文稿中使用查找和替换功能为例介绍其具体操作方法。

 操作演练：查找和替换文本

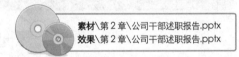
素材\第2章\公司干部述职报告.pptx
效果\第2章\公司干部述职报告.pptx

Step 01 选择"替换"命令

打开"公司干部述职报告"素材演示文稿，在"开始"选项卡的"编辑"功能组中单击"替换"按钮，打开"替换"对话框。

Step 02 替换文本

在"查找内容"文本框中输入"讲"，在"替换为"文本框中输入"部分"，单击"全部替换"按钮，将"讲"替换为"部分"。

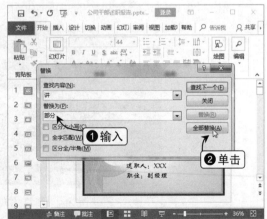

Step 03 选择 "替换字体" 命令

关闭 "替换" 对话框,单击 "替换" 下拉按钮,在弹出的下拉菜单中选择 "替换字体" 命令,打开 "替换字体" 对话框。

Step 04 替换字体

在 "替换" 下拉列表框中选择 "楷体 GB2312" 选项,在 "替换为" 下拉列表框中选择 "仿宋" 选项,单击 "替换" 按钮。

第 3 章

为幻灯片搭配 "着装"

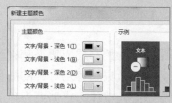
新建主题颜色

添加幻灯片母版

制作幻灯片母版

用取色器拾取颜色

3.1 版式的基本设置
掌握版式布局的原则、分类及幻灯片页面设置

在幻灯片的页面中，所有对象的排列与组合，包括文字、图片、形状等，统称为演示文稿的版式。一份版式效果良好的演示文稿在传递信息的同时也会产生一种美感。

3.1.1 布局的基本原则

为了使演示的效果更好，在制作演示文稿时，必须合理安排幻灯片的布局，这就需要遵循一定的布局原则。

幻灯片布局的基本原则主要有以下4点。

1．和谐统一

演示文稿中的多张幻灯片的布局应遵循和谐统一的原则，这主要是指幻灯片大的框架结构及背景，与内容的布局效果、各幻灯片的配色方案等形成统一的外观效果，可使展示的过程更易被观众接受，给人整体的感觉更为和谐，如图3-1所示。

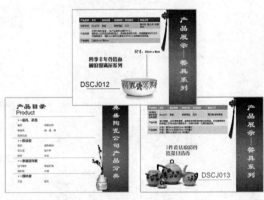

图3-1　和谐统一的幻灯片布局

2．布局简洁

为了让观众从一张幻灯片中更为直观、准确地了解展示者的目的，其中的内容就不能过于烦琐，应尽量做到言简意赅、中心明确。除了内容简练外，整个版面也不能过于繁杂或凌乱，这样不便于突出主题，如图3-2所示。

图3-2　简洁的幻灯片布局

3．突出重点

幻灯片要展示的主题思想是需要观众重点关注的，因此通过版式的布局和色彩样式的运用，可有效地突出重点，常用的方法是增加重点内容的外观效果、设置字体大小与颜色，或将内容放置于重点位置，如图3-3所示。

图3-3　突出重点的幻灯片布局

4．画面优美

演示文稿主要是通过视觉向观众展示内容，因此幻灯片的色彩搭配、布局设置都关系着整个放映画面是否优美漂亮。美好的事物总是更容易被别人接受，幻灯片展示也是如此，因此用户还需要锻炼提高整个版面美观度的能力。

当然并非所有演示文稿都要求画面活泼、色彩艳丽，具体制作时还需要根据展示的特点和主题而定，如图3-4所示。

图3-4　画面优美的幻灯片布局

3.1.2　版式布局分类

在默认情况下，幻灯片的版式布局分为11种类型，如标题幻灯片版式、标题与内容版式、节标题版式、两栏内容版式、垂直排列标题与文本版式等。

单击"开始"选项卡"幻灯片"功能组中的"新建幻灯片"下拉按钮，或者单击"版式"按钮，再或者在"插入"选项卡的"幻灯片"功能组中单击"新建幻灯片"下拉按钮，都可在弹出的下拉菜单中浏览到这11种版式，如图3-5所示。

图3-5　幻灯片中默认的11种版式

选择"空白"版式后，幻灯片中不会出现任何占位符，用户可根据自己的需要，在幻灯片中通过插入文本框、图形、图表等各种对象自定义幻灯片中的各种内容。

当然，在为幻灯片应用不同的主题或模板时，幻灯片自带的版式也将随之发生变化，有的幻灯片在"新建幻灯片"下拉菜单中有12种、22种或更多的版式可供选择，如图3-6所示。

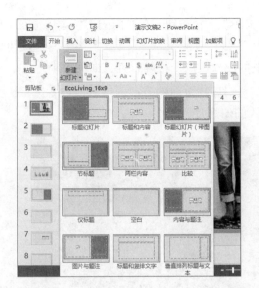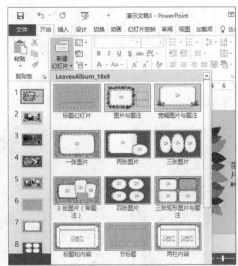

图3-6 模板自带的更多版式

3.1.3 页面设置

页面是幻灯片版式和内容的载体,想要对幻灯片的版式进行布局和设计,首先需要对页面进行设置,幻灯片的页面设置包括页面大小、方向及起始编号、页面主题的选择及页面背景的设置等,下面将逐一进行介绍。

1. 页面的大小和方向

在新建一份演示文稿时,首先需要确定页面的大小和方向。页面的大小和方向取决于幻灯片放映和演示的方式,默认情况下,幻灯片页面大小为宽33.867厘米、高19.05厘米,方向为横向,不过用户可以根据具体需要对其进行设置。

在幻灯片中单击"设计"选项卡"自定义"功能组中的"幻灯片大小"下拉按钮,在弹出的下拉菜单中选择"自定义幻灯片大小"命令,打开"幻灯片大小"对话框,在其中可设置页面的大小和方向,如图3-7所示。

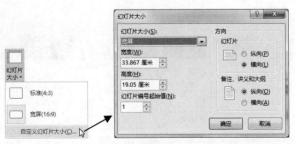

图3-7 幻灯片大小的设置

单击"幻灯片大小"对话框中的"幻灯片大小"下拉按钮，在弹出的下拉菜单中有"全屏显示"、"A3纸张"、"A4纸张"、"顶置"、"横幅"、"自定义"等多种选项可供选择。另外，在"宽度"和"高度"文本框中可输入数值来精确设置页面的大小。

在"方向"栏中选中不同的单选按钮可调整幻灯片页面的方向，或者调整备注、讲义和大纲页面的方向。图3-8所示为特殊页面格式的幻灯片。

图3-8　特殊页面格式的幻灯片

在默认情况下，演示文稿中的幻灯片都是从"1"开始编号的，这在幻灯片窗格中可以清楚看到。用户可在"幻灯片大小"对话框的"幻灯片编号起始值"数值框中重新输入新的起始编号。

2．页面主题

幻灯片的页面主题包含幻灯片的颜色、字体、效果和背景样式，这对创建统一的演示文稿外观有着举足轻重的作用。在新建演示文稿时，用户可以选择不同的主题。

在幻灯片中单击"设计"选项卡"主题"功能组中的"其他"下拉按钮，将弹出如图3-9所示的菜单，其中包括了10种主题。

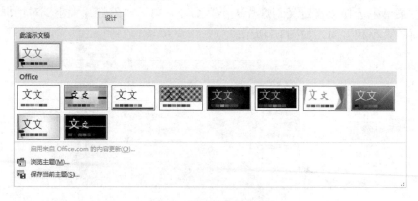

图3-9　页面的各种主题

在"变体"功能组中还提供了4种变体效果，所谓"变体"，就是在确定了主题的情况下，改变该主题的背景样式。在其菜单中还可以自定义主题的颜色、字体、效果和背景样式等，下面将简单介绍其操作方法。

◆ **自定义主题颜色**：单击"变体"功能组中的"其他"下拉按钮，在弹出的下拉菜单中选择"颜色"命令，在展开的子菜单中选择一组颜色或选择"自定义颜色"命令，在打开的"新建主题颜色"对话框中自定义各项目的颜色，如图 3-10 所示。还可在"名称"文本框中对新建的主题颜色命名。

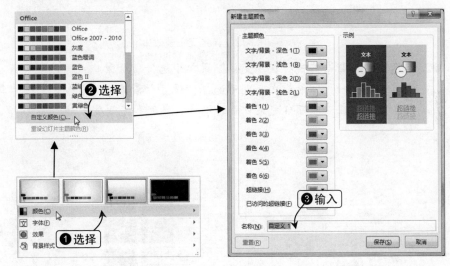

图3-10　自定义主题颜色

◆ **自定义主题字体**：在"变体"菜单中选择"字体"命令，可在弹出的子菜单中选择一种字体或者选择"自定义字体"命令，打开"新建主题字体"对话框，自定义各项目的字体，如图 3-11 所示，在其中也可对新建的主题字体命名。

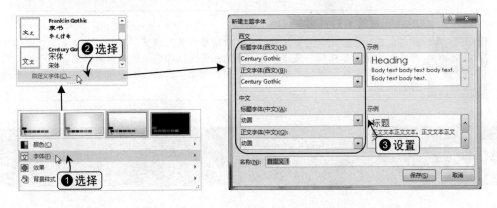

图3-11　自定义主题字体

◆ **自定义主题效果**：在"变体"菜单中选择"效果"选项，可在弹出的子菜单中选择一种效果，如图 3-12 所示。

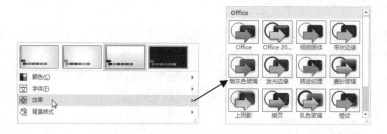

图3-12　自定义主题效果

◆ **自定义主题背景样式**：在"变体"菜单中选择"背景样式"选项，可在弹出的子菜单中选择一种背景样式，也可选择"设置背景格式"命令，打开"设置背景格式"窗格，在其中可自定义背景的填充、颜色和透明度，如图 3-13 所示。

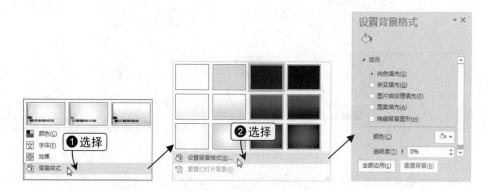

图3-13　自定义主题背景样式

更换和重置幻灯片背景

当在幻灯片中应用了内置背景后，若对背景样式不满意，可在"自定义"功能组中单击"设置背景格式"按钮，在打开的任务窗格中重新设置背景样式。若不需要任何背景样式，可在下拉菜单中单击"重置背景"按钮，取消背景样式的应用，将其还原成默认状态。

3.2 幻灯片母版的设置
掌握建立母版的方式

为了保持同一演示文稿中各张幻灯片的风格统一，可在"幻灯片母版"视图中对各要素进行设置。切换到"视图"选项卡，单击"母版视图"功能组中的"幻灯片母版"按钮，将切换到"幻灯片母版"选项卡，如图3-14所示。

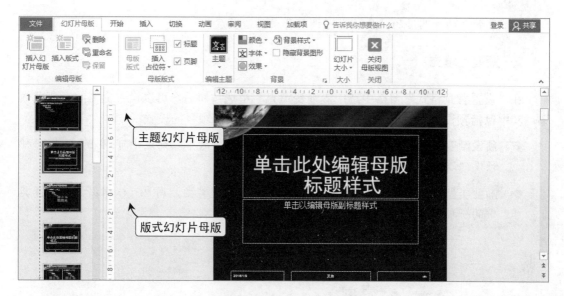

图3-14 幻灯片的母版视图

上节简单介绍了页面设置的方法，本节将具体介绍在幻灯片母版中，怎样对幻灯片的背景格式、页眉页脚等进行统一设置。此外，用户还可根据需要增加幻灯片母版，本节将具体讲解其增加方法。

3.2.1 背景格式的设置

单击"幻灯片母版"选项卡"背景"功能组右下角的"对话框启动器"按钮，在打开的"设置背景格式"窗格中可对幻灯片的背景格式进行设置，其中填充包括纯色填充、渐变填充、图片或纹理填充、图案填充4种，下面对每种填充方式具体介绍。

1．纯色填充

打开"设置背景格式"窗格后，在"填充"栏中选中"纯色填充"单选按钮，其中包括一个"颜色"按钮和一个"透明度"滑块，不同的按钮对应的功能如下。

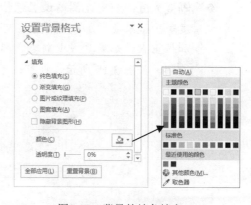

图3-15 背景的纯色填充

◆ "颜色"按钮：单击"颜色"下拉按钮，在弹出的下拉菜单中可以选择填充的主题颜色或标准色，如图 3-15 所示，选择菜单中的"其他颜色"命令，在打开的"颜色"对话框中可选择更多颜色。

◆ "透明度"滑块：左右拖动"透明度"滑块，或者在"透明度"数值框中输入背景颜色的透明度的具体值，可调整背景的透明度。

2. 渐变色填充

在"设置背景格式"窗格中选中"渐变填充"单选按钮后，可以设置更多的渐变色效果，其中包括预设渐变、类型、方向、角度和渐变光圈等项目的设置。

- ◆ **预设渐变**：单击"预设渐变"下拉按钮，在弹出的下拉列表中可以任意选择一种预设的渐变样式，如图 3-16 所示。
- ◆ **渐变类型**：在"类型"下拉列表框中有 5 种渐变类型，用户可以根据需要选择其中的一种，如图 3-17 所示。

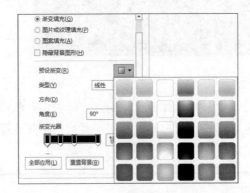 

图3-16　预设渐变　　　　　　　图3-17　渐变类型

- ◆ **渐变方向**：单击"方向"下拉按钮，在弹出的下拉列表中可以选择渐变填充的方向，即选择颜色和阴影的不同过渡方向，如图 3-18 所示。
- ◆ **渐变角度**：当在"类型"下拉列表框中选择"线性"选项时，"角度"数值框才处于可编辑状态，在其中可以指定在形状内渐变填充的角度。
- ◆ **渐变光圈**：渐变光圈的设置包括设置渐变光圈的数量、颜色、位置、透明度和亮度等。如果要增加光圈数量，可以直接单击渐变条或"添加渐变光圈"按钮，增加停止点；如果要减少渐变光圈的数量，可以将停止点向外拖，直至该停止点变透明，如图 3-19 所示，也可以单击"删除渐变光圈"按钮，删除渐变光圈。

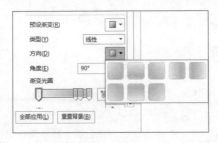 

图3-18　渐变方向　　　　　　　图3-19　渐变光圈

3. 图片或纹理填充

用户也可以为幻灯片填充系统内置的纹理样式，或者插入外部的图片或联机图片作为背景。在"设置背景格式"窗格中选中"图片或纹理填充"单选按钮，其中各按钮选项的作用如下。

◆ 纹理：单击"纹理"下拉按钮，在弹出的下拉列表中可以选择任意系统预设的纹理进行填充，如图 3-20 所示。

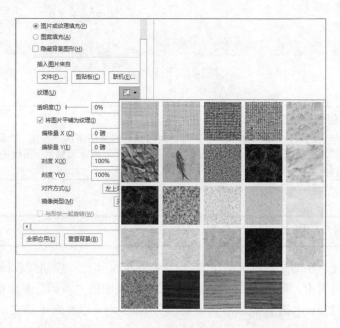

图3-20　预设纹理

◆ "插入图片来自"栏：单击"文件"按钮，在打开的对话框中选择电脑中保存的图片；单击"剪贴板"按钮将当前"剪贴板"中的图形对象作为背景图片；单击"联机"按钮，可以插入联机图片。

◆ "将图片平铺为纹理"栏：当选择背景为纹理时，可以在"将图片平铺为纹理"栏中确定纹理填充的缩放系数；当选择了图片和剪贴画作为背景时，可以在此栏中设置图片的偏移量。

4. 图案填充

选中"设置背景格式"窗格中的"图案填充"单选按钮，可选择预设的图案作为幻灯片的填充背景，通过"前景"和"背景"按钮还可选择图案的颜色，如图 3-21 所示。一般情况下，为了不影响文本信息的传达，保持页面的简洁，很少使用"图案填充"来设置幻灯片背景。

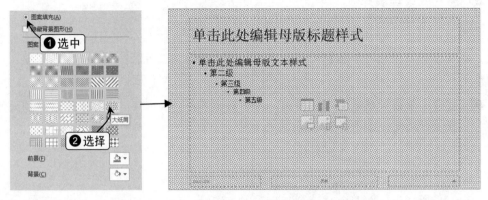

图3-21　图案填充

 提示
Attention

全部应用填充效果

在版式幻灯片中填充背景时，只是针对当前幻灯片应用填充效果，如果要让演示文稿中的所有幻灯片都应用该填充效果，可以单击"设置背景格式"窗格中的"全部应用"按钮或在"主题"幻灯片中进行设置。

3.2.2　页眉/页脚格式的设置

在默认情况下，在幻灯片母版的下方有3个并排的文本框，分别代表日期、页脚和幻灯片编号，在版式母版中，取消选中"母版版式"功能组中的"页脚"复选框，即可隐藏这3个文本框，如图3-22所示，若只需取消其中某个文本框，则可以在选中该文本框后按【Delete】键进行手动删除。

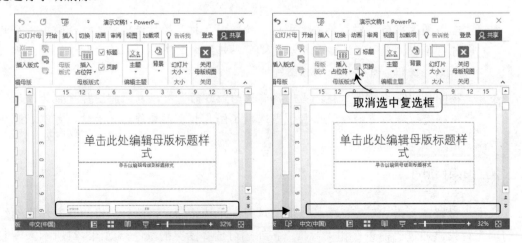

图3-22　隐藏幻灯片页脚内容

幻灯片母版中并没有明确的页眉设置，用户可以利用在幻灯片母版中添加企业LOGO

等对象来实现页眉效果。

为幻灯片添加页眉的具体方法是：在主题幻灯片母版中插入外部图片或绘制形状、添加文本，并将所添加的内容放置在合适的位置即可，如图3-23所示。

图3-23　在主题母版中添加页眉

如果希望在标题幻灯片中隐藏页眉的设置，则可以切换到标题幻灯片母版，在"背景"功能组中选中"隐藏背景图形"复选框，如图3-24所示。

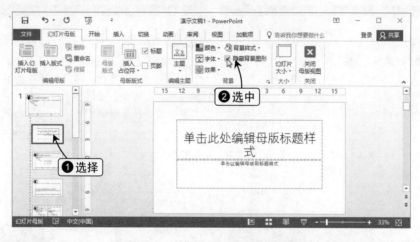

图3-24　隐藏标题幻灯片中的页眉

3.2.3　增加不同类型的母版

一般情况下，一套幻灯片的母版只包括一张主题幻灯片母版和11张版式幻灯片母版，它们协同作用，规定了演示文稿的外观样式，不过在同一份演示文稿中也可以有多套幻灯片母版，这意味着用户可以根据自身需要增加幻灯片母版，下面将举例说明增加幻灯片母版的具体方法。

操作演练：增加幻灯片母版

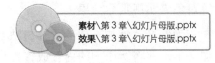
素材\第 3 章\幻灯片母版.pptx
效果\第 3 章\幻灯片母版.pptx

Step 01 单击"插入幻灯片母版"按钮

打开"幻灯片母版"素材演示文稿，切换到幻灯片母版视图，单击"插入幻灯片母版"按钮。

Step 03 添加页眉

选中第二套幻灯片的主题母版，单击"插入"选项卡"图像"功能组中的"图片"按钮，插入图标，调整其大小和位置。

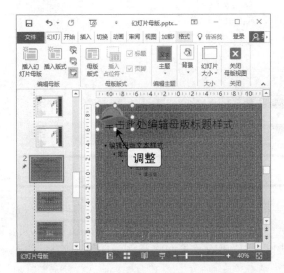

Step 02 设置新增幻灯片母版的格式

切换到第二套幻灯片母版的主题母版，为其填充背景纹理。

Step 04 增加版式母版并添加占位符

单击"插入版式"按钮，插入版式母版，然后单击"插入占位符"下拉按钮，在弹出的下拉列表中选择"图片"命令，当鼠标光标变为十字形时，在幻灯片的适当位置绘制即可。

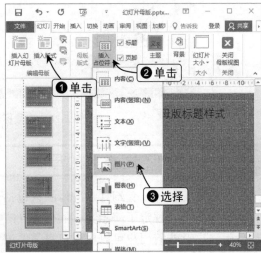

提示
Attention

母版中的标题和正文格式设置
幻灯片母版中的标题和正文格式设置与页面设置中的字体格式设置方法大同小异,在此不再赘述。

3.3 讲义母版与备注母版

认识讲义母版和备注母版

在PowerPoint 2016中为用户提供了3种母版,除了上述的幻灯片母版外,还为用户提供了讲义母版和备注母版。

所谓讲义,一般是指在放映幻灯片之前,发放给观众的演示文稿纸张内容,而讲义母版实际上是用于设置讲义的外观样式。

在"视图"选项卡"母版视图"功能组中单击"讲义母版"按钮,将切换到"讲义母版"视图,如图3-25所示,在其中可设置讲义的外观样式,其具体操作方法与设置幻灯片母版相似。

若要将内容或格式应用于演示文稿中的所有备注页,就需要在"视图"选项卡"母版视图"功能组中单击"备注母版"按钮,切换到"备注母版"视图,如图3-26所示,在其中可以对备注的外观样式进行设置。

图3-25 "讲义母版"视图

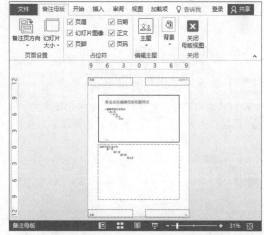

图3-26 "备注母版"视图

技巧
Skill

讲义母版与备注母版的设置技巧
在讲义母版与备注母版中都可以对页面的大小、方向、页眉页脚格式、背景格式、字体格式、主题等进行设置。但需要注意的是,讲义和备注都是为了在幻灯片的放映中为观众和演讲者提供便利,因此讲义与备注尽量保持简洁,不宜太花哨。

实战演练 制作“超市营业额分析报告”演示文稿的母版

本章前3节主要介绍了演示文稿的版式布局和母版设置的方法与技巧，下面将以制作“超市营业额分析报告”演示文稿的母版为例，来巩固和加强学习这几节的内容。

素材\第 3 章\背景 1.jpg、背景 2.jpg
效果\第 3 章\超市营业额分析报告.pptx

Step 01 新建演示文稿

新建一份空白演示文稿，将其保存为“超市营业额分析报告”，并切换到“幻灯片母版”视图，将幻灯片大小设置为“标准（4:3）”。

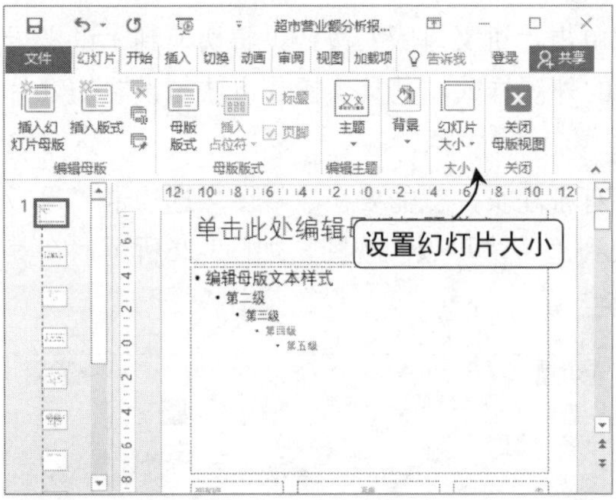

Step 02 填充母版背景

在主题幻灯片母版上单击“背景”功能组中的“对话框启动器”按钮，在“设置背景格式”窗格中将“背景1”素材图片设置为填充图片。

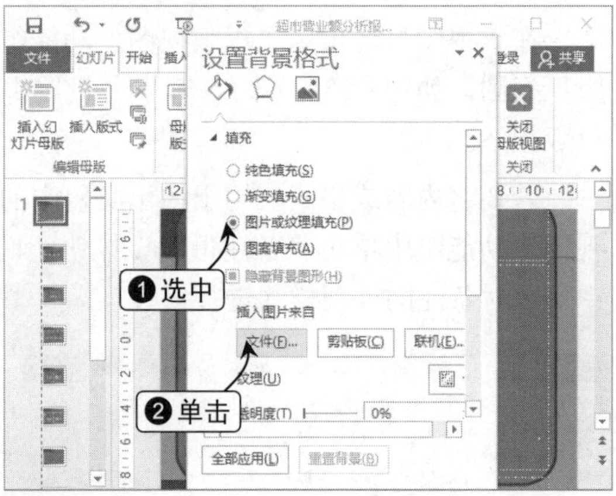

Step 03 更换标题幻灯片的背景

切换到标题幻灯片母版，打开“设置背景格式”窗格，用同样的方式将“背景2”素材图片填充为背景。

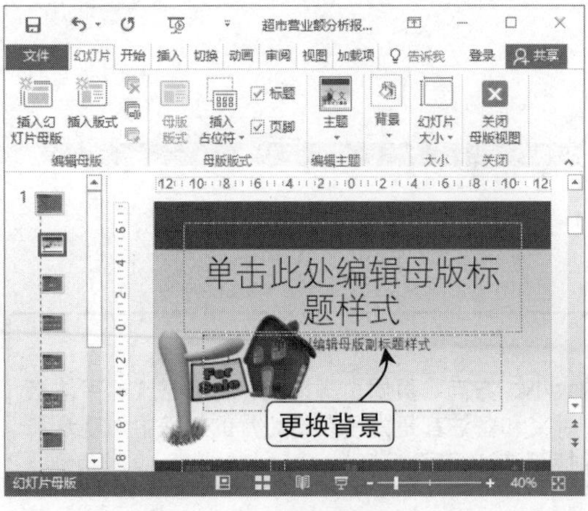

Step 04 选择字体

在主题幻灯片母版中单击“背景”功能组中的“字体”下拉按钮，在弹出的下拉菜单中选择合适的字体。

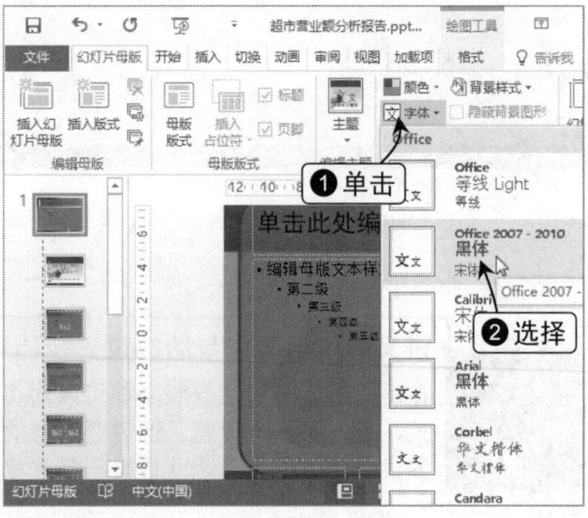

Step 05 增加版式幻灯片母版

单击 "编辑母版" 功能组中的 "插入版式" 按钮,插入一张新的幻灯片母版。

Step 06 添加占位符

在 "插入占位符" 的下拉列表中选择 "图表" 选项,并放置在幻灯片合适的位置。

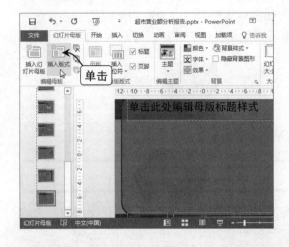

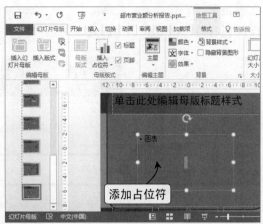

3.4 色彩搭配
了解色彩、掌握颜色搭配的技巧

幻灯片的配色追求色彩的和谐与美感,因此色彩的应用和搭配要符合幻灯片的主题。本节将介绍如何在幻灯片中搭配适当的颜色。在此之前,应首先了解色彩有哪些模式和分类。

3.4.1 颜色模式

为了更好地理解和应用幻灯片中的色彩,在此将介绍一些关于色彩的基本知识。在图像设计中色彩可分为RGB颜色模式、CMYK颜色模式、Lab颜色模式等。其中最为常见的是RGB颜色模式和CMYK颜色模式,下面分别对其介绍。

1. RGB 颜色模式

RGB颜色模式是工业界的一种颜色标准,如图3-27所示。通过对红(R)、绿(G)、蓝(B)3种颜色通道的变化及它们相互之间的叠加来得到各式各样的颜色。这个标准几乎包括人类视力所能感知的所有颜色,是目前运用最为广泛的颜色系统之一,幻灯片中使用的就是RGB颜色模式。

图3-27　RGB颜色

2. CMYK 颜色模式

CMYK代表印刷上用的4种颜色，C代表青色（Cyan），M代表洋红色（Magenta），Y代表黄色（Yellow），K代表黑色（Black），如图3-28所示。因为在实际应用中，青色、洋红色和黄色很难叠加形成真正的黑色，最多不过是褐色而已，因此才引入了K——黑色。

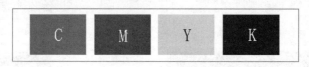

图3-28　CMYK颜色

3.4.2　色彩分类

颜色绝不会单独存在，事物的颜色都是与其周围的颜色相互对比、衬托出来的，在这一过程中就使色彩产生了温度感，于是又可以把色彩分为暖色、中性色和冷色3种。

1. 暖色

太阳带给人们光明和温暖，由太阳颜色衍生出来的颜色，如红色、橙色和黄色，就会给人以温暖柔和的感觉。图3-29所示为暖色调的图片。

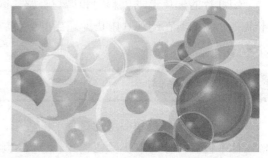

图3-29　暖色调的图片

2. 中性色

介于暖色与冷色之间的便是中性色，如黑色、白色、灰色等，它们常常在色彩的搭配中起到间隔与调和的作用。

3. 冷色

海水和月光会使人感觉清爽，于是人们看到蓝色和绿色之类的颜色，也会产生凉爽的感觉。图3-30所示为冷色调的图片。

图3-30　冷色调的图片

3.4.3　色彩的语言

色彩是一种视觉语言，不同的色彩传达了不同的信息。色彩可以在一定程度上影响人们的情绪，左右人们的感情和行动。

红色——具有强烈的感染力，它是火的颜色、血的颜色，象征热情、喜庆、幸福、传统、革命和吉祥，另一方面又象征警觉与危险，如图3-31所示。

图3-31　红色系图片

橙色——秋天收获的颜色，鲜艳的橙色比红色更为温暖、华美，是所有色彩中最温暖的色彩。橙色象征快乐、勇敢、光明、华丽、兴奋、甜蜜，如图3-32所示。

图3-32　橙色系图片

黄色——是太阳的颜色，象征光明、愉快、高贵、希望、发展、注意，如图3-33所示，浅黄色表示柔弱，灰黄色表示病态。

图3-33　黄色系图片

绿色——是植物的颜色，象征着平静、安全、新鲜、安逸、和平、柔和、青春、理想，如图3-34所示，带灰褐绿的颜色则象征衰老和终止。

图3-34　绿色系图片

蓝色——是天空的颜色，象征理智、深远、永恒、沉静、诚实、寒冷，如图3-35所示，另一方面又有消极、冷淡、保守等意味。

图3-35　蓝色系图片

紫色——象征优美、高贵、尊严、优雅、魅力，另一方面又有孤独、神秘等意味。淡紫色有高雅和魔力的感觉，深紫色则有沉重、庄严的感觉，如图3-36所示。

图3-36　紫色系图片

黑色——明度最低的非彩色，象征着力量、严肃、刚健、坚实、粗犷、沉默，有时又意味着不吉祥、恐怖、绝望和罪恶，如图3-37所示。

图3-37　黑色系图片

白色——表示纯粹与洁白的颜色，象征纯洁、高雅、谦虚、寂寞、忧郁、消极等，如图3-38所示。

图3-38　白色系图片

3.4.4　常见的色彩搭配

红色色感刺激强烈，在色彩搭配中常起着主色和重要的调和对比作用，是使用最多的颜色之一。黄色在纯色中明度最高，与红色系的颜色搭配产生辉煌华丽、热烈喜庆的效果，与蓝色系的颜色搭配产生淡雅宁静、柔和清爽的效果。

绿色和蓝色搭配显得柔和宁静，与黄色搭配显得明快清新。紫色与红色搭配显得华丽和谐，与蓝色搭配显得华贵低沉，与绿色搭配显得热情成熟。

当不知道该怎样搭配色彩时，可以借鉴专业的配色方案。常见的部分色彩搭配如图3-39所示。

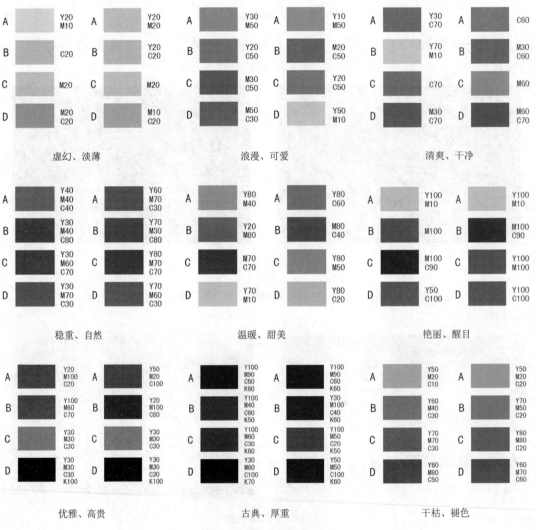

图3-39　常见的色彩搭配

想要搭配出绚丽的色彩不是一件容易的事,在设计幻灯片时,往往最难掌握的就是色彩搭配,但是通过参考这些专业的色彩搭配加上自己的灵活运用,相信要搭配出一个和谐的画面也不是那么困难。

3.4.5 经典的百搭色

灰色具有低调、沉稳、柔和、内敛、勤奋、高雅的意象,而且属于中性色,男女皆能接受,所以灰色也是永远流行的颜色,许多高科技产品,尤其是和金属材料有关的产品,几乎都采用灰色来传达高级、科技的形象。

灰色也是幻灯片色彩搭配中的百搭色。它不是一种特定的颜色,而是泛指一种色系。图3-40所示为一组属于灰色系的颜色。

图3-40 一组属于灰色系的颜色

在幻灯片设计中,灰色总是起着至关重要的作用,它能使整个页面的颜色更加协调、自然,能够起到很好的过渡效果,如图3-41所示。

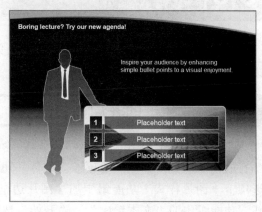

图3-41 用灰色作为背景

灰色总是不经意地出现在幻灯片中,起到装饰和衬托的作用,人们往往忽略了它的存在,但它又是必不可少,如图3-42所示。

 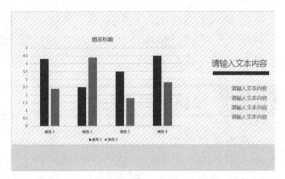

图3-42　用灰色作为装饰

　　在幻灯片中运用不同的灰色系颜色，可以体现出层次感，让单一的背景变得生动、形象、有意境，如图3-43所示。

图3-43　使用不同的灰色体现出层次

3.5 | 智能取色器
了解取色器的用法

　　在PowerPoint 2016中制作演示文稿，如果不知道如何调色，可以使用取色器的"移花接木"功能。

3.5.1 取色器的开启途径

　　在PowerPoint 2016中，开启取色器的途径有很多种，基本上在可以设置颜色的地方都有取色器。如"开始"选项卡"字体"功能组中的"字体颜色"、"图片工具 格式"选项卡"图片样式"功能组中的"图片边框"、"绘图工具 格式"选项卡"艺术字样式"功能组中的"文本轮廓"、"开始"选项卡"绘图"功能组中的"形状填充"等下拉菜单中都有取色器，如图3-44所示。

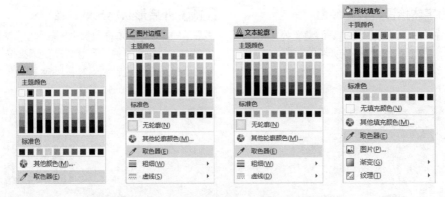

图3-44 取色器存在的位置

3.5.2 让经典色不再遥远

如果用户不知道该为图形或字体设置怎样的颜色才能让幻灯片的整体色彩搭配和谐，而恰巧在某画面上看到了理想的颜色，但又不知道怎样才能将它调配出来，这时用取色器就能轻松解决这一问题，下面将具体介绍其操作方法。

 操作演练：用取色器拾取颜色

素材\第3章\取色器的应用.pptx、图片 1.jpg
效果\第3章\取色器的应用.pptx

Step 01 插入图片

打开"取色器的应用"素材演示文稿，选择"插入→图像→图片"命令，将"图片1"插入幻灯片中。

Step 02 开启字体颜色取色器

选中正文文本，开启"字体"功能组中的"字体颜色"下拉菜单中的取色器。

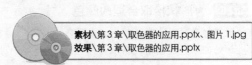
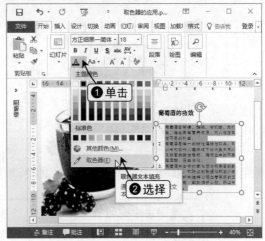

Step 03 为字体拾取合适的颜色

用取色器在"图片1"素材上选好的颜色处单击，拾取该颜色，字体将自动更换成拾取的颜色。

Step 05 为形状拾取合适的颜色

此时鼠标光标变为吸管状态，直接在"图片1"素材上选好的颜色处单击，拾取该颜色。

Step 04 开启形状填充取色器

选择第一个形状，单击"绘图工具 格式"选项卡"形状样式"功能组中的"形状填充"下拉按钮，在弹出的下拉菜单中选择"取色器"命令。

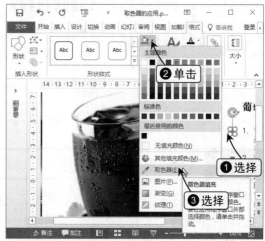

Step 06 拾取剩余形状颜色

选择第二个形状，用拾色器拾取第一个形状的颜色，用相同的方法设置第三个形状的填充颜色，最后删除"图片1"素材。

遮盖图片中的瑕疵

选择一张图片作为幻灯片背景时，却发现图中有瑕疵又不能裁图，在这种情况下，可以巧用取色器功能解决这一问题。

在图片的瑕疵上绘制一个矩形形状将其遮住，选择"形状填充"中的取色器，拾取瑕疵附近的颜色，让形状填充颜色溶于背景颜色中，用相同的方法设置形状轮廓的颜色，或者设置成无轮廓，但此技巧仅适用于背景颜色不复杂的图片。

第 4 章

幻灯片因图而更加完美

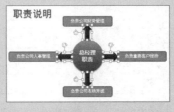

设置形状外观样式

在幻灯片中插入屏幕截图

旋转与组合图片

调整图片间距

4.1 绘制形状
掌握绘制形状的方法

在PowerPoint 2016中，系统将可绘制的图形称之为形状，本节将具体介绍怎样在幻灯片中绘制形状。

4.1.1 形状的种类

除了自己绘制的形状外，PowerPoint 2016中还为用户提供了多种类型的形状，其中包括线条、矩形、箭头汇总、公式形状、流程图等9种类型，如图4-1所示。用户通过选择相应的选项即可快速绘制形状，这大大提高了用户的操作效率。

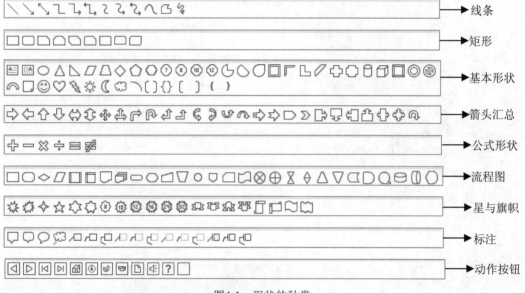

图4-1　形状的种类

4.1.2 绘制自选形状

在幻灯片中绘制自选形状的操作比较简单，在"开始"选项卡的"绘图"功能组中单击"其他"下拉按钮，或者在"插入"选项卡的"插图"功能组中单击"形状"下拉按钮，都可以在其弹出的下拉列表中选择任意形状进行绘制。

下面以在幻灯片中绘制自选形状为例来具体介绍其操作方法。

操作演练：在幻灯片中绘制自选形状

Step 01 选择形状

在"开始"选项卡的"绘图"功能组中单击"其他"下拉按钮，在弹出的下拉列表中选择"笑脸"选项。

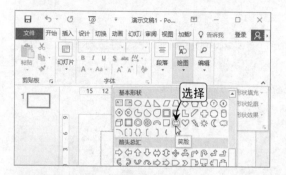

Step 02 绘制形状

当鼠标光标呈十字形状时，按住【Shift】键在幻灯片中绘制笑脸。

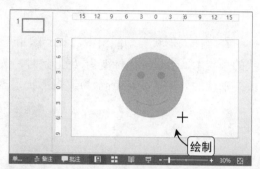

Step 03 调整形状

拖动在形状上出现的黄色控制点，改变形状外观，使笑脸变成沮丧脸。

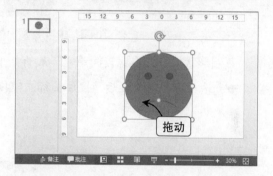

 技巧
Skill

绘制形状的小技巧

在绘制形状时按住【Shift】键可以锁定形状的长宽比例。

4.2 | 设置形状格式
掌握编辑、更改形状的方法

在幻灯片中绘制好自选形状后，还可以对其进行编辑、更改等一系列的操作，使其满足演示文稿的需求。

4.2.1 形状的编辑与更改

在幻灯片中编辑与更改形状包括更改形状、编辑顶点、复制形状等，这些操作都可以通过"绘图工具 格式"选项卡来完成。

当在幻灯片中插入一个自选形状时，PowerPoint的功能区中将自动出现一个"绘图工具 格式"选项卡，在"插入形状"功能组中选择"编辑形状"→"更改形状"命令，可以在展开的自选形状库中更换形状的类型。图4-2所示为将"矩形"更改为"立方体"。

图4-2　将"矩形"更改为"立方体"

在"插入形状"功能组中选择"编辑形状"→"编辑顶点"命令，将鼠标光标移到形状的顶点上，当鼠标光标变为 ✛ 形状时，按住鼠标左键拖动可重新调整顶点的位置，从而改变形状的外形。图4-3所示为编辑形状"流程图：显示"的顶点。

图4-3　编辑形状"流程图：显示"的顶点

复制形状的方式也比较简单，一般有如下3种方法。

◆　选中形状对象之后，按住鼠标左键拖动的同时按住【Ctrl】键，可快速复制一个形状，如图 4-4 所示。

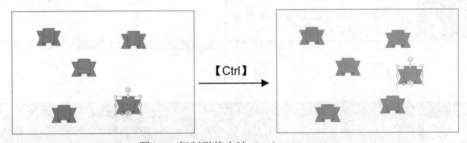

图4-4　复制形状方法（一）

◆　选择图片对象后按住【Ctrl+Shift】组合键的同时，使用鼠标拖动形状可水平或垂直方向复制形状对象。图 4-5 所示为垂直复制对象。

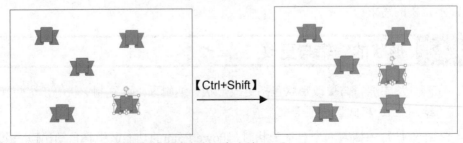

图4-5　垂直复制对象方法（二）

◆ 选择图片对象后多次按【Ctrl+D】组合键，可斜向下 45° 复制出多个形状对象，并形成阵列，如图 4-6 所示。

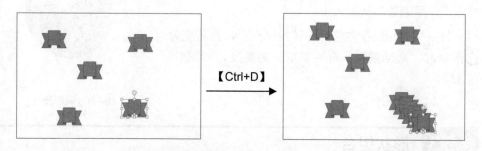

图4-6 复制形状的方法（三）

4.2.2 设置形状的大小、旋转角度和位置

在"绘图工具 格式"选项卡中可以精确地设置形状的大小、旋转角度及位置。

单击"大小"功能组中的"对话框启动器"按钮，或者选中形状对象后右击，在弹出的快捷菜单中选择"大小和位置"命令，如图4-7所示，打开"设置形状格式"窗格并自动切换到"大小"栏。

在其中可设置形状的大小和旋转角度，如图4-8（左）所示；切换到"位置"栏可调整形状的位置，如图4-8（右）所示。

 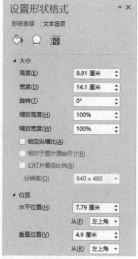

图4-7 选择命令 图4-8 "大小"和"位置"栏

除了可以用上述方法设置形状的大小、旋转角度和位置外，还可以用其他方法达到同样的效果。

选中形状对象之后，按住鼠标左键不放，拖动鼠标，可将形状移到适当的位置；另外拖动形状四周的控制点，可调整形状的大小。

将鼠标光标放在白色的旋转控制点上，当其变为 ↻ 形状时，拖动鼠标，可调整形状的角度，如图4-9所示。

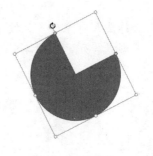

图4-9　调整形状

4.2.3　形状组合

简单的形状，通过巧妙地重组，也可以产生独特的视觉效果，为演示文稿增色不少，在PowerPoint 2016中，对形状的操作已有很大的突破，它包括形状剪除、形状相交、形状联合、形状组合和形状拆分5种特殊功能。

在默认情况下，形状拆分功能没有显示在功能区中。因此，首先需要对PowerPoint 2016进行一些简单设置，使其出现在功能区中，其具体操作方法见第1章"自定义功能区"部分。

1. 形状剪除

形状剪除是指多个形状叠放在一起时，只保留第一个选择的形状外形，并将其他形状全部删除，如图4-10所示。

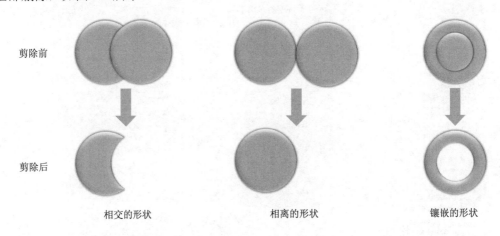

图4-10　形状剪除的效果

2. 形状相交

形状相交是指多个形状叠放在一起时，只保留所有形状相交的部分，其他部分全部删除，如果两个形状没有相交，则全部都删除，如图4-11所示。

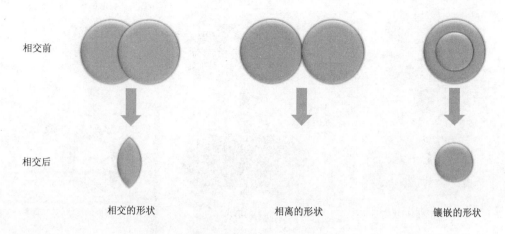

相交前

相交后

相交的形状　　　　　　　　相离的形状　　　　　　　镶嵌的形状

图4-11　形状相交的效果

3. 形状联合

形状联合是指保留所有形状的整体外形，并组成一个新的形状，且颜色保留第一个选择的形状的颜色，如图4-12所示。

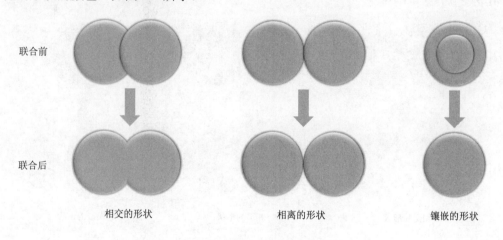

联合前

联合后

相交的形状　　　　　　　　相离的形状　　　　　　　镶嵌的形状

图4-12　形状联合的效果

4. 形状组合

形状组合是指将多个形状组合成一个形状，并删除形状相交的部分。形状组合与形状相交刚好相反，如图4-13所示。

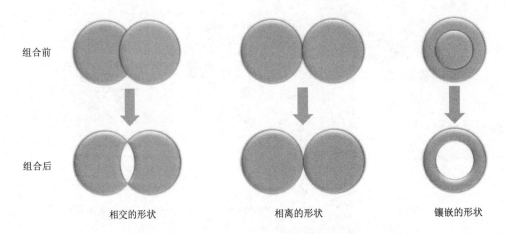

图4-13　形状组合的效果

5. 形状拆分

形状拆分是指将相交的形状进行剪除，并保留剪除部分，且颜色保留第一个选择的形状的颜色，如图4-14所示。

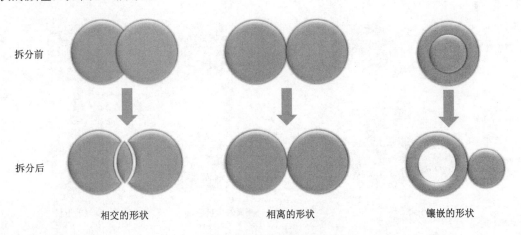

图4-14　形状拆分的效果

4.2.4 设置形状的外观样式

"形状样式"功能组是"绘图工具 格式"选项卡中最有特色的功能组之一。在"形状样式"功能组中单击"其他"按钮可以打开一个形状和线条的外观样式选项库，将鼠标光标移到"其他主题填充"命令上，将在右侧展开一个形状样式填充选项列表框，如图4-15所示。

如果在外观样式选项库中没有满足需要的选项，则可以单击"形状样式"功能组中的"形状填充"、"形状轮廓"或"形状效果"按钮，进行更丰富的设置。

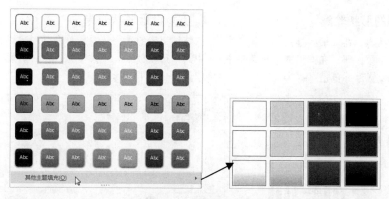

图4-15　形状样式填充选项

　　下面以设置"职责说明"演示文稿中的形状外观样式为例介绍其具体操作方法。

 操作演练：设置形状的外观样式

素材\第4章\职责说明.pptx
效果\第4章\职责说明.pptx

Step 01 选择形状外观样式

打开"职责说明"素材演示文稿，选择中间的圆形对象，在"形状样式"功能组中单击"其他"按钮，在其中选择一种预设样式。

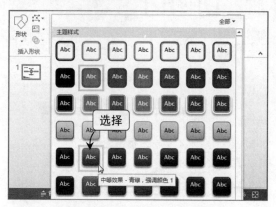

Step 02 同时选择多个形状

按住【Ctrl】键，依次单击4个箭头形状将其同时选中。在"形状样式"下拉菜单中选择"强烈效果-靛蓝，强调颜色5"选项。

Step 03 为矩形形状设置填充效果

选择矩形形状，单击"形状样式"功能组中的"形状填充"下拉按钮，在弹出的下拉菜单中为其设置填充颜色，然后再次单击该按钮，选择"渐变"子菜单中的一种渐变效果。

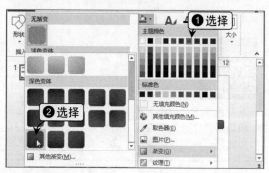

Step 04 设置矩形的形状轮廓

保持该矩形的选中状态，在"形状样式"功能组中单击"形状轮廓"下拉按钮，在弹出的下拉菜单中将形状轮廓的颜色设置为"白色"。

Step 05 设置形状效果

保持该矩形的选中状态，单击"形状样式"功能组中的"形状效果"下拉按钮，在"阴影"下拉菜单中选择"靠下"选项。

Step 06 固定形状位置

用上述方法继续为其他3个矩形设置外观样式。为了使设置完成的形状相对位置不发生改变，可以将其全部组合成一个对象。按【Ctrl】键，依次单击全部形状，然后按【Ctrl+G】组合键将其进行组合即可。

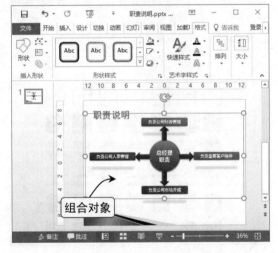

技巧
Skill

同时选中多个形状的方法

按住【Ctrl】键依次单击需要的形状，可选中多个不相邻的形状，按住【Shift】键，然后单击第一个形状和最后一个形状，可选中相邻的所有形状。

提示
Attention

渐变光圈的设置

渐变色是由多层不同颜色组成的颜色递变的效果，每一层颜色可以看作一个单独的"渐变光圈"，如图 4-16 所示。用户可以将多余的颜色删除，或是添加其他的颜色。

图4-16　颜色渐变光圈

4.3 插入图片
掌握在幻灯片中插入图片的方法

　　图片的应用会使整个演示文稿变得更加丰富多彩，在幻灯片中会使用到很多图片，根据图片的来源，可将其分为外部图片、联机图片和屏幕截图3种，下面将具体介绍这几种图片的插入方法。

4.3.1 插入外部图片

　　外部图片是用户保存在电脑中的图片，它是幻灯片中使用最广泛的一种图片类型，在幻灯片中常用的外部图片格式有JPG、BMP、PNG、GIF等，如图4-17所示。

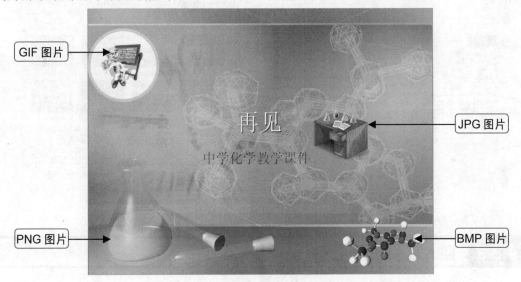

图4-17　外部图片在幻灯片中的应用

1. 外部图片格式的特点

　　在使用外部图片前，应先了解这几种类型外部图片的特点，下面将分别对其特点进行介绍。

◆ **JPG 图片**：JPG 图片是目前使用最为广泛的图片格式，平时在网上下载或拍摄得到的图片多数都是这种格式，在幻灯片中它常用作背景和装饰。

◆ **BMP 图片**：BMP 图片是 Windows 中的一种位图格式，由于不支持压缩，所以文件比 JPG 格式更大，常用作幻灯片的背景。

◆ PNG 图片：PNG 图片与其他位图格式的最大不同在于 PNG 图片支持背景透明属性，因此一些小的装饰性图片使用这种格式最佳，能与其他图片更好地搭配。

◆ GIF 图片：GIF 图片是目前较流行的动画图片，将该图片应用于幻灯片中，在放映时会呈现出动画效果，也可以起到装饰作用。

2. 外部图片的插入

要在幻灯片中使用外部图片，需要先将其插入到当前幻灯片中，其操作方法为：切换到"插入"选项卡，单击"图像"功能组中的"图片"按钮，打开"插入图片"对话框，在该对话框中找到外部图片保存的位置，并选择需要插入的图片，最后单击"插入"按钮，如图4-18所示。

图4-18　在幻灯片中插入外部图片的方法

4.3.2　插入联机图片

除了外部图片外，用户还可以在幻灯片中插入联机下载的图片，即通过将电脑联网，从网络中搜索下载图片文件，下面介绍其具体操作方法。

 操作演练：在幻灯片中插入联机图片

Step 01 单击"联机图片"按钮

切换到"插入"选项卡，单击"图像"功能组中的"联机图片"按钮。

Step 02 搜索图片

在打开的"插入图片"对话框的"必应图像搜索"搜索框中输入搜索关键字，如"九寨沟"。

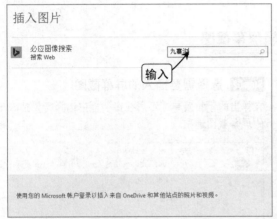

Step 03 显示所有 Web 结果

在打开的对话框中可以查看默认搜索到的结果，单击左下方的"显示所有Web结果"按钮。

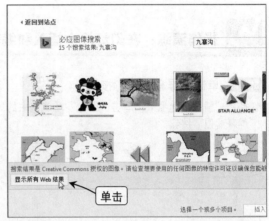

Step 04 选择需要的图片

程序重新搜索，此时可以看到更多的搜索结果，选择需要的图片，单击"插入"按钮。

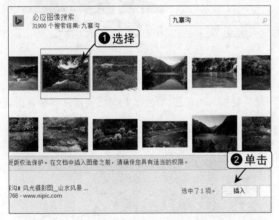

Step 05 插入选中的图片

经过短暂的下载时间后，即可将选中的图片插入幻灯片中。

提示 Attention 插入其他联机图片

在"插入图片"对话框中，如果用户登录了 Microsoft 账户，还可以插入云中保存的图片。

4.3.3 插入屏幕截图

在制作幻灯片的过程中，如果需要在幻灯片中插入屏幕上的图像，通常会使用第三方软件中的截图工具来获取屏幕图片。为了给用户省去另外打开软件的时间，PowerPoint 2016 也为用户提供了屏幕截图功能，可在幻灯片中插入和编辑屏幕截图。

下面以在幻灯片中插入和编辑屏幕截图为例来具体介绍该功能的用法。

 操作演练：在幻灯片中插入和编辑屏幕截图

Step 01 单击"屏幕截图"按钮

切换到"插入"选项卡，单击"图像"功能组中的"屏幕截图"按钮。

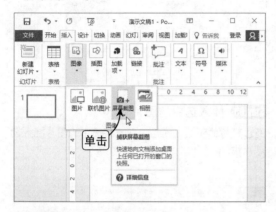

Step 02 选择需要插入的屏幕截图

在弹出的下拉菜单"可用视窗"栏中选择需要插入的屏幕截图选项。

Step 03 选择"屏幕剪辑"选项

如果需要自定义屏幕截图的部分，可以选择"屏幕剪辑"命令。

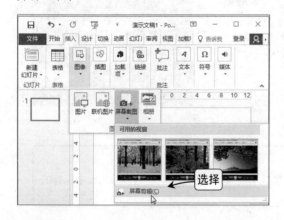

Step 04 剪辑屏幕

当鼠标光标变为十字形状时，按住鼠标左键拖动剪辑需要插入的范围，释放鼠标时完成插入屏幕截图。

 提示 Attention

插入屏幕截图的注意事项

在使用插入屏幕截图功能时，必须保证所需要插入的图片能够出现在"可用视窗"栏内，因为屏幕截图功能只可截取未被最小化到任务栏中的程序界面。

4.3.4 创建相册

随着数码照相机的不断普及，越来越多的摄影爱好者希望将自己拍摄的相片制作成电子相册，要制作一份简单的电子相册并不需要专业的软件，在PowerPoint中就可以实现。下面以PowerPoint 2016为操作平台，讲解创建相册的方法。

 操作演练：在幻灯片中创建相册

Step 01 选择"新建相册"命令

启动PowerPoint 2016，在"插入"选项卡中单击"相册"下拉按钮，选择"新建相册"命令。

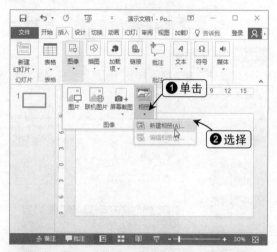

Step 02 打开"相册"对话框

打开"相册"对话框，单击"文件/磁盘"按钮。

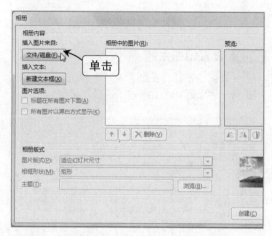

Step 03 插入图片

在打开的"插入新图片"对话框中选择需要插入的图片，然后单击"插入"按钮。

Step 04 选择图片

在"相册中的图片"列表框中，选中要组合在一张幻灯片中的图片复选框。

Step 05 设置图片版式

在"相册版式"栏的"图片版式"下拉列表框中选择合适的图片版式。

Step 06 设置相框形状

在"相册版式"栏的"相框形状"下拉列表框中选择合适的相框形状。

Step 07 设置相册主题

单击"浏览"按钮，在打开的"选择主题"对话框中选择一种主题，然后单击"选择"按钮。

Step 08 创建相册

返回"相册"对话框，单击"创建"按钮，完成相册的创建。

提示
Attention

创建黑白相册

在"相册"对话框中选中"所有图片以黑白方式显示"复选框，然后单击"图片版式"下拉按钮，在其下拉菜单中选择"两张图片"选项，最后单击"创建"按钮即可创建如图 4-19 所示的黑白相册。

图4-19　创建黑白相册

4.4 设置图片格式
掌握裁剪图片、设置图片样式的方法

将图片插入幻灯片之后，为了让图片与幻灯片更协调，需要对插入的图片进行一些格式设置，包括裁剪图片、删除图片的背景、调整图片的颜色和艺术效果等，从而达到美化图片的目的。

4.4.1 裁剪图片

在幻灯片中插入图片后，首先应该调整其大小，或对图片进行裁剪，再进行其他设置，下面以具体的实例介绍在幻灯片中怎样调整图片的大小。

 操作演练：调整幻灯片中图片的大小

Step 01 对齐幻灯片

在幻灯片中插入图片后，将其拖至左上角，使其上侧与左侧分别对齐幻灯片的上侧与左侧。

Step 02 放大图片

将鼠标光标放在图片的对角控制点上，拖动鼠标，当图片的下侧与幻灯片的下侧重合之后，释放鼠标。

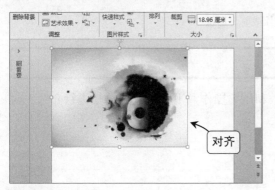

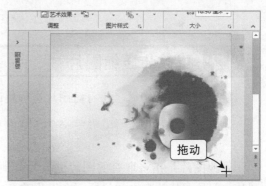

Step 03 裁剪图片

单击"大小"功能组中的"裁剪"按钮，将鼠标光标放在图片右侧中间，当鼠标光标变成 形状时，从右至左拖动鼠标，当图片右侧与幻灯片右侧重合后，释放鼠标，完成图片大小的调整。

 提示
Attention

背景图片大小限制

上述方法只适合像素比较高的图片，如果图片像素较低，拖动大小后，图片会显得模糊。

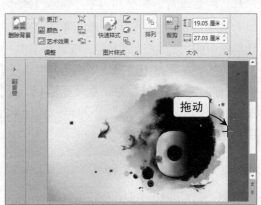

除了按照上述方法裁剪图片外，还可以将图片裁剪为特定的形状，如图4-20所示。

图4-20　裁剪成特定形状的图片

其操作方法为：选择目标图片，在"大小"功能组中单击"裁剪"下拉按钮，在弹出的下拉菜单中选择"裁剪为形状"命令，在其子菜单中选择一种合适的选项即可，如图4-21所示。

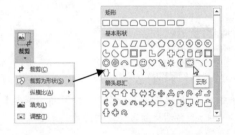

图4-21　将图片裁剪为形状

4.4.2　更改与压缩图片

确定图片的大小后，还可对图片进行更改和压缩操作，下面将分别对其进行介绍。

1．更改图片

更改图片是指将现有的图片更改为其他图片，但是图片的大小和位置不会发生改变。

选中需要更改的图片，然后单击"调整"功能组中的"更改图片"按钮，或者右击图片，在弹出的快捷菜单中选择"更改图片"命令，在打开的"插入图片"对话框（见图4-22）中选择任意方式插入新的图片即可，如图4-23所示的效果。

图4-22　"插入图片"对话框

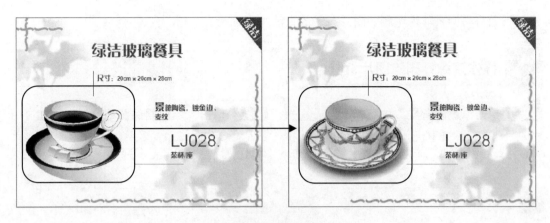

图4-23　更改图片

2. 压缩图片大小

　　如果演示文稿中插入了大量的图片，会增大整个文件的大小，影响操作和演示的速度，这时可以对图片的大小进行压缩。

　　压缩图片的具体方法为：选中需要压缩的图片，单击"图片工具　格式"选项卡"调整"功能组中的"压缩图片"按钮，打开"压缩图片"对话框，如图4-24所示。在其中有4个目标输出类型的选项，选中合适的单选按钮即可。

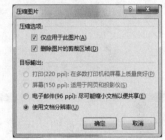

　　如果需要对演示文稿中的所有图片进行压缩，则取消选中"仅应用于此图片"复选框，最后单击"确定"按钮，完成所有图片的压缩操作。

图4-24　"压缩图片"对话框

4.4.3　删除图片背景

　　删除图片的背景可视为图片处理中常提到的抠图，如果图片的背景颜色较单一，可以直接在PowerPoint 2016中完成删除背景的操作，不需要借助Photoshop等专业的图像处理工具，如图4-25所示。

图4-25　删除图片背景

下面将举例具体说明删除图片背景的方法。

操作演练：删除图片背景

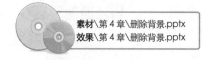
素材\第 4 章\删除背景.pptx
效果\第 4 章\删除背景.pptx

Step 01 单击"删除背景"按钮

打开"删除背景"素材演示文稿，并选中图片，在"图片工具 格式"选项卡中单击"删除背景"按钮。

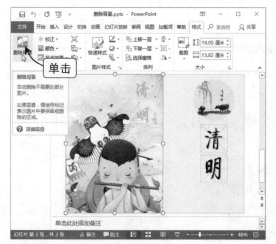

Step 02 单击"标记要保留的区域"按钮

图片的紫色部分代表要删除的区域，如果需要修改区域，则单击"标记要保留的区域"按钮。

Step 03 标记需要保留的区域

当鼠标光标变成 ✏ 形状时，在图中标记需要保留的区域，使其变成图片本身的颜色。

Step 04 删除背景

最后单击"保留更改"按钮，退出编辑状态，完成背景的删除。

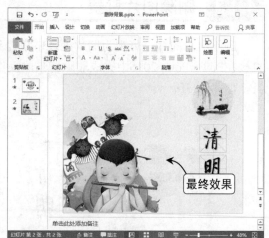

提示 **删除图片背景的注意事项**
Attention 在使用 PowerPoint 2016 抠图时，需要选择背景比较简单、容易和主要部分区分开的图片，否则使用该功能后，有可能将需要保留的部分也删除了。

除了上述方法可以删除图片背景外，对于一些背景颜色比较单一，与主体颜色区分比较明显的图片，还可以使用透明功能让其背景透明，达到删除背景的效果。

透明功能的操作更为简单，在"图片工具 格式"选项卡的 "调整"功能组中单击"颜色"下拉按钮，在其下拉菜单中选择"设置透明色"命令，如图4-26所示，当鼠标光标变成 形状时，在需要删除的背景颜色上单击即可。

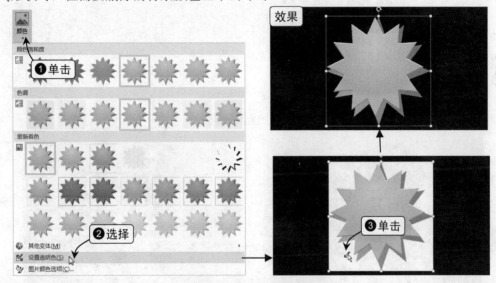

图4-26 设置图片背景透明

4.4.4 图片更正

在平时拍照时，可能会出现照片模糊、曝光度不足等情况，通过幻灯片中的图片更正功能可对图片的模糊度、亮度及对比度进行调整，它是对图片颜色调整的一种补充和修正功能。

1. 更正图片的模糊度

更正图片的模糊度即调整图片的锐化与柔化参数，从而增强照片的细节或者模糊照片中的瑕疵。

选中目标图片之后，单击"图片工具 格式"选项卡"调整"功能组中的"更正"下拉按钮，在弹出的下拉菜单中"锐化/柔化"栏中可选择预设的效果，如图4-27（左）所示。

　　如预设效果不能满足要求，可选择"图片更正选项"命令，打开"设置图片格式"窗格，并自动切换到"图片更正"栏，如图4-27（右）所示，在其中可根据需要设置具体参数值。

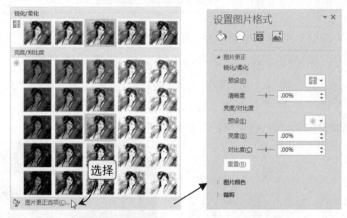

图4-27　图片的"锐化/柔化"设置

图4-28所示为将模糊的图片进行锐化处理的效果。

图4-28　模糊图片的锐化处理

2. 更正图片的亮度和对比度

　　更正图片的亮度和对比度可使曝光过度或曝光不足的图片细节得到充分的展现。PowerPoint 2016对图片亮度和对比度的调整能力虽然没有Photoshop等专业的图像处理软件强，但其中也提供了不少选项，通过简单选择即可实现相应的功能。

　　选中目标图片之后单击"图片工具 格式"选项卡"调整"功能组中的"更正"下拉按钮，在弹出的下拉菜单中预设了亮度和对比度值从"-40%"至"+40%"等25个缩略图，其中水平方向是改变图片的亮度，垂直方向则是改变图片的对比度。

　　选择不同的选项可对应地改变图片的亮度和对比度，如图4-29所示的效果。

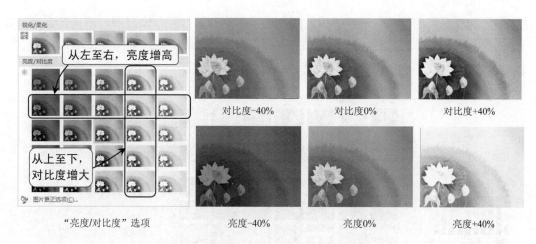

图4-29　分别调整亮度与对比度的对比效果图

　　如果对这些效果都不满意，也可以选择"更正"下拉菜单中的"图片更正选项"命令，打开"设置图片格式"窗格，在其中可对图片的亮度和对比度进行自定义设置。

　　图4-30所示为更正曝光过度的图片的效果。

图4-30　更正图片的亮度和对比度

4.4.5　调整图片的颜色

　　PowerPoint 2016对图片颜色的调整更加精细，选中需要调色的图片，然后单击"图片工具 格式"选项卡"调整"功能组中的"颜色"下拉按钮，在弹出的下拉菜单中可调整图片颜色的饱和度、色调，还可以对图片进行重新着色。选择"其他变体"命令，在其下拉菜单中可选择更多的颜色。选择"图片颜色选项"命令，打开"设置图片格式"窗格，并自动切换到"图片颜色"栏，在其中可具体设置颜色选项的参数，如图4-31所示。

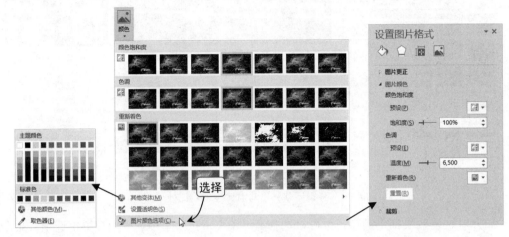

图4-31　图片的颜色设置

在"颜色"下拉菜单的"颜色饱和度"栏中选择不同的选项，可以得到相应的效果。图4-32所示为调整图片饱和度的效果对比图。

原图　　　　　　　　　　饱和度：0%　　　　　　　　　　饱和度：400%

图4-32　调整图片饱和度的效果对比图

在"颜色"下拉菜单的"色温"栏中选择不同的选项，也可以得到相应的效果，图4-33所示为调整图片的色温的效果对比图。

原图　　　　　　　　　　色温4700K　　　　　　　　　　色温11200K

图4-33　调整图片色温的效果对比图

通过在"颜色"下拉菜单的"重新着色"栏中选择不同的选项，可以轻松改变图片的配色效果，为图片重新着色的效果如图4-34所示。

原图

灰度

黑白：25%

橙色，着色2浅色

图4-34　重新着色后的对比效果

技巧
Skill

将冲蚀效果的图片作为水印

将图片进行冲蚀处理后，图片的整体颜色会变淡，如图 4-35 所示，选择合适的图片经此处理后，可以放在文本下层，用作水印效果。

图4-35　图片的冲蚀效果

4.4.6　设置图片的艺术效果

PowerPoint 2016中的艺术效果类似Photoshop中的滤镜，利用艺术效果功能可以对图片进行虚化、影印、铅笔素描等23种艺术效果的处理。

单击"图片工具 格式"选项卡"调整"功能组中的"艺术效果"下拉按钮，在弹出的下拉菜单中可选择图片的艺术效果，选择"艺术效果选项"命令，将打开"设置图片格式"

窗格，并自动切换到"艺术效果"栏，在其中既可以调整图片的艺术效果，还可以对其透明度和大小进行设置，如图4-36所示。

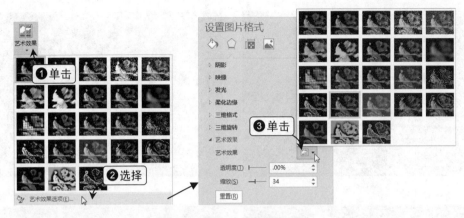

图4-36　图片的艺术效果选项

图片的艺术效果展示，如图4-37所示。

铅笔素描　　　　　　　　　　　　　　纹理化

影印　　　　　　　　　　　　　　　　塑封

图4-37　图片不同的艺术效果

4.4.7 设置图片样式

在"图片工具 格式"选项卡中单击"图片样式"功能组中的"其他"按钮,可展开如图4-38所示的样式库,其中为用户提供了28种预设的图片样式。

图4-38 预设图片样式

选择图片后,将鼠标光标指向不同的样式缩略图,当前的图片即会随之变换外观样式,确定合适的样式并单击即可为图片应用该样式。为图片使用预设样式的效果如图4-39所示。

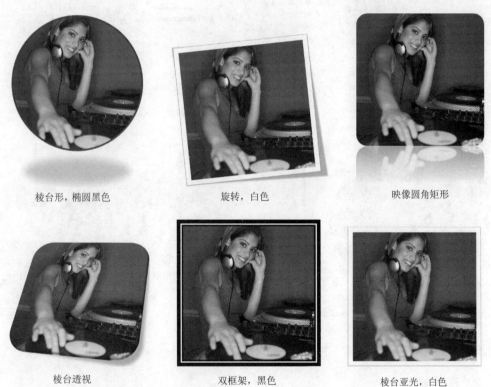

棱台形,椭圆黑色　　　　　旋转,白色　　　　　映像圆角矩形

棱台透视　　　　　双框架,黑色　　　　　棱台亚光,白色

图4-39 图片预设样式效果

如果预设的样式不能满足工作的需要,用户还可以通过单击该组右侧的"图片边框"、"图片效果"和"图片版式"按钮,分别设置图片的边框样式、效果和版式,从而实现自定义图片的外观样式。

1. 图片边框

单击"图片样式"功能组中的"图片边框"下拉按钮，将弹出一个下拉菜单，在其中可根据不同需要调整图片的边框样式，其中包括设置边框的颜色、粗细、样式等，如图4-40所示。

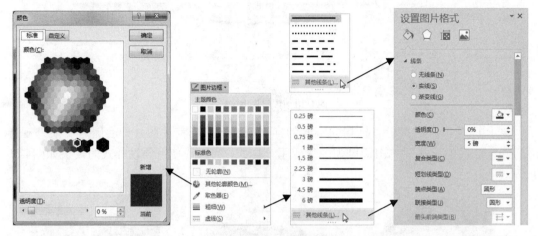

图4-40　图片边框的设置

在"设置图片格式"的"线条"栏中选中"渐变线条"单选按钮，还可以设置线条的渐变效果、渐变类型、渐变方向、渐变光圈等，如图4-41所示。

图4-41　图片边框渐变效果的设置

2. 图片效果

单击"图片样式"功能组中的"图片效果"按钮，在弹出的下拉菜单中提供了7种类型的图片效果选项，通过在各自的子菜单中进行选择，来进行各种效果的自定义，如图4-42所示。

预设11　　　　　　　　　　　　　　　　右下对角透视

柔化边缘，25磅　　　　　　　　　　　离轴1右

图4-42　图片效果的设置

3. 图片版式

单击"图片样式"功能组中的"图片版式"下拉按钮，将弹出一个下拉菜单，在其中可根据不同需要调整图片的版式，如图4-43所示。

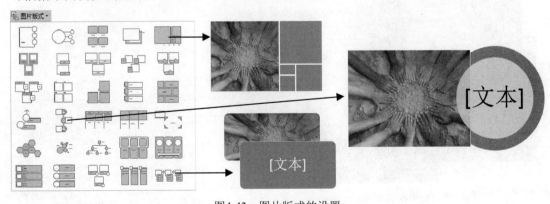

图4-43　图片版式的设置

巧用格式刷快速复制格式

为对象（包括文字、形状、图片等）设置好格式后，如果有另外的同种对象需要设置相同的格式，可以使用格式刷快速复制格式。

选中设置好格式的对象的段落标记 ↵（或对象本身），在"开始"选项卡的"剪贴板"功能组中单击"格式刷"按钮，然后在需要应用该格式的对象的段落标记前（或对象本身）单击即可。

如果有多个对象需要复制该格式，则可以双击"格式刷"按钮，依次在这些对象的段落标记前单击，完成设置后，再次单击"格式刷"按钮，即可退出格式刷的选中状态。

技巧
Skill

4.5 多个图片对象操作
掌握多个图片对象时的层次与位置关系

在同一幻灯片中如果存在多张图片，那么各图片之间就会存在着不同的关系，这包括层次关系与位置关系两种。

4.5.1 调整同一幻灯片上多张图片的层次关系

幻灯片中的各张图片就像是放置在同一桌面上的不同图纸，当多张图片重叠放置时，它们之间所处的层次关系就将决定着各张图片内容显示的多少，如图4-44所示。

在默认情况下，最后插入的图片位于最顶层，当然，用户也可以自行决定各张图片之间的层次关系。这就需要通过"图片工具 格式"选项卡"排列"功能组中的"上移一层"和"下移一层"两个按钮和其下拉列表框中的"置于顶层"、"置于底层"选项来调整，也可通过右键快捷菜单中的命令进行调整，如图4-45所示。

图4-44　图片之间的层次关系

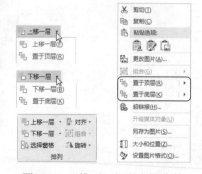

图4-45　"排列"组和右键菜单

下面通过实际操作来展示在同一幻灯片中如何调整多张图片之间的层次关系。

操作演练：调整图片层次

素材\第 4 章\调整图片层次.pptx
效果\第 4 章\调整图片层次.pptx

Step 01 单击"上移一层"按钮

打开"调整图片层次"素材演示文稿，选中最底层的图片，在"排列"功能组中单击"上移一层"按钮。

Step 02 选择"置于顶层"命令

选择最底层的图片，在"排列"功能组中单击"上移一层"下拉按钮，选择"置于顶层"命令。

Step 03 单击"下移一层"按钮

选择最顶层的图片，在"排列"功能组中单击"下移一层"按钮，将图片置于第二层。

Step 04 选择"置于底层"命令

选择最顶层的图片，在"排列"功能组中单击"下移一层"下拉按钮，选择"置于底层"命令。

4.5.2 选择窗格的使用

当在幻灯片中插入多张图片时，为了方便管理图片，可在"选择和可见性"任务窗格中对图片的层次、名称与可见性进行设置。

单击"开始"选项卡"编辑"功能组中的"选择"按钮，在弹出的下拉菜单中选择"选择窗格"命令，可在工作区的右侧展开一个"选择"任务窗格，如图4-46所示。

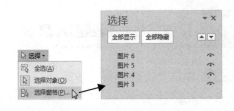

图4-46　"选择"窗格

幻灯片中插入多张图片后，在"选择"窗格中将按照图片插入的先后顺序为图片起一个默认的名字。如"图片3"、"图片4"……而这些名字很容易混淆，双击图片的名称，可对图片进行重命名。选择图片后，单击任务窗格中的"上移一层"按钮▲或"下移一层"按钮▼可调整图片的层次，单击👁按钮可隐藏或显示图片。

4.5.3　排列图片的位置

在多张图片之间除了层次关系外，还存在着位置关系，如水平方向、中轴线方向及垂直方向上，都可以通过"排列"功能组中的"对齐"下拉列表中的选项进行对齐与分布，如图4-47所示。

另外，在"对齐"下拉列表中还可以实现多个对象间的等间距排列，这样极大地方便了多个对象的排版操作。

下面将通过实际操作来具体介绍如何在幻灯片中排列多个图片的位置。

图4-47　"对齐"下拉列表

 操作演练：调整图片层次

素材\第4章\排列图片.pptx
效果\第4章\排列图片.pptx

Step 01　选择所有图片

打开"排列图片"素材演示文稿，框选所有图片，使其都处在选中状态。

Step 02　选择"顶端对齐"命令

在"排列"功能组中单击"对齐"按钮，在弹出的下拉列表中选择"顶端对齐"命令。

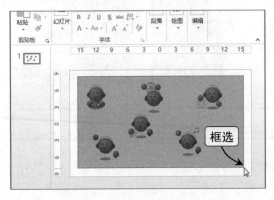

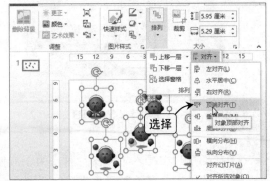

Step 03 选择"横向分布"命令

再次展开"对齐"下拉列表,选择"横向分布"命令。

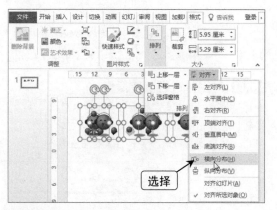

Step 04 增大图片间距

这时可以看到图片虽均匀分布,但稍显拥挤,选择最后一张图片向右水平拖动,使其间距增大。

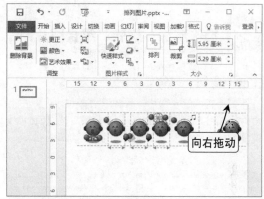

Step 05 选择全部图片

用同样的方法水平向左拖动第一张图片,拉开间距,再次框选全部图片。

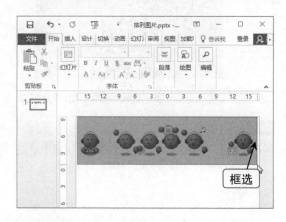

Step 06 再次选择"横向分布"命令

在"排列"功能组中单击"对齐"下拉按钮,在弹出的下拉列表中再次选择"横向分布"命令,完成操作。

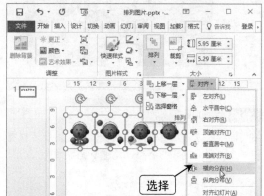

技巧
Skill

保持方向不变拖动图片

在水平或垂直拖动图片的同时,按住【Shift】键可以使图片在水平或垂直方向上不发生位移。

4.5.4 旋转与组合图片

如果用户觉得幻灯片中的图片方向不符合要求,也可对其进行旋转或翻转调整。

当所有设置都完成后，如不想各张图片的相对位置发生改变，可以将这些图片进行组合使其固定，按【Ctrl+G】组合键即可完成形状的组合。

下面通过操作来介绍如何在幻灯片中旋转和组合图片。

 操作演练：旋转、组合图片

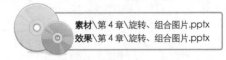
素材\第4章\旋转、组合图片.pptx
效果\第4章\旋转、组合图片.pptx

Step 01 复制一只蝴蝶

打开"旋转、组合图片"素材演示文稿，选择左上角的蝴蝶对象后按【Ctrl+C】键，然后按【Ctrl+V】键复制一只蝴蝶，并将其拖动到右下角荷叶处。

Step 02 对图片进行旋转操作

选择该蝴蝶对象，在"排列"功能组中单击"旋转"按钮，在弹出的下拉菜单中选择"向左旋转90°"命令，然后调整蝴蝶位置，让其停留在荷叶上。

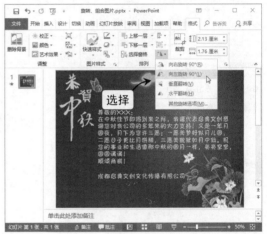

Step 03 复制多只蝴蝶

使用同样的方法再复制几只蝴蝶，并使用旋转或翻转命令，调整蝴蝶的姿态，还可以调整蝴蝶大小。

Step 04 组合图片

同时选中所有蝴蝶图片，在"排列"功能组中单击"组合"按钮，选择"组合"命令。

实战演练 | 制作"古典风"历史课件封面

本章主要介绍了在幻灯片中插入形状和图片以及设置形状和图片格式的方法与技巧，这在幻灯片的制作过程中是比较常用的。

如要制作一个中国古代红颜史的历史课件，就需要用到比较古典的背景及素材，这就免不了要对形状和图片进行一些处理，下面以制作"古典风"历史课件封面为例，来巩固学习本章的内容。

素材\第 4 章\古典风.pptx、图片 1.jpg
效果\第 4 章\古典风.pptx

Step 01 插入图片

打开"古典风"素材演示文稿，在"插入"选项卡中单击"图片"按钮，插入"图片1"素材图片。

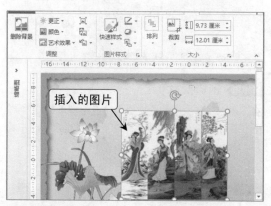

Step 02 锐化处理图片

为了使图片显示得更为清楚，在"调整"功能组的"更正"下拉菜单中选择"锐化：50%"选项。

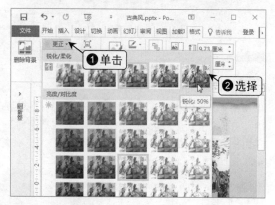

Step 03 复制图片

按住【Ctrl】键，以拖动鼠标的方式将此图片连续复制3张。

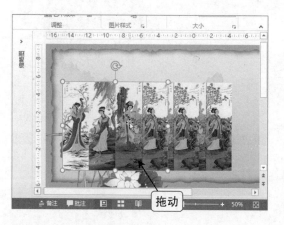

Step 04 裁剪图片

选择一张图片，单击"裁剪"按钮，将4张图片裁剪成单人一张图片的样式，且人物不重复。

Step 05 排列图片

选择一张图片放置在幻灯片靠右侧的位置，拖动第二张图片到其附近，当上下两端出现红色虚线时释放鼠标，将剩余两张图片等间距排列。

Step 06 设置图片样式

选择第一张图片，单击"图片样式"功能组中的"图片效果"按钮，在"棱台"子菜单中选择"圆"选项，再次展开"图片效果"下拉菜单，选择"右下斜偏移"选项。

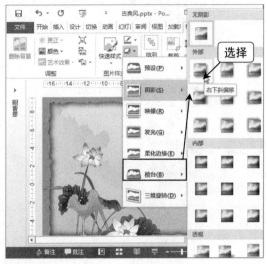

Step 07 快速复制图片格式

保持图片的选中状态，在"开始"选项卡的"剪贴板"功能组中双击"格式刷"按钮，依次在剩余的3张图片上单击，应用第一张图片的格式。

Step 08 选择形状

在"插入"选项卡的"插图"功能组中单击"形状"下拉按钮，在弹出的下拉菜单"星与旗帜"栏中选择"竖卷形"选项。

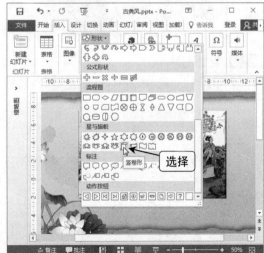

Step 09 绘制形状

当鼠标光标变成十字形状时，拖动鼠标，在幻灯片中的适当位置绘制形状。

Step 10 调整形状外形

向上拖动形状上的黄色控制点，使卷轴适当变小，并向左拖动形状右侧的白色控制点，适当横向缩小形状，再纵向缩小形状。

Step 11 选择填充纹理

在"绘图工具 格式"选项卡"形状样式"功能组中的"形状填充"下拉菜单中选择"纹理"命令，在其子菜单中选择"纸莎草纸"选项。

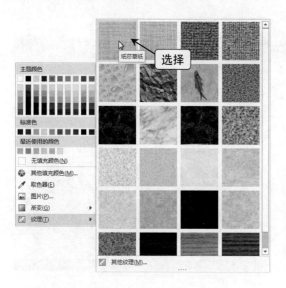

Step 12 选择取色器

保持形状的选中状态，单击"形状样式"功能组中的"形状轮廓"下拉按钮，在弹出的下拉菜单中选择"取色器"命令。

Step 13 拾取颜色

用取色器在背景中的适当位置单击，拾取适合作为形状轮廓的颜色。

Step 14 绘制垂直文本框

在"插入"选项卡的"文本"功能组中单击"文本框"下拉按钮，在其下拉列表中选择"垂直文本框"选项，并在形状上绘制文本框。

Step 15 输入并设置文本格式

在垂直文本框中分两行输入"沉鱼落雁 闭月羞花"文本，将字体设置为"华文行楷"，并将其字号设置为24号。

Step 16 整体调整，统一风格

重新调整文本框、形状和图片的相对位置，并通过水平翻转的方式将最右侧的人物的视线方向与其他人物的视线方向统一。

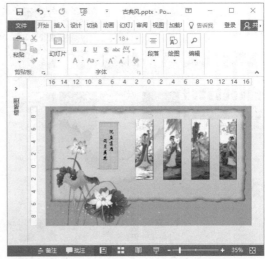

第 5 章

活灵活现的表格与图表

绘制表格

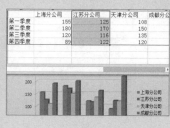
修改图表中的数据

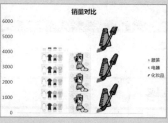
用图形表达数据关系

制作 3D 效果的图表

5.1 创建数据表格
掌握创建表格的方法

表格是数据最直观的展现方式，在演示文稿中经常出现，特别是在商务类的演示文稿中。表格的操作比较简单，首先需要在幻灯片中创建数据表格，下面将具体介绍创建数据表格的几种方式。

5.1.1 插入表格

在创建表格前如果能够确定其行列数，则可直接在幻灯片中插入相应行列数的表格，之后在其中输入数据和进行格式调整。

例如，需要在幻灯片中插入一个10列3行的表格，则可以单击"插入"选项卡"表格"功能组中的"表格"下拉按钮，在弹出的下拉菜单"插入表格"栏中选择表格的行列数，当表格的行列以高亮形式显示时，单击即可在幻灯片中插入相应的表格，如图5-1所示。

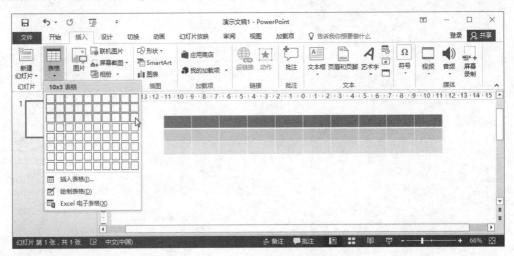

图5-1　插入指定行列的表格

5.1.2 绘制表格

并非所有的表格都是标准的布局，对于一些复杂结构的表格，或者在插入后需要对其结构进行修改的表格，可通过手动绘制的方式，在幻灯片中任意添加表格框架线。

下面以制作"培训课程安排表"为例来介绍手动绘制表格的方法。

操作演练：制作"培训课程安排表"

素材\第5章\培训课程安排表.pptx
效果\第5章\培训课程安排表.pptx

Step 01 选择"绘制表格"命令

打开"培训课程安排表"素材演示文稿，单击"插入"选项卡"表格"功能组中的"表格"下拉按钮，在弹出的下拉菜单中选择"绘制表格"命令。

Step 02 绘制表格外框

当鼠标光标变为∮形状时，在幻灯片中拖动鼠标绘制表格的外围边框。

Step 03 单击"绘制表格"按钮

此时将自动切换到"表格工具 设计"选项卡，单击"绘图边框"功能组中的"绘制表格"按钮。

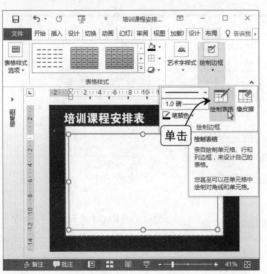

Step 04 绘制表格内部线条

当鼠标光标再次变成∮形状时，在垂直和水平方向分别绘制表格的内部线条。

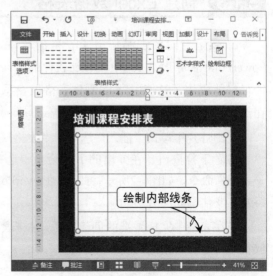

Step 05 绘制斜线表头

继续使用"绘制表格"功能，在第一个单元格中拖动鼠标从左上角到右下角，然后释放鼠标，绘制一条对角线。

Step 06 输入文本内容

按【Esc】键退出绘制表格状态，然后在表格对应的单元格中定位文本插入点，并在其中输入相应的文本内容。

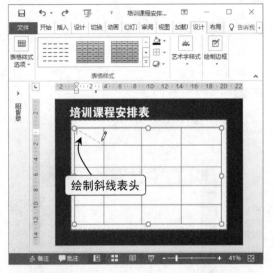

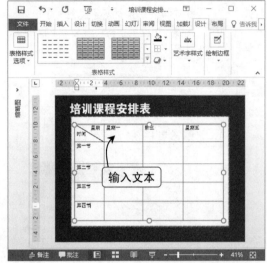

读者提问
Q+A

Q：怎样在斜线单元格中输入文本内容呢？

A：在斜线单元格中要正确输入文本内容，可通过按空格键来移动文本插入点到合适的位置，或者使用文本框存放文本内容，然后将文本框放到合适的位置。

5.1.3 创建 Excel 数据表格

Excel是专门用于制作电子表格的软件，并且它与PowerPoint都属于Microsoft Office软件的组件，它们之间能很好地协作，对使用Excel制作表格很熟悉的用户，可在幻灯片中调用Excel程序来创建表格。

在幻灯片中单击"插入"选项卡"表格"功能组中的"表格"下拉按钮，在弹出的下拉菜单中选择"Excel电子表格"命令，如图5-2所示，此时，PowerPoint工作界面将发生变化，如图5-3所示。

当在表格中完成数据的创建之后，单击表格外的任意位置即可实现表格的插入。

图5-2 "Excel电子表格"命令

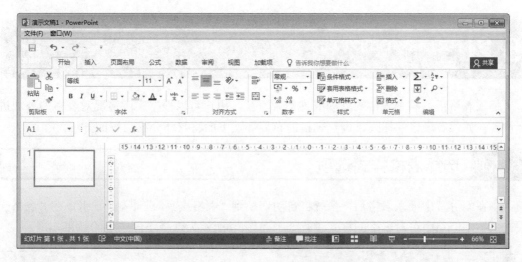

图5-3　在幻灯片中插入Excel电子表格

5.1.4　插入外部表格

当已经通过其他方式制作完成表格时，可以将这些外部表格直接插入幻灯片中。

单击"插入"选项卡"文本"功能组中的"对象"按钮，在打开的"插入对象"对话框中选中"由文件创建"单选按钮，然后单击"浏览"按钮，如图5-4所示。

图5-4　"插入对象"对话框

在打开的"浏览"对话框中找到目标对象，即可插入外部表格，如图5-5所示。

图5-5　在幻灯片中插入外部表格

5.2 设置表格的外观
掌握美化表格外观及调整表格布局的方法

插入表格后，整个表格的外观或许不太美观，用户可以根据实际情况对表格的外观进行设置，如设置表格的样式、调整表格的布局等，下面将具体介绍设置的方法。

5.2.1 选择表格样式选项

当在幻灯片中插入表格后，系统将自动切换到"表格工具 设计"选项卡，在"表格样式选项"功能组中可对表格的样式进行选择。图5-6所示为选择不同选项的效果。

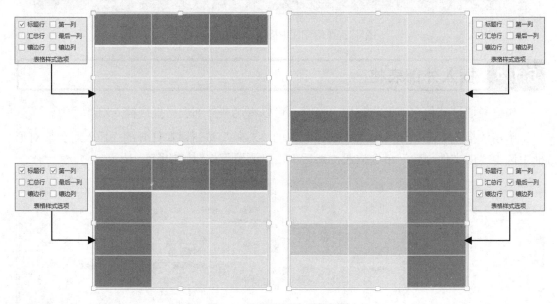

图5-6　选择不同选项的效果

5.2.2 设置表格的样式

在"表格工具 设计"选项卡的"表格样式"功能组中可以对表格的样式进行具体设置，它包括选择表格的预设样式、自定义表格的底纹、边框和效果等，下面将逐一进行介绍。

1．选择表格的预设样式

单击"表格样式"功能组中的"其他"按钮，将展开表格预设样式选项库，其中包括"文档最佳匹配对象"、"淡"、"中"、"深"4种类型的表格样式供用户选择，如图5-7所示，选择"清除表格"命令，将清除表格应用的任何样式。

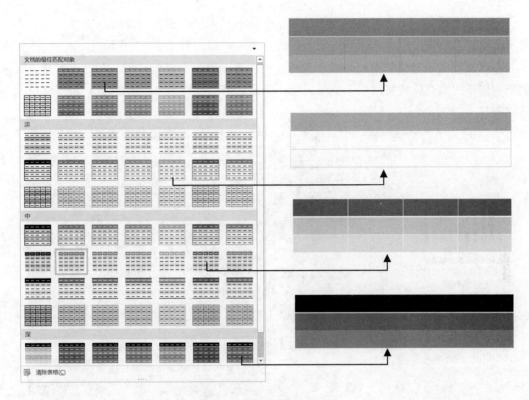

图5-7　选择表格预设样式

2. 自定义表格的底纹和边框

如果表格的预设样式不能满足实际的需要，用户还可以通过"表格样式"功能组中的"底纹"按钮和"边框"按钮对表格的底纹和边框进行自定义设置。

其方法是：选中整个表格或选中表格的某行或某列，然后单击"底纹"下拉按钮，在弹出的下拉菜单中不仅可以设置底纹的填充颜色，还可以为表格填充渐变颜色、图片、纹理等。图5-8所示为给表格填充渐变颜色。

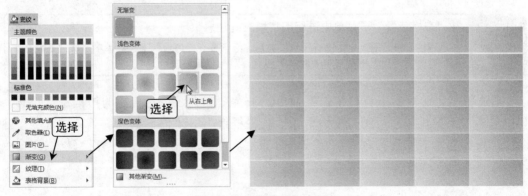

图5-8　给表格填充渐变颜色

需要注意的是，当在"底纹"下拉菜单中选择"表格背景"命令时，将弹出一个类似的菜单，在其中也可以设置表格填充的颜色、图片，但两者是有区别的。

在"底纹"下拉菜单中选择的填充样式将应用于每一个单元格，而在"表格背景"子菜单中选择的填充样式将应用于整个表格，如图5-9所示，采用不同的方式，为表格填充相同的图片。

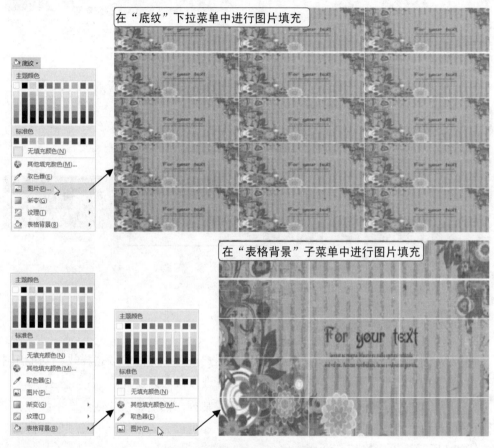

图5-9　用不同方式填充图片的效果

在"表格背景"子菜单中进行图片填充的注意事项

在"表格背景"子菜单中进行图片填充后，必须要在"底纹"下拉菜单中选择"无填充颜色"命令，否则表格背景将被底纹遮挡。

通过单击"边框"下拉按钮，在弹出的下拉列表中还可对表格的边框进行设置，其中包括"无框线"、"所有框线"、"外侧框线"、"内部框线"等12种选项，建议用户根据实际需要选择重要的框线进行显示。图5-10所示为选择"所有框线"命令效果。

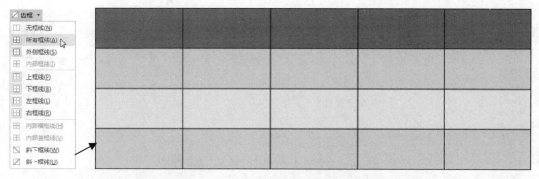

图5-10　选择"所有框线"命令效果

利用"边框"下拉菜单中的"斜下框线"和"斜上框线"命令可以作为单元格分隔线。将文本插入点定位在某个单元格后，选择"斜下框线"或"斜上框线"命令可在该单元格中应用相应的效果，如图5-11所示。

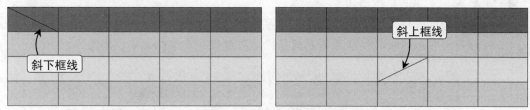

图5-11　制作斜线效果

3．设置表格的效果

单击"效果"下拉按钮，在弹出的下拉菜单中有"单元格凹凸效果"、"阴影"、"映像"3种类型的效果可选择，这3种效果应用到表格中后如图5-12～图5-14所示。

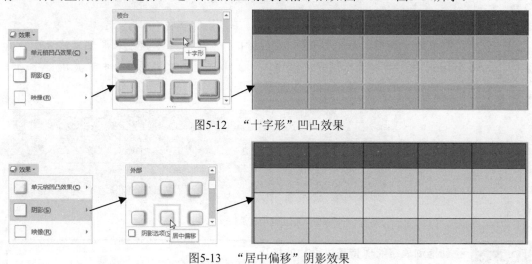

图5-12　"十字形"凹凸效果

图5-13　"居中偏移"阴影效果

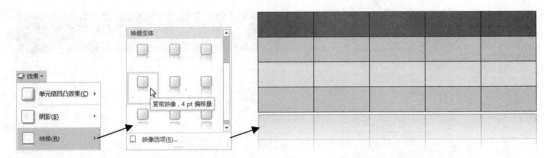

图5-14　"紧密映像，4pt偏移量"映像效果

5.2.3 调整表格的大小

在PowerPoint 2016中用户可以自定义设置表格的大小，除了可以手动拖动大小外，还可以通过数值精确控制表格大小。

◆ **手动拖动表格大小**：选择表格，将鼠标光标放置在表格的对角线角落，当鼠标光标呈十字形状时，按住鼠标左键并拖动即可改变表格的大小，如图 5-15 所示。

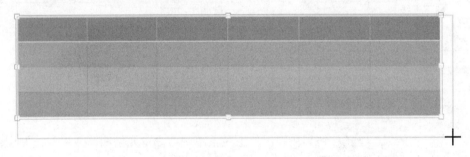

图5-15　手动拖动表格大小

◆ **通过数值控制表格大小**：选择整个表格，在"表格工具 布局"选项卡"表格尺寸"功能组中的"高度"和"宽度"数值框中，可输入具体数字来调整表格大小，如图 5-16 所示。如果选中"锁定纵横比"复选框，更改"高度"和"宽度"中的任意值，另外一个值会按比例自动改变。

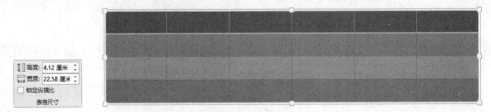

图5-16　通过数值控制表格大小

技巧
Skill

手动拖动表格时保持其纵横比的技巧
用户在手动拖动表格大小的同时，按住【Shift】键，可以使表格按原有的纵横比例增大或缩小。

5.2.4 表格的布局调整

创建完表格后，就要对表格进行完善，如某些行、列的宽度、高度或单元格的大小可能不符合要求，单元格中的文字布局也不美观，这时就需要对表格的布局进行调整，这包括对单元格、行、列及内容进行调整，这些主要通过"表格工具 布局"选项卡完成。

1. 选择单元格、行、列

要对某对象进行操作，首先需要选择它，对于一个单元格而言，选择它就是选择其中的所有内容，直接单击即可，如图5-17（左）所示。而对于行、列或整个表格而言，除了使用拖动选择外，还可以通过单击"表格工具 布局"选项卡"表"功能组中的"选择"下拉按钮，从弹出的下拉列表中选择相应的命令进行快速选择，如图5-17（右）所示。

图5-17　在幻灯片中选择单元格、行、列

2. 删除与插入行或列

当表格中有多余的行或列时，需要将其删除，当表格中的行或列不够时，则需要插入行或列。下面将通过实际案例介绍这两种操作方法。

 操作演练：调整"生产规划"表格

素材\第 5 章\生产规划.pptx
效果\第 5 章\生产规划.pptx

Step 01 选择行

打开"生产规划"素材演示文稿，将文本插入点定位在表格第1行的任意单元格中，在"选择"下拉列表中选择"选择行"命令，选中第1行。

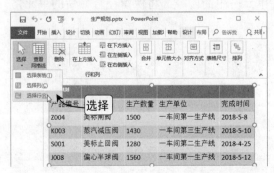

Step 02 删除行

单击"行和列"功能组中的"删除"下拉按钮，在弹出的下拉列表中选择"删除行"命令，删除选中的行。

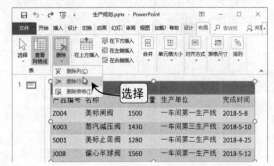

Step 03 插入列

将文本插入点定位在最后一列的任意单元格中，单击"行和列"功能组中的"在左侧插入"按钮。

Step 04 输入文本

在表格的最后一列的左侧插入一列后，在其中输入相应的文本内容，然后适当调整表格大小即可。

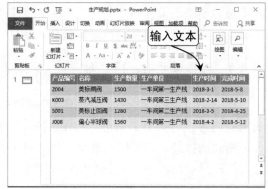

3. 合并与拆分单元格

在制作表格的过程中，有时需要将一个单元格拆分为几个单元格，或者将几个连续单元格合并为一个单元格，从而形成较为特殊的表格结构。这就是单元格的合并与拆分，其操作方法十分简单。

将文本插入点定位于某个单元格中，单击"表格工具 布局"选项卡"合并"功能组中的"拆分单元格"按钮，在打开的"拆分单元格"对话框中设置要拆分成的行列数，然后单击"确定"按钮，如图5-18所示。

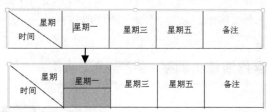

图5-18　拆分单元格

选择两个或多个相邻的单元格，单击"合并"功能组中的"合并单元格"按钮，即可将所选择的单元格合并成一个单元格，原来各单元格中的内容都将保留在合并后的单元格中，如图5-19所示。

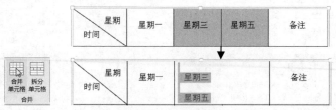

图5-19　合并单元格

4. 设置行高与列宽

根据内容多少的不同，表格中的各行行高或各列列宽有时不一定相同，这就需要用户进行调整。调整的方法可采用手动拖动的方式和精确设置的方式。下面将分别使用这两种方式对表格行高和列宽进行设置。

 操作演练：调整"训练时间安排表"表格

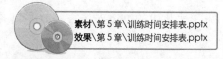
素材\第5章\训练时间安排表.pptx
效果\第5章\训练时间安排表.pptx

Step 01 手动调整列宽

打开"训练时间安排表"素材演示文稿，将鼠标光标移至第1列右侧，待其变为 ✛ 形状时向右拖动鼠标，增加该列的列宽。

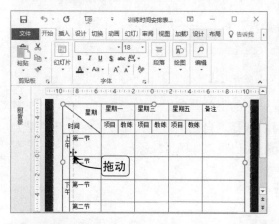

Step 02 手动调整行高

观察表格，发现第1行和第2行的行高不相等，将鼠标光标移至两行的交界处，当鼠标光标变为 ≑ 形状时，向上拖动鼠标调整行高。

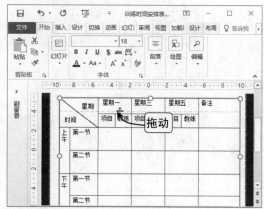

Step 03 查看行高

将文本插入点定位于表格中上午第一节所在的行，通过"单元格大小"下拉按钮中的"高度"数值框可知该行行高为2.4厘米。

Step 04 精确更改行高

在"高度"数值框中输入"2.2厘米"即可精确设置该行的行高，使用同样的方法，为其他各行设置相同的行高。

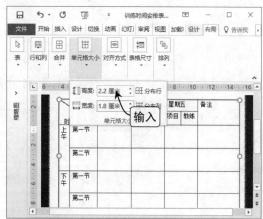

快速平均分布各行或各列

选择合并或拆分的多行或多列，在"表格工具 布局"选项卡的"单元格大小"功能组中单击"分布行"或"分布列"按钮，可快速平均分布各行或各列。

5. 调整表格中文本的对齐方式

表格中的文本对齐方式有左对齐、居中、右对齐、顶端对齐、垂直居中和底端对齐6种对齐方式。

在默认情况下文本在单元格中是顶端对齐且左对齐的，通过单击"对齐方式"功能组中的不同按钮，可以调整文本的对齐方式，通常表格中的文本都选择垂直居中对齐，如图5-20所示。

图5-20　调整文本对齐方式

另外，单击"单元格边距"下拉按钮，在弹出的下拉菜单中可以选择单元格上下左右的边距，如果预设选项不能满足需求，用户可以选择"自定义边距"命令，将打开"单元格文本布局"对话框，在其中可以自定义单元格的边距，如图5-21所示。

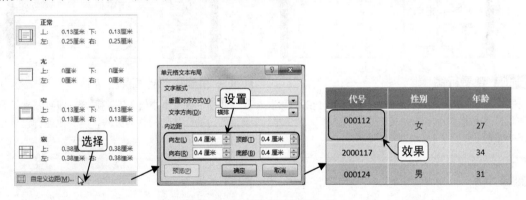

图5-21　自定义单元格的边距

在"单元格文本布局"对话框中还可设置文本的对齐方式、文字方向，如图5-22所示。

性别	年龄	备注
女	27	
男	34	
男	31	

垂直对齐方式(V):	中部	选择
文字方向(D):	横排	
	横排	
	所有文字旋转 270°	
内边距		
向左(L)	0.4 厘米	竖排
	所有文字旋转 90°	
向右(R)	0.4 厘米	堆积
预览(P)	确定	取消

性别	年龄	备注
女	27	
男	34	
男	31	

图5-22　自定义文字方向

实战演练 **制作"产品介绍与展示"幻灯片**

现要在 PowerPoint 2016 中制作一个产品介绍与展示的演示文稿，要求突出比较项目数据，并突出显示比较项目中的稳定性那一行。下面以设置"产品介绍与展示"中表格的外观样式为例，来巩固和加强本节的学习。

素材\第 5 章\产品介绍与展示.pptx
效果\第 5 章\产品介绍与展示.pptx

Step 01　为表格应用样式

打开"产品介绍与展示"素材演示文稿，选择表格，单击"表格样式"功能组中的"其他"下拉按钮，在弹出的下拉菜单中选择合适的样式。

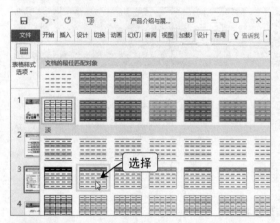

Step 02　更改文本的颜色

选中表格中"比较项"列中的表格数据，然后切换到"开始"选项卡，将其字体颜色设置为"深蓝，文字2"。

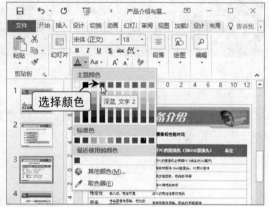

Step 03　调整表头对齐方式

选中表格第一行，切换到"表格工具 布局"选项卡，单击"对齐方式"功能组中的"居中"按钮调整表头的对齐方式。

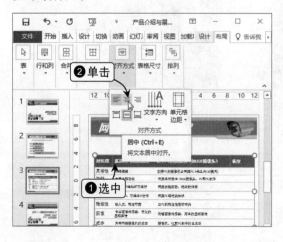

Step 04　调整剩余文本对齐方式

选中表格中的第一列的其他数据单元格，单击"对齐方式"功能组中的"居中"按钮调整该列单元格的对齐方式。

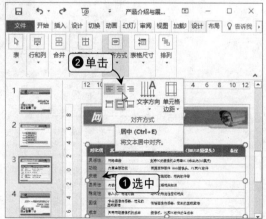

Step 05 修改底纹颜色

选中"稳定性"行，单击"表格工具 设计"选项卡中的"底纹"下拉按钮，在弹出的下拉菜单中选择适合的颜色。

技巧
Skill

快速选择行、列

将鼠标光标放置在某行的左侧，当其变为 ➡ 形状时，单击可选择该行；将鼠标光标放在某列顶端，当其变为 ⬇ 形状时，单击可选择该列。

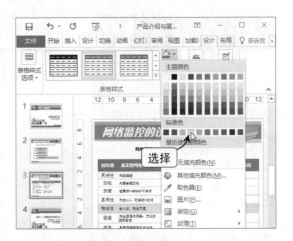

5.3 | 认识 PowerPoint 2016 中的图表
了解图表的组成、分类及在幻灯片中创建图表的方法

　　表格和图表都是用于展示数据及数据关系的，表格由多个单元格组成，而图表的组成部分则更为丰富，它包括图表标题、数据系列、坐标轴标题、图例等，其展示数据的方式更为直观生动，如图5-23所示。

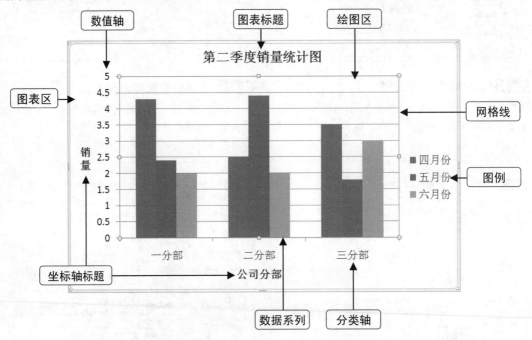

图5-23　图表的组成部分

5.3.1 图表的分类

PowerPoint 2016为用户提供了15种不同类型的图表，其中包括柱形图、饼图、面积图、股价图、雷达图、组合图等，单击"插入"选项卡"插图"功能组中的"图表"按钮，打开如图5-24所示的"插入图表"对话框，其中罗列了各种类型的图表。

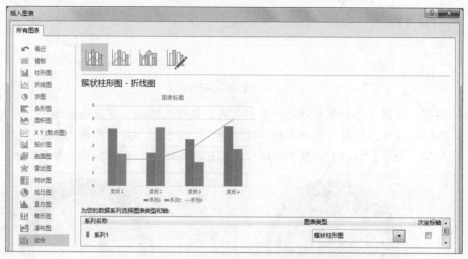

图5-24 "插入图表"对话框

◆ **柱形图**：柱形图是最常用的图表类型之一，通过它可以描述各个项目之间数据的对比关系，或显示一段时间内数据的变化，它强调的是一段时间内类别数据值的变化，如图 5-25（左）所示。柱形图又包括 7 种子类型，其中有 4 种三维柱形图，图 5-25（右）所示为其中的一种。

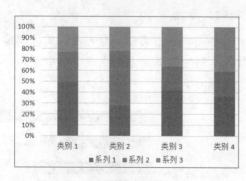

百分比堆积柱形图

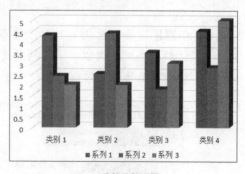

三维簇状柱形图

图5-25 柱形图

◆ **折线图**：折线图主要用于反映一段时间内相关类别数据的变化趋势，它以等时间间隔显示数据的变化趋势，强调的是时间性和变动率，而非变动量，如图 5-26（左）所示。折线图也包括 7 种子类型，其中只有一个是三维形态的，如图 5-26（右）所示。

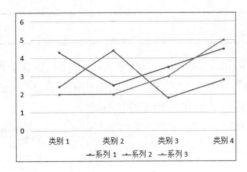

| 带数据标记的折线图 | 三维折线图 |

图5-26　折线图

◆ **饼图**：饼图主要用来反映每一个数值占总数值的比例，它只能显示一个系列的数据比例关系。饼图没有分类轴和数值轴，如图 5-27（左）所示。饼图包含 5 种子类型，除了三维饼图和复合饼图外，还包括圆环图，如图 5-27（右）所示。

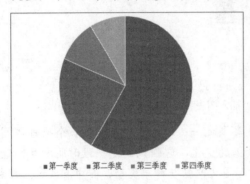
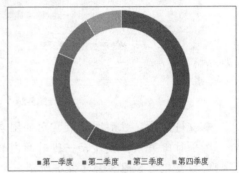

| 饼图 | 圆环图 |

图5-27　饼图

◆ **条形图**：条形图包含 6 种子类型，其作用与相应类型的柱形图相同，创建方法与柱形图也极其相似，不同的只是数据系列的数据点方向变成了水平方向，将分类轴和数值轴位置对调而已，如图 5-28 所示。

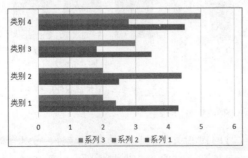

| 簇状条形图 | 三维堆积条形图 |

图5-28　条形图

◆ **面积图**：面积图用于显示每个数值的变化量，强调的是数据随时间变化的程度，并可以直观地体现整体和部分的关系，如图 5-29（左）所示。面积图包含 6 种子类型，其中有 3 种为三维形态图表，如图 5-29（右）所示。

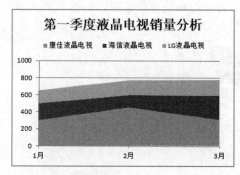

面积图   三维百分比堆积面积图

图5-29 面积图

◆ **散点图**：散点图又称为 XY 散点图，它可以显示单个或多个数据系列的数据在时间间隔条件下的变化趋势，作用类似于折线图，如果要比较成对的数据，使用散点图最适合，如图 5-30（左）所示。散点图包含 7 种子类型，其中包括气泡图和三维气泡图，如图 5-30（右）所示。

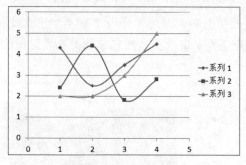
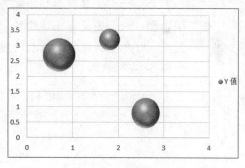

带平滑线和数据标记的散点图   三维气泡图

图5-30 散点图

◆ **股价图**：股价图是专门用来描绘股票走势的图表。其看似复杂，实际制作起来非常简单，因为股票信息记录表中都包含了这几项数据，只需选择要包含的信息，然后创建股价图即可，但要制作相应类型的股价图，必须先将股票信息记录表中的数据列标签按相应的次序进行排列，如图 5-31 所示。

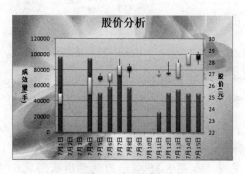

图5-31 股价图

◆ **曲面图**：曲面图以平面来反映数据变化的情况和趋势，分别用不同的颜色和图案区别在同一取值范围内的区域。曲面图需要至少选择两个或两个以上的系列数据才能创建，在反映海浪大小或山峦海拔时通常采用曲面图来表达，如图 5-32（左）所示。曲面图包含4种子类型，包含三维曲面图和俯视框架图，如图 5-32（右）所示。

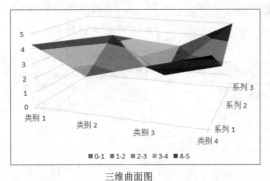
三维曲面图

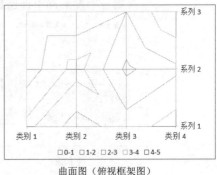
曲面图（俯视框架图）

图5-32　曲面图

◆ **雷达图**：雷达图用于反映数据系列对于中心点，以及彼此数据类别间的变化。雷达图的每个分类都有各自的数值坐标轴，这些坐标轴由中点向外辐射，并用折线将同一系列中的数据值连接起来，如图 5-33 所示。制作雷达图对数据系列的数量无要求，但如果数据系列过少将显得无意义，过多又会显得杂乱，不便于观察。

◆ **组合图**：组合图是将上述中除了股价图和曲面图之外的 7 种类型图表结合使用的图表，用户可以自定义图表的组合类型，但最多只能有 3 种图表类型相结合使用，如图 5-34 所示。

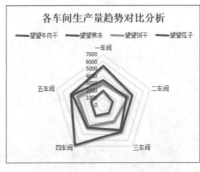
图5-33　雷达图

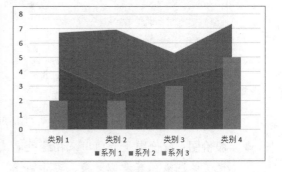
图5-34　组合图

除了上述图表类型以外，在PowerPoint 2016中还新增了6种图表类型，在第1章已经大致介绍了这些种类，这里介绍其中几种比较常见的图表类型的特征。

◆ **树状图**：树状图是一种直观和易读的图表，所以特别适合展示数据的比例和数据的层次关系。如分析一段时期内的销售数据——什么商品销量最大、赚钱最多等。图 5-35 所示为使用树状图展示产品销量的样式效果。在图表中可直观地看出各种产品的销量情况。

◆ **旭日图**：旭日图非常适合显示分层数据，并将层次结构的每个级别均通过一个环或圆形表示，最内层的圆表示层次结构的顶级[不含任何分层数据（类别的一个级别）的旭日图与圆环图类似]。若具有多个级别类别的旭日图，则强调外环与内环的关系。图 5-36 所示为一张按照季度、月份和周分层结构的销量分析旭日图表。

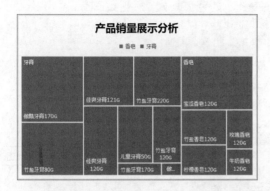

图5-35　树状图

2015年前两季度销量展示分析

图5-36　旭日图

◆ **直方图**：直方图又称为质量分布图，它是表示资料变化情况的一种主要工具。用直方图可以解析出资料的规则性，比较直观地看出产品质量特性的分布状态，对于资料分布状况一目了然，便于判断其总体质量分布情况，如图 5-37 所示。

◆ **瀑布图**：瀑布图是由麦肯锡顾问公司所独创的图表类型，因为形似瀑布流水而称之为瀑布图（Waterfall Plot）。此种图表采用绝对值与相对值结合的方式，适用于表达多个特定数值之间的数量变化关系，如图 5-38 所示。

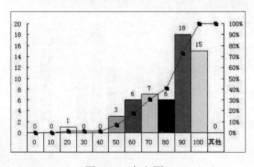

图5-37　直方图

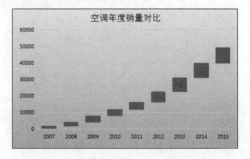

图5-38　瀑布图

5.3.2　创建图表

　　在幻灯片中创建图表的方法包括选择适合的图表类型、输入数据和图表名称等，下面以创建"第一季度销量统计表"为例来讲解创建图表的具体方法。

操作演练：创建图表

Step 01 单击"图表"按钮

新建空白演示文稿，单击"插入"选项卡"插图"功能组中的"图表"按钮。

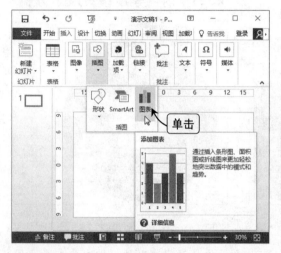

Step 02 选择图表类型

在打开的"插入图表"对话框中选择一种适合的柱形图，然后单击"确定"按钮。

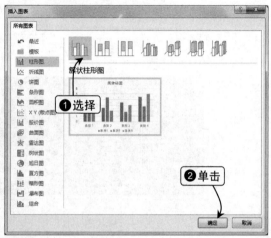

Step 03 输入内容

在出现的Excel电子表格中，根据实际情况增减行或列，并在对应的单元格中输入文本和数据。

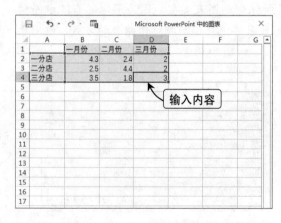

Step 04 输入图表标题

关闭Excel电子表格程序，返回幻灯片中确定图表的创建，并输入图表的标题。

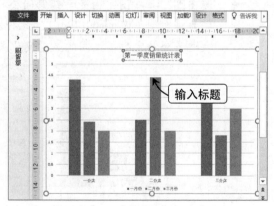

提示 Attention

增加数据表格的行列数

选择图表类型后打开的数据表格，默认有 5 行 4 列数据，用户在修改这些数据时，如果需要增加行列数，可以直接拖动表格中的数据区域右下角的控制点，然后在增加的行列中输入数据即可。删除行列的操作与 Excel 中的相关操作相同。

5.4 编辑图表数据
掌握修改图表数据和设置数据格式的方法

图表将数据以图形的形式表示出来，因此图表的核心便是数据，本节将详细介绍在幻灯片中如何对图表数据进行编辑。

5.4.1 修改图表中的数据

创建图表时，用户在数据表中输入相关的数据，在完成图表的制作后，还可对这些数据进行修改，包括对单元格数据的修改、行列的插入或删除，修改后图表将自动发生相应的变化。

下面以修改"季度销量分析"演示文稿中的数据为例，具体介绍在幻灯片中修改图表数据的操作方法。

 操作演练：修改季度销量数据

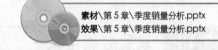

素材\第 5 章\季度销量分析.pptx
效果\第 5 章\季度销量分析.pptx

Step 01 单击"编辑数据"按钮

打开"季度销量分析"素材演示文稿，选择图表，在"图表工具 设计"选项卡的"数据"功能组中单击"编辑数据"按钮。

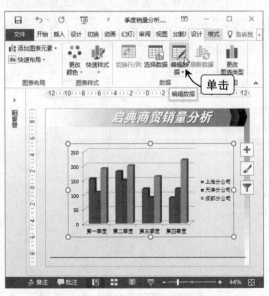

Step 02 修改数据

打开Excel数据表格，选中天津分公司第三季度的销售数据所在的单元格（C4单元格），然后输入数据"135"。

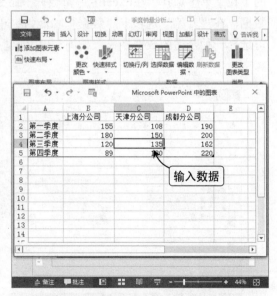

Step 03 插入列

选择天津分公司数据所在列，右击，在弹出的快捷菜单中选择"插入→在左侧插入表列"命令，即可在选择列左侧插入一列。

Step 04 输入数据

在新插入列的各个单元格中输入相应的表头和数据，完成数据的修改后关闭数据表格窗口，在幻灯片中可以看到图表已经发生了变化。

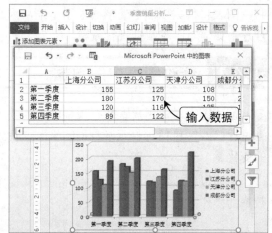

5.4.2 设置数据格式

对于图表中的数据，若有需要还可以设置其格式，其操作方法如下。

在"图表工具 设计"选项卡的"数据"功能组中单击"编辑数据"下拉按钮，在弹出的下拉菜单中选择"在Excel中编辑数据"命令，在打开的表格中选择相应的单元格或行列数据，在"开始"选项卡"数据"功能组中单击"数字格式"下拉按钮，在其下拉菜单中可选择一种合适的数据格式，如图5-39所示。

图5-39 选择数据格式

除此之外，用户还可以通过"数字"功能组中的按钮，为数据设置百分比、小数点及千位分隔符格式，如单击"会计数字格式"下拉按钮，在弹出的下拉列表中预设了多种货币格式，如图5-40所示。

图5-40　选择会计数字格式

5.4.3　设置行列数据互换

行列互换在图表中也是经常应用，其设置比较简单。选择图表后，单击"图表工具 设计"选项卡"数据"功能组中的"切换行/列"按钮即可。

另外，在"图表工具 设计"选项卡的"数据"功能组中单击"选择数据"按钮，在打开的"选择数据源"对话框中单击"切换行/列"按钮也可以互换图表中的行列数据。

图5-41（左）所示的图表主要用于分析每一季度各分公司的销量数据，以评比各分公司在不同时期的销量情况。如果将该图表的行列数据互换，得到的图表如图5-41（右）所示，该图表则可用于分析各分公司在一年中不同季度的销量变化情况，用以调整分公司的销售战略。

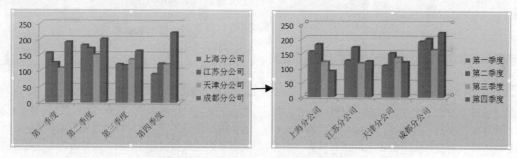

图5-41　互换行列数据前后图表的变化

读者提问
Q+A

Q：为什么我的图表无法进行行列切换呢？
A：要进行行列切换的图表，其数据应该是多行多列的，如饼图的数据只有一列（行），进行行列切换没有实际意义。另外，在进行行列切换操作前，应先单击"数据编辑"按钮打开数据表，然后再单击"切换行/列"按钮，否则该按钮为不可操作状态。

5.4.4　选择指定数据行列创建图表

对于幻灯片中的图表而言，在制作好数据表后，还可重新选择其中的任意行列数据来创建图表，如在前面制作的"季度销量分析"图表中，希望只对上海和天津分公司的第一季度销量情况进行对比，则可进行如下操作。

操作演练：用指定数据创建图表

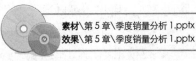

素材\第 5 章\季度销量分析 1.pptx
效果\第 5 章\季度销量分析 1.pptx

Step 01 单击"选择数据"按钮

打开"季度销量分析1"素材演示文稿，选择图表，在"图表工具 设计"选项卡的"数据"功能组中单击"选择数据"按钮。数据表中绿色虚线框住的数据即为当前图表所使用的数据。

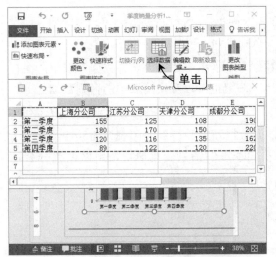

Step 03 选择数据系列

选择"上海分公司"选项，单击"编辑"按钮，打开"编辑数据系列"对话框，删除"系列值"文本框中的内容，在数据表中框选上海分公司第一季度的销量数据单元格，单击"确定"按钮。

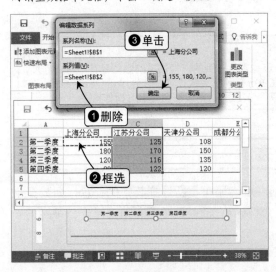

Step 02 删除数据系列

在打开的"选择数据源"对话框左侧的"图例项"列表框中选择"江苏分公司"选项，单击"删除"按钮将其删除。使用相同的方法删除"成都分公司"选项。

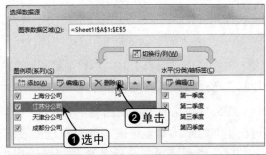
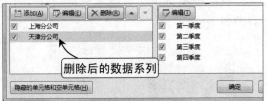

Step 04 完成数据源的设置

单击"确定"按钮完成"上海分公司"数据系列新的数据源的指定，使用同样的方法为"天津分公司"数据系列指定数据源。返回"选择数据源"对话框，单击"确定"按钮即可。

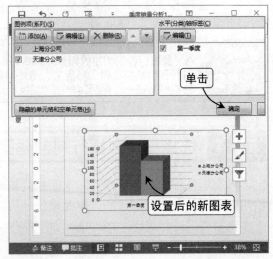

提示
Attention

关于"水平轴标签"列表框

在"水平轴标签"列表框中主要是进行标签内容依据数据源的设置,选择某标签后单击"编辑"按钮,然后在数据表分类标签单元格(分类表头)中选择对应的数据即可。

5.5 图表的外观设计
掌握更改图表类型、调整图表样式及布局的方法

在幻灯片中插入图表后会自动切换到"图表工具 设计"选项卡,在其中可以设置图表的外观样式。在此选项卡中可以完成更改图表类型、为图表应用样式、改变图表布局等操作,下面将进行具体介绍。

5.5.1 更改图表的类型

在创建图表时所选择的图表类型如果不能满足用户需要,还可以在保留数据关系的情况下,更改图表的类型。

选中需要更改类型的图表,单击"图表工具 设计"选项卡"类型"功能组中的"更改图表类型"按钮,在打开的"更改图表类型"对话框中选择需要更改为的图表类型,单击"确定"按钮即可,如图5-42所示,将柱形图更改为条形图。

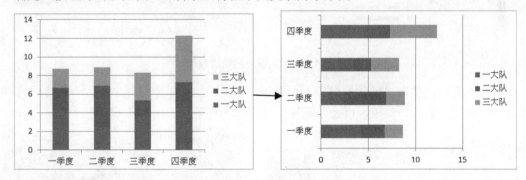

图5-42　更改图表的类型

5.5.2 为图表应用合适的样式

在幻灯片中插入的图表为系统默认的样式,用户可以对这些样式进行自定义设置,包括图表预设样式的使用、形状填充、形状轮廓与形状效果的设置等,下面将逐一讲解。

1. 图表样式的使用

选中图表之后,单击"图表工具 设计"选项卡"图表样式"功能组中的"其他"下拉

按钮，在弹出的下拉菜单中即可选择系统预设的图表样式，如图5-43所示。

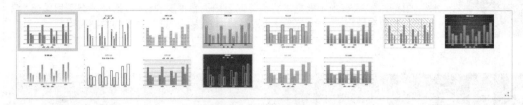

图5-43　预设的图表样式

2. 图表形状轮廓与形状填充的设置

如果预设的图表样式不能满足用户的需要，则可以切换到"图表工具 格式"选项卡中，选中整个图表或图表的某部分，单击"形状轮廓"下拉按钮，可在其下拉菜单中对图表或图表的某部分样式进行自定义设置。图5-44所示为自定义图表的轮廓效果。

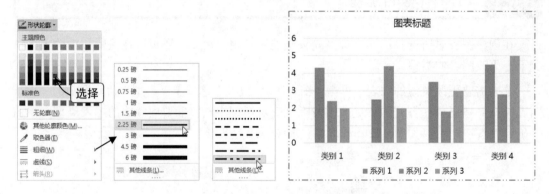

图5-44　自定义图表的轮廓效果

选择图表后，单击"形状填充"下拉按钮，在其下拉菜单中选择"图片"命令，选择图片后，单击"插入"按钮，可插入图片作为图表的背景，如图5-45所示。

图5-45　自定义图表的填充效果

3. 图表形状效果的设置

选择图表某部分，单击"形状效果"下拉按钮，在弹出的下拉菜单中可对所选对象进行如阴影、发光、棱台、三维旋转等效果的设置，如图5-46所示。

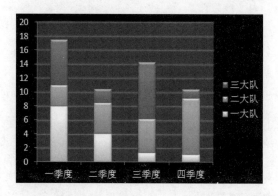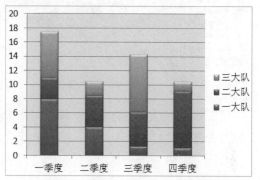

图5-46　自定义图表的效果

5.5.3　改变图表的布局

除了对图表的样式进行自定义设置外，还可以对图表的布局进行自定义设置。

选中图表之后，单击"图表工具 设计"选项卡"图表布局"功能组中的"快速布局"下拉按钮，可在弹出的下拉菜单中选择不同的布局选项。当创建的图表类型不同时，其布局选项将发生相应的变化，如图5-47所示。

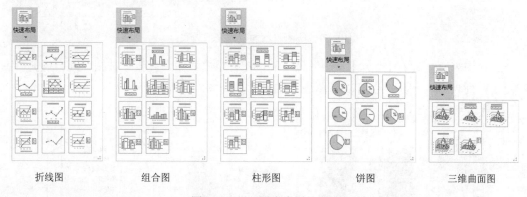

折线图　　　　　组合图　　　　　柱形图　　　　　饼图　　　　　三维曲面图

图5-47　不同图表类型的布局

另外，选中图表中的坐标轴右击，在弹出的快捷菜单中选择"设置坐标轴格式"命令，将打开"设置坐标轴格式"对话框，如图5-48所示。

若选中图表中的图例右击，在弹出的快捷菜单中选择"设置图例格式"命令，将打开"设置图例格式"对话框，如图5-49所示，在对话框中可以设置对应内容的格式与布局。

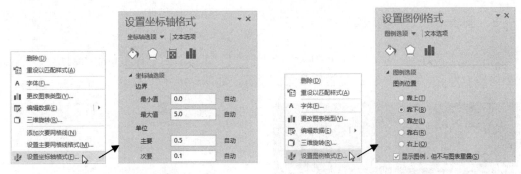

图5-48 设置坐标轴格式　　　　　　　　图5-49 设置图例格式

在"图表布局"功能组中，单击"添加图表元素"下拉按钮，在弹出的下拉菜单中可以为图表选择需要添加的元素。图5-50所示为给图表添加数据表的效果。

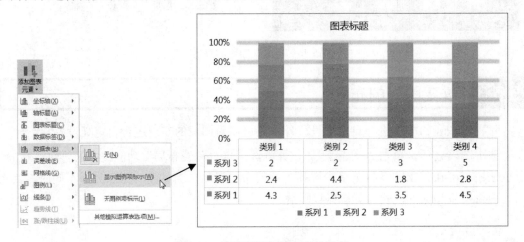

图5-50 给图表添加数据表的效果

选择图表，在其右上角会出现3个悬浮的按钮，单击"图表元素"按钮，则会展开"图表元素"列表框，在其中也可以为图表添加元素，如图5-51所示。

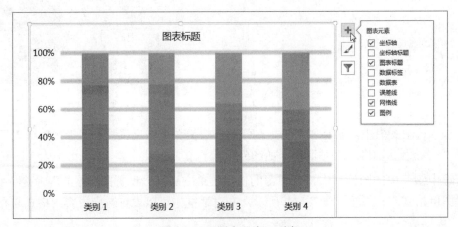

图5-51 "图表元素"列表

　　若单击"图表样式"按钮，在展开的列表框中可快速设置图表的样式和颜色，如图5-52所示。

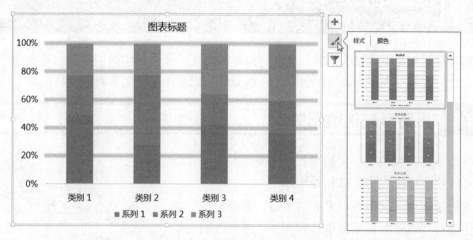

图5-52　"图表样式"列表框

　　若单击"图表筛选器"按钮，在展开的列表框中可以设置图表显示的系列、类别和名称。默认情况下，所有的系列和类别都呈选中状态，如不需要某个系列或类别显示在图表上，可以取消选中其对应的复选框，然后单击下方的"应用"按钮即可。图5-53所示为取消选中"系列2"复选框后的图表变化。

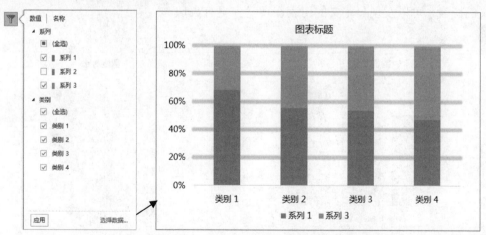

图5-53　取消选中"系列2"复选框后的图表

　　在"图表筛选器"列表框中单击"选择数据"超链接，打开数据表和"选择数据源"对话框，在其中可对图表的数据进行更改。

　　添加趋势线

　　为了使数据能够更好地体现出某方面的发展趋势，可以为图表添加趋势线，但趋势线并不是在所有图表中都能添加，它只能在没有三维效果的条形图、柱形图、折线图、非堆积面积图、股价图等二维图表中添加。

5.6 图表的自定义设计
使用图形制作个性化的图表

图表是用来呈现数据关系的，并没有固定的模式，那些由中规中矩的方块和曲线组成的图表始终控制着人们表现数据的方式，本节将介绍设计个性化图表的技巧。

5.6.1 用图形表达数据关系

在幻灯片中绘制个性化的图表，主要是利用幻灯片中对形状和图片的处理功能来实现的。

选中图表中的某个数据系列后右击，在弹出的快捷菜单中选择"设置数据系列格式"命令，在打开的窗格中单击"填充线条"按钮，选中"图片或纹理填充"单选按钮，插入图片，在下方选中"层叠"单选按钮，如图5-54所示，即可将选择的图片层叠在数据系列上。

图5-55所示为系统预设的图表样式；图5-56所示为利用图形自定义的图表样式，对比预设样式的图表和自定义的图表，可以发现自定义的图表在视觉上更有表现力。

图5-54 "设置数据系列格式"窗格

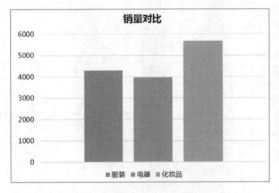

图5-55 系统预设的图表样式

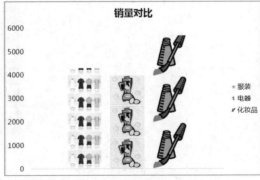

图5-56 利用图形自定义的图表样式

5.6.2 制作 3D 效果的图表

3D即3-dimensional的缩写，也就是三维的图形，电脑屏幕是二维平面的，只有水平方向的X轴和垂直方向的Y轴，而三维的图形是真实的成像，具有空间感，它比二维图形多了Z轴，如图5-57所示。

图5-57　3D图形

要在幻灯片中实现图表的3D效果主要是通过添加阴影、映像、棱台、三维格式、三维旋转等效果来实现，使其看起来有逼真的立体感。

下面将以制作"企业季度营运报告"演示文稿为例来介绍在幻灯片中实现图表3D效果的方式。

 操作演练：绘制3D效果图表

素材\第5章\企业季度营运报告.pptx
效果\第5章\企业季度营运报告.pptx

Step 01　绘制矩形

打开"企业季度营运报告"素材演示文稿，切换到第二张幻灯片，根据数据估计比例，绘制3个高度不等的矩形。

Step 02　填充渐变颜色

分别为这3个矩形填充颜色，并设置"线性向下"的渐变填充效果，在"形状轮廓"下拉菜单中取消轮廓显示。

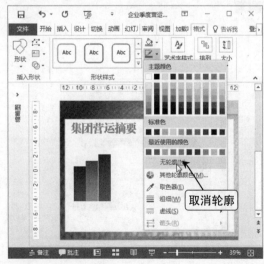

Step 03 设置三维效果

将3个矩形组合为一个对象，打开"设置形状格式"窗格，在"三维格式"选项卡中将"深度"的数值设置为"45磅"，然后设置该对象的三维旋转效果。

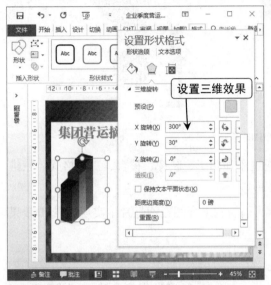

Step 04 绘制线条

在幻灯片中适当的位置绘制3条"肘形连接符"形状，并在"设置形状格式"窗格中将线条的宽度设置为"41磅"。

Step 05 设置渐变线

分别选中3条肘形连接符，在"设置形状格式"窗格中，选中"渐变线"单选按钮，在其中为每条线设置与对应矩形相同的渐变效果。

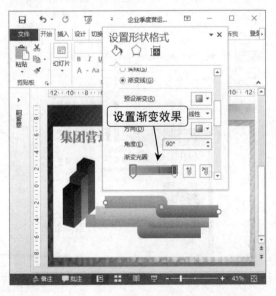

Step 06 设置三维效果

切换到"效果"选项卡，在"三维格式"栏中将"深度"数值设置为"30磅"，然后在"三维旋转"栏中调整三维旋转的参数。

Step 07　调整层次和位置

选中3条肘形连接符，右击，在弹出的快捷菜单中选择"置于底层"→"置于底层"命令，然后调整3条线的位置。

Step 08　添加文本内容

在幻灯片的空白处绘制3个矩形，分别填充对应的渐变颜色，加上文字说明，做成图例效果，并为绘制的图表添加文字说明，设置文本框的三维旋转参数。

文本框的三维旋转效果

在三维旋转的形状上添加文本时，会发现文本与形状不能很好地融合在一起，这时需要给文本框也添加一个合适的三维旋转效果，才能使文本与形状融合在一起。

163

第 6 章

精美图示的创建

在图示中添加项目符号

设置图示外观样式

调整图示格式

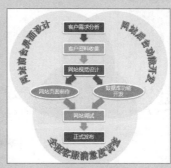

绘制网站流程图

6.1 SmartArt 图形的分类与创建
认识与创建各种图示

在PowerPoint中，系统提供了更为方便和专业的SmartArt图形，它是信息和观点的视觉表现形式。用户可以从多种不同的布局中选择创建SmartArt图形，并通过各种图示的布局关系搭配文字信息，以快速、轻松、有效地表达各种关系或主题。

6.1.1 认识各类图示

在PowerPoint 2016中单击"插入"选项卡"插图"功能组中的"SmartArt"按钮，打开如图6-1所示的"选择SmartArt图形"对话框。

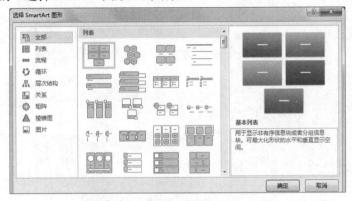

图6-1 "选择SmartArt图形"对话框

从图6-1中可以看出，PowerPoint 2016提供了8类SmartArt图形，各类型的图示有着不同的应用方向，下面将列举其中几类图示进行说明。

◆ **列表**：用于显示无序并列关系的信息或顺序排列的信息，如图 6-2 所示。

 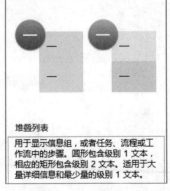 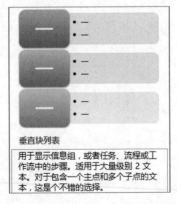

图6-2 列表图示

◆ **流程**：用于表示某个过程中的各个步骤或阶段，或者它们相互之间的前后关系，如图 6-3 所示。

随机至结果流程

通过一系列步骤可显示混乱观点如何带来的统一的目标和想法。支持级别 1 文本的多个项目，但第一个和最后一个级别 1 的相应形状是固定的。适用于少量级别 1 文本和中等量级别 2 文本。

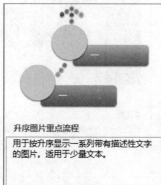

升序图片重点流程

用于按升序显示一系列带有描述性文字的图片。适用于少量文本。

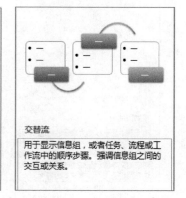

交替流

用于显示信息组，或者任务、流程或工作流中的顺序步骤。强调信息组之间的交互或关系。

图6-3　流程图示

◆ **层次结构**：用于创建组织结构图或关系树，如图 6-4 所示。

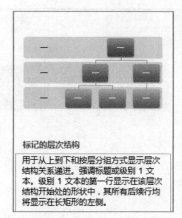

标记的层次结构

用于从上到下和按层分组方式显示层次结构关系递进。强调标题或级别 1 文本。级别 1 文本的第一行显示在该层次结构开始处的形状中，其所有后续行均将显示在长矩形的左侧。

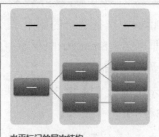

水平标记的层次结构

用于以水平递进和按层分组方式显示层次结构关系。强调标题或级别 1 文本。级别 1 文本的第一行显示在该层次结构开始处的形状中，第二行和级别 1 文本的所有后续都显示在高矩形的顶部。

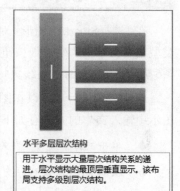

水平多层层次结构

用于水平显示大量层次结构关系的递进。层次结构的最顶层垂直显示。该布局支持多级别层次结构。

图6-4　层次结构图示

◆ **关系**：用于展示各组成部分之间的特殊关系，如图 6-5 所示。

循环关系

用于显示与中心观点的关系。级别 2 文本以非连续方式添加且限于五项。只能有一个级别 1 项目。

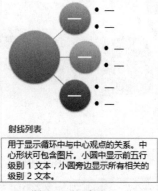

射线列表

用于显示循环中与中心观点的关系。中心形状可包含图片。小圆中显示前五行级别 1 文本，小圆旁边显示所有相关的级别 2 文本。

平衡箭头

用于显示两个对立的观点或概念。前两行级别 1 文本的每一行都与某一个箭头相对应，适合用于级别 2 文本。未使用的文本不会显示，但是，如果切换布局，这些文本仍将可用。

图6-5　关系图示

◆ **图片**：用于显示一系列图片及文本的结构关系，如图 6-6 所示。

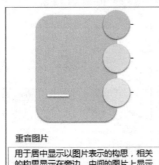

重音图片

用于居中显示以图片表示的构思，相关的构思显示在旁边。中间的图片上显示最高层的级别 1 文本，其他级别 1 形状对应的文本显示在较小的圆形图片旁。该布局也适用于没有文本的情况。

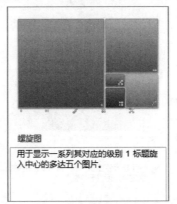

螺旋图

用于显示一系列其对应的级别 1 标题旋入中心的多达五个图片。

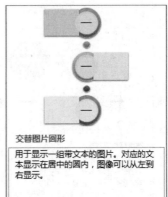

交替图片圆形

用于显示一组带文本的图片。对应的文本显示在居中的圆内，图像可以从左到右显示。

图6-6 图片图示

6.1.2 创建图示

在"选择SmartArt图形"对话框中选择适合的图示类型之后，单击"确定"按钮即可创建SmartArt图形。图6-7所示为插入的"连续块状流程"图示。

创建图示之后，可以在图示中输入文本内容。在图示中输入文本的方法有如下3种：

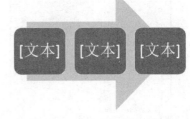

图6-7 插入的"连续块状流程"图示

◆ 单击文本框中的"[文本]"占位符进行输入。

◆ 从其他位置或程序复制文本，单击文本框中的"[文本]"占位符，然后粘贴文本。

◆ 单击图示左侧的控制按钮，将展开一个"在此键入文字"窗格，在其中输入文本，如图 6-8 所示。

图6-8 在图示中输入文本

如果在幻灯片中创建了图片图示，将出现如图6-9所示的窗格，在其中插入文本的方法与在其他图示插入文本的方法相同。

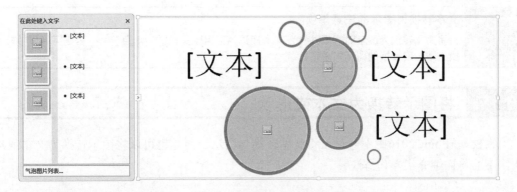

图6-9　图片图示窗格

单击窗格中的图片按钮 ，将打开"插入图片"对话框，选择需要插入的图片，单击"插入"按钮即可，最终效果如图6-10所示。

图6-10　插入图片与文本的最终效果

6.1.3　文本与图示的转换

在PowerPoint 2016中可以将现有的文本转换为SmartArt图示，其具体操作方法是：选中文本内容，然后单击"开始"选项卡"段落"功能组中的"转换为SmartArt"按钮，在弹出的下拉菜单中选择一种图示类型，如图6-11所示。

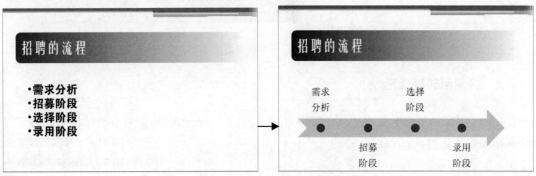

图6-11　将文本转化为图示

提示
Attention

文本转换为图示的注意事项
在将文本转换为图示时需要注意，文本应该为无自定义格式的项目符号，否则可能导致转换失败，或转换的图示关系错乱。

6.1.4 将图示转换为文本或形状

在PowerPoint 2016中不但可以将文本转换为图示，而且也可以将图示转换为文本或形状，下面将详细介绍操作方法。

1. 将图示转换为文本

选中图示后右击，在弹出的快捷菜单中选择"转换为文本"命令，如图6-12所示，可将图示转换为无自定义格式的项目符号文本。

选中图示，然后单击"SmartArt工具 设计"选项卡"重置"功能组中的"转换"下拉按钮，在弹出的下拉菜单中选择"转换为文本"选项，也可将图示转换为文本，如图6-13所示。

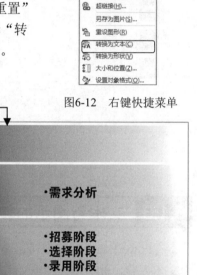

图6-12　右键快捷菜单

图6-13　将图示转换为文本

2. 将图示转换为形状

SmartArt图形每部分是由不同的形状组成，但由于SmartArt图形具有整体的稳固性，当一部分发生变化时，其他部分将随之变化，为了更加灵活地改变图示的形态，可以将图示转换为形状，在改变图示的某部分时，其他部分可保持不变。图6-14所示为将图示转换为形状，并改变图示中某部分的效果。

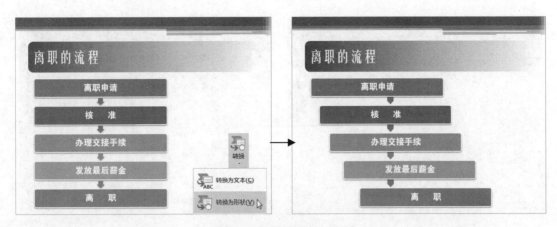

图6-14　将图示转换为形状

6.2 设置图示的外观样式
掌握调整图示布局及设置图示样式的方法

在幻灯片中插入的图示都是以默认的结构、数量和大小进行排列的，用户可以对其进行结构的调整或外观的更改。

6.2.1　调整整体布局

选中图示后，在"SmartArt工具 设计"选项卡的"布局"功能组中单击"其他"按钮，将弹出如图6-15所示的下拉菜单，其中高亮显示为当前图示的布局，选择其他选项可以改变图示的布局。

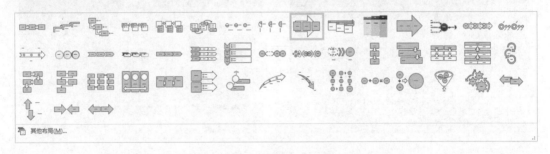

图6-15　图示的布局

若选择"其他布局"命令，将打开"选择SmartArt图形"对话框，在其中有更多的布局可供选择。图6-16所示为将连续块状流程调整为圆形重点日程表的效果。

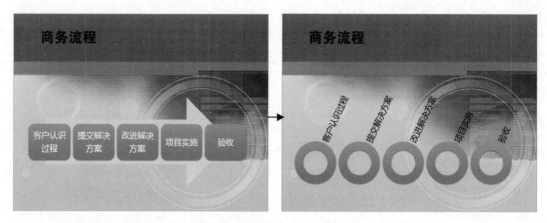

图6-16　将连续块状流程调整为圆形重点日程表的效果

6.2.2　调整局部版式

调整图示局部的版式包括调整图示的方向、各部分的顺序、文本的级别、添加或删除形状等，下面将逐一进行介绍。

1．调整图示的方向和顺序

选中整个图示后，单击"SmartArt工具 设计"选项卡"创建图形"功能组中的"从右向左"按钮，可以改变图示的方向，如图6-17所示。

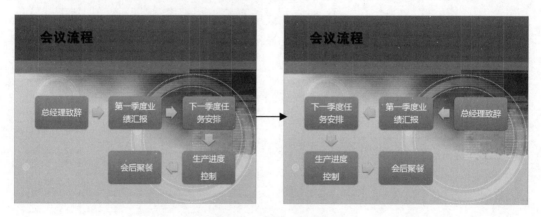

图6-17　调整图示方向

当选中图示中间的某部分时，"创建图形"功能组中的"上移"和"下移"按钮将呈可用状态，单击"上移"或"下移"按钮，可调整图示中各部分的顺序，如图6-18所示。

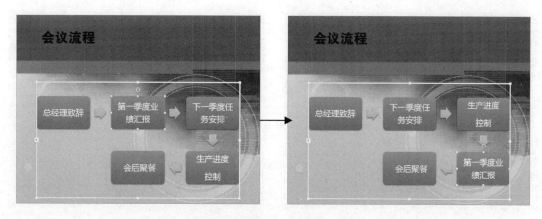

图6-18　调整图示中各部分的顺序

2. 调整文本的级别

选择图示，单击其左侧的控制按钮，在左侧打开的文本窗格中选择"项目实施"文本，此时，"创建图形"功能组中的"降级"或"升级"按钮呈可用状态，如图6-19所示。

单击不同的按钮可调整图示中文本的级别，如图6-20所示，将文本"项目实施"降低了一个级别。

图6-19　"升级"或"降级"按钮

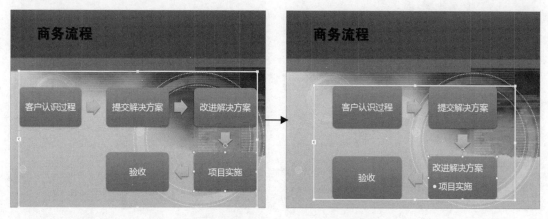

图6-20　降低图示中文本内容的级别

另外，选中某部分文本内容之后，单击"创建图形"功能组中的"添加项目符号"按钮，可在该文本级别下添加低一级的文本，如图6-21所示。

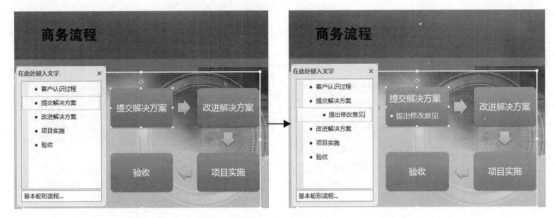

图6-21　添加低一级的文本

3. 添加或删除形状

用户还可以根据实际的需要在图示中添加形状或删除形状。选中图示或图示中的某个对象，单击"创建图形"功能组中的"添加形状"下拉按钮，将弹出如图6-22所示的下拉列表，在其中可以选择添加形状的位置。

图6-22　"添加形状"下拉列表

在部分图示中选中形状后，按【Backspace】键，可以删除该形状，如图6-23（左）所示为在形状"改进解决方案"的后面添加一个形状的效果；图6-23（右）所示为删除"改进解决方案"形状的效果。

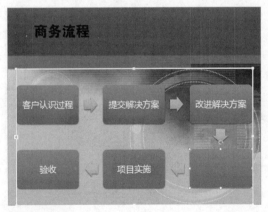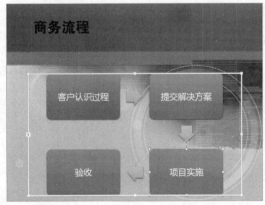

图6-23　添加和删除形状

添加形状的其他方法

打开图示的文本窗格，将文本插入点定位到某个项目符号前端，按【Enter】键，可在当前项目符号之前添加一个新的形状。

6.2.3 选择图示的样式

PowerPoint 2016中提供了14种图示的预设样式，选中图示之后，单击"SmartArt工具 设计"选项卡"SmartArt样式"功能组中的"其他"按钮，将弹出如图6-24所示的下拉菜单，在其中可选择图示的样式。

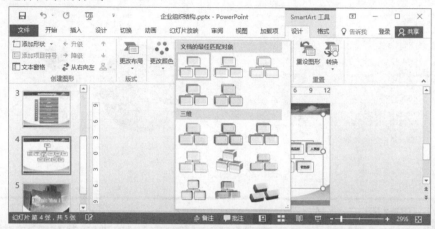

图6-24 图示的预设样式

图6-25所示为图示应用"强烈效果"和"日落场景"的预设样式。

 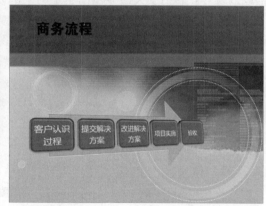

图6-25 为图示应用不同的预设样式

6.2.4 更改图示的颜色

在PowerPoint 2016中用户还可以为图示设置系统预设的颜色，其方法如下。

选中图示，在"SmartArt样式"功能组中单击"更改颜色"下拉按钮，在弹出的下拉菜单中可为图示选择其他颜色。若所创建的图示为图片图示，在其"更改颜色"下拉菜单中，可选择"重新着色SmartArt图中的图片"命令，使图片与图形的颜色变得匹配，如图6-26所示。

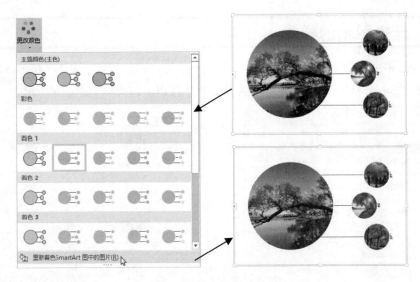

图6-26　更改图示颜色

6.2.5　调整图示的格式

　　调整图示的格式包括调整图示的大小、更改图示的形状、自定义图示的填充颜色、边框或效果等。若需要突出显示图示中的某部分，可以选中目标形状之后，单击"SmartArt 工具 格式"选项卡"形状"功能组中的"增大"或"缩小"按钮，以改变图示的大小，或单击"更改形状"按钮，重新选择形状，如图6-27所示，其中左图为增大形状效果，右图为更改形状效果。

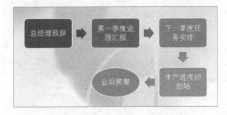

图6-27　突出图示中的某部分

　　自定义图示的填充颜色、边框和效果与自定义形状格式的方法基本相同。若需要全部清除图示的样式和格式，则可以单击"SmartArt工具 设计"选项卡"重置"功能组中的"重设图形"按钮将图示恢复到默认状态。

实战演练　绘制"网站建设流程图"图示

　　除了系统所提供的 SmartArt 图形之外，用户还可以利用形状绘制个性化图示，但操作较为复杂，若想制作出更符合心意的图示，就需要将自选图形与 SmartArt 图形结合使用，各取所需。现需要制作一个网站建设的流程图，要求使用图示时加上自己的创意，使整个图示内容看上去丰富多彩。下面以此为例来介绍自定义绘制图示的方法。

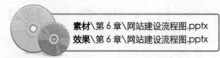

素材\第 6 章\网站建设流程图.pptx
效果\第 6 章\网站建设流程图.pptx

Step 01 插入图示

打开"网站建设流程图"素材演示文稿,单击"插入"选项卡"插图"功能组中的"SmartArt"按钮,在打开的对话框中选择"垂直流程"选项,单击"确定"按钮插入图示。

Step 02 添加形状并输入文本

选中图示中的某个形状,连续单击"添加形状"按钮3次,添加3个形状,然后在形状中输入对应的文本内容。

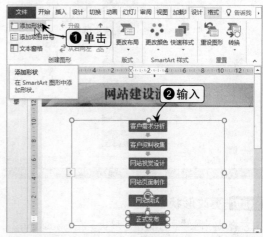

Step 03 设置文本格式

选中整个图示的边框,通过"开始"选项卡为其中的所有文本内容统一设置字体为"微软雅黑",字号大小为"14"。

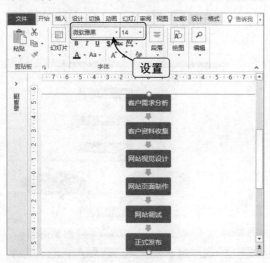

Step 04 更改颜色

切换到"SmartArt工具 设计"选项卡,单击"更改颜色"下拉按钮,在弹出的下拉菜单中选择"彩色-个性色"选项。

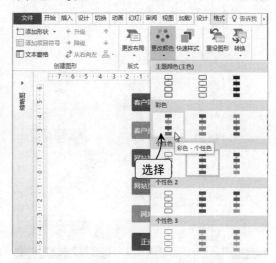

Step 05 设置外观样式

在"SmartArt样式"功能组中选择"白色轮廓"选项，为图示整体应用外观样式。

Step 06 调整图示的形状大小

为了给后面的操作留出足够的空间，按住【Shift】键，选择各个矩形，拖动其边框，统一缩小矩形。

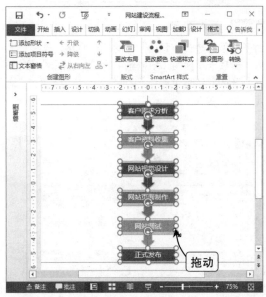

Step 07 更改形状

向左拖动"网站页面制作"形状，在"SmartArt工具 格式"选项卡"形状"功能组中单击"更改形状"下拉按钮，在其下拉菜单中选择"椭圆"选项，并适当调整其大小。

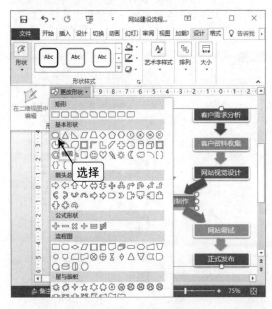

Step 08 绘制形状

在"插入"选项卡"插图"功能组中单击"形状"下拉按钮，在弹出的下拉菜单中选择"椭圆"选项，在"网站页面制作"形状的水平对称位置绘制一个与之大小相同的椭圆形状。

Step 09 设置椭圆的样式

在"绘图工具 格式"选项卡的"形状样式"功能组中为椭圆设置与"网站页面制作"形状相同的外观样式，输入"数据库功能开发"文本并设置字体格式。

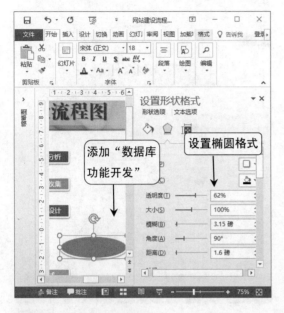

Step 10 绘制箭头并设置其样式

在椭圆的两边分别绘制与图示相同的箭头形状，并调整其大小和位置，然后为其设置与"网站页面制作"形状两边相同的箭头样式。

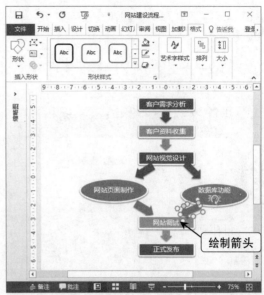

Step 11 添加流程图背景

手动绘制一个正圆，将其置于底层，并设置其无边框效果，填充颜色为"蓝色"，透明度为40%。再复制两个正圆，放置在幻灯片合适的位置，并将其组合。

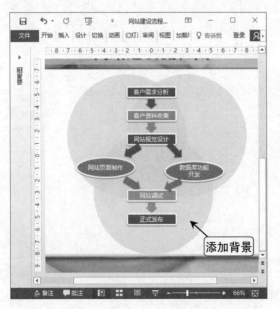

Step 12 插入艺术字效果

在"插入"选项卡的"文本"功能组中单击"艺术字"下拉按钮，在弹出的下拉菜单中选择一种合适的艺术字样式，输入"网站前台界面设计"文本。

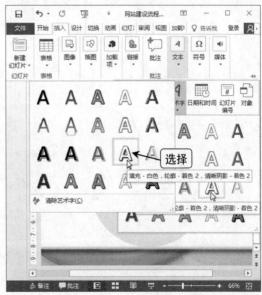

Step 13 设置艺术字效果

单击"艺术字样式"功能组中的"文本效果"按钮，在"转换"子菜单中选择"上弯弧"选项，拖动控制点进行弧度调整。

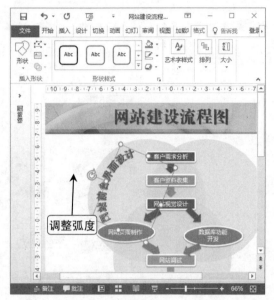

Step 14 复制并修改艺术字效果

分别在图示的右侧和下侧复制一个艺术字，修改其中的文本内容，调整其角度，下侧的艺术字将其文本效果设置为"下弯弧"效果即可。

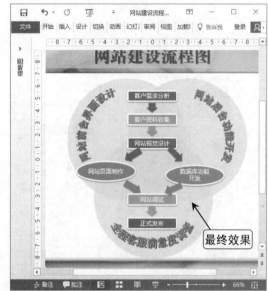

第 7 章

利用多媒体实现"娱乐传媒"

剪裁音频

预览联机视频

调整视频的标牌框架

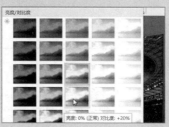

设置图片亮度和对比度

7.1 认识多媒体元素

了解幻灯片中多媒体元素的类别与特征及获取途径

要在幻灯片中应用多媒体元素，首先需要了解这些媒体元素的类型、格式、获取方式及使用时的注意事项等。

7.1.1 幻灯片中多媒体元素的类型与格式

在幻灯片中可使用的多媒体元素一般有音频、视频和Flash动画3种，其中Flash动画的格式为.swf，这种文件格式通常是使用Adobe Flash Player通过互联网传送的视频格式。

可在幻灯片中使用的音频和视频对格式有一定的要求，下面将具体介绍。

1. 音频格式

常见的音频格式有MP3、MP4、WMA、WAV、MIDI、CDA、AIFF和AU等，如表7-1所示，大多数音频格式都能够在PowerPoint 2016中正常使用。

表 7-1　音频格式

格式	扩展名	特征
MPEG-4 音频文件	.m4a、.mp4	MP4 以储存数码音讯及数码视讯为主，在音频处理方面，音质较为纯正，保真度高，高音响亮，低音纯净
MP3 音频文件	.mp3	MP3 是一种音频文件的压缩格式，由于它体积小，音质好，现已作为主流音频格式出现在多媒体元素中
Windows 音频文件	.wav	WAV 是最普遍的音频文件格式，因为 PowerPoint 可以很好地播放它，所以它的使用相当广泛
Windows Media Audio 音频文件	.wma	WMA 格式来自于 Microsoft 公司，只要安装了 Windows 操作系统，就可以正常播放音频
MIDI 音频文件	.mid 或.midi	MIDI 文件主要用于原始乐器作品，流行歌曲的业余表演，游戏音轨及电子贺卡等
CD 音频文件	.cda	CD 音频是近似无损的，因此它的声音基本上是忠于原声
AIFF 或 AU 音频文件	.aiff 或.au	由苹果公司开发的 AIFF 格式和为 UNIX 系统开发的 AU 格式，它们和 WAV 非常相似

2. 视频格式

PowerPoint 2016中常用的视频格式有：MP4、MOV、AVI、MPG、ASF、DVR-MS 、WMV等，如表7-2所示。

表 7-2 视频格式

格式	扩展名	特征
MP4 视频文件	.mp4、.m4v、.mov	一种采用 H.264 标准封装的视频文件,它以压缩率高、功能低、对硬件要求小、文件体积小等特点逐渐成为目前的主流视频格式
Windows 视频文件	.avi	AVI 是 Microsoft 公司推出的"音频视频交错"格式,能将语音和影像同步组合
电影文件	.mpg 或.mpeg	MPG或MPEG是一种影音文件压缩格式,令视听传播进入数码化时代
Windows Media 文件	.asf	ASF是Microsoft所开发的串流多媒体文件格式,它是Windows Media的核心文件类型
DVR-MS 视频文件	.dve	DVE是录制电视节目的文件格式,可进行实时暂停及同时录制和播放
Windows Media Video 文件	.wmv	WMV 是一种压缩率很大的格式,它需要的电脑硬盘存储空间最小

7.1.2 获取多媒体文件的途径

获取多媒体文件的途径多种多样,用户可以通过自己录制和拍摄获得,通过光盘路径获取,也可以通过网络进行下载获取,如图7-1所示,或是直接通过PowerPoint联机搜索获取,如图7-2所示。

图7-1 通过网络下载多媒体文件

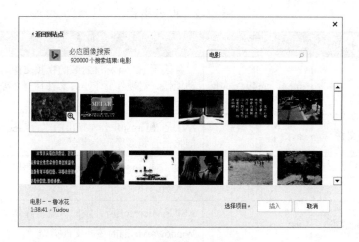

图7-2　联机下载多媒体元素

7.1.3　使用多媒体元素的注意事项

将多媒体元素应用到幻灯片中，会比以简单的文字和图片制作的幻灯片效果略胜一筹，不过所插入的媒体元素一定要注意使用得是否恰当。例如，何时需要插入音频和视频，音频和视频能否在幻灯片中正常播放等，注意事项的要点归纳如图7-3所示。

1

根据需要插入多媒体元素

并不是任何幻灯片都适合插入音频和视频等多媒体元素的，应用元素要符合幻灯片的需要，包括符合需要的位置、时间、插入与幻灯片内容相关的音频、视频说明，以及使用能够烘托演示气氛的音效。

2

注意多媒体元素的格式和大小

在幻灯片中插入音频或视频等多媒体元素时，常常会遇到音频或视频不能正常播放，或者播放迟缓的问题，这可能与素材的大小和格式有关，所以在选择需要插入的素材时，要注意 PowerPoint 是否能够很好地识别这些格式。另外，多媒体素材不宜过大，否则会影响 PowerPoint 的播放速度。

3

注意多媒体元素的保存路径

当在幻灯片中插入音频和视频等多媒体元素时，一定要注意这些素材的保存路径，否则演示文稿的多媒体元素将无法在其他地方播放。用户可以在插入之前将音频或视频素材放入与演示文稿相同的文件夹下，或是在制作完成后将演示文稿打包。

图7-3　使用多媒体元素的注意事项

7.2 音频效果的应用
掌握在幻灯片中裁剪与录制音频的方法

音频是在幻灯片中使用较频繁的多媒体元素,下面来介绍如何在幻灯片中插入音频、剪辑音频、控制音频播放的方式及录制音频等内容。

7.2.1 插入音频的方式

在功能区中单击"插入"选项卡"媒体"功能组中的"音频"按钮,在弹出的下拉菜单中可以看到"PC上的音频"和"录制音频"两种插入音频的方式,下面将分别进行介绍。

1. 插入 PC 上的音频

PC即个人电脑,选择"音频"下拉菜单中的"PC上的音频"命令,将打开"插入音频"对话框,选择一个音频文件后,单击"插入"按钮,可将其插入当前幻灯片中,如图7-4所示。

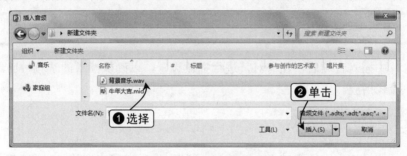

图7-4　插入本地音频

2. 插入录制的音频

选择"音频"下拉菜单中的"录制音频"命令,将打开"录制声音"对话框,在"名称"文本框中输入音频的名称,单击"录制"按钮开始录制,如图7-5(左)所示,此时用户开始讲解,程序自动开始录制声音(前提是必须连接麦克风),完成录制后单击"停止"按钮,如图7-5(中)所示,最后单击"确定"按钮即可将录制的声音插入幻灯片中,如图7-5(右)所示。

图7-5　插入录制的音频

7.2.2 剪裁音频文件

用户可以根据实际的放映需要对PowerPoint中插入的音频文件进行剪裁，只保留需要播放的某个音频片段。

选中幻灯片中的音频图标右击，在弹出的快捷菜单中选择"修剪"命令，或在"音频工具 播放"选项卡的"编辑"功能组中单击"剪裁音频"按钮，都将打开一个如图7-6所示的"剪裁音频"对话框。

图7-6　"剪裁音频"对话框

◆ **剪裁音频的开始**：单击最左侧的绿色标记，出现双向箭头 时，将箭头拖动到所需的音频剪裁起始位置即可。

◆ **剪裁音频的末尾**：单击右侧的红色标记，出现双向箭头 时，将箭头拖动到所需的音频剪裁结束位置即可。

7.2.3 音频播放的设置

在幻灯片中插入音频后，还需对其进行播放设置，以确保插入的音频按照用户的需求在幻灯片中流畅播放。

1．设置音频的播放方式

设置音频的播放方式是通过"音频工具 播放"选项卡来实现的，如图7-7所示。

图7-7　"音频工具 播放"选项卡

在"音频工具 播放"选项卡的"音频选项"功能组中单击"开始"下拉列表框右侧下拉按钮，将出现"自动"和"单击时"两种播放方式，其代表的意义如下。

◆ **自动**：选择"自动"选项，音频将在幻灯片开始放映时自动播放，直到音频结束。

◆ **单击时**：选择"单击时"选项，在幻灯片放映时，音频不会自动播放，只有单击音频图标或启动音频的按钮时，才会播放音频。

跨幻灯片播放和在后台播放

若选中"跨幻灯片播放"复选框，当演示文稿中包含多张幻灯片时，音频的播放可以从一张幻灯片延续到另一张幻灯片，不会因为幻灯片的切换而中断，这与在后台播放效果相同。

2．多个音频的选择性播放

在制作特殊效果的演示文稿时，可能会遇到需要在同一张幻灯片中的不同时刻播放不同音频的情况，这时就需要通过选择来播放音频。

将多个音频插入幻灯片中，将其开始播放方式都设置成"单击时"，这时幻灯片中会出现多个音频图标，单击某个图标即播放其对应的音频。

为了方便区分各个音频图标，可更改图标及其大小。在图标上右击，在弹出的快捷菜单中选择"更改图片"命令，插入图片即可，还可拖动图标的控制点调整其大小，如图7-8所示。

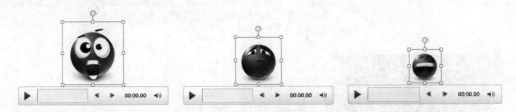

图7-8　更换音频图标

除了更换图标外，在"音频工具 格式"选项卡中，可对其进行更多外观样式的设置，其方法与图片外观设置的方法相同。图7-9所示为音频图标应用不同的颜色及艺术效果。

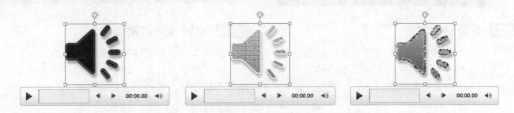

图7-9　音频图标应用不同的颜色及艺术效果

音频图标与图片一样，都可以为其设置图片样式，用户可根据需要使用这些样式，如图7-10所示。

图7-10　设置音频图标的图片样式

下面将以给"圣诞贺卡"演示文稿中添加背景音乐为例，介绍在幻灯片中插入背景音乐的具体操作方法。

操作演练：添加背景音乐

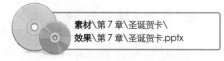

素材\第 7 章\圣诞贺卡\
效果\第 7 章\圣诞贺卡.pptx

Step 01 选择"PC 上的音频"命令

打开"圣诞贺卡"素材演示文稿，单击"插入"选项卡"媒体"功能组中的"音频"下拉按钮，在弹出的下拉菜单中选择"PC 上的音频"命令。

Step 02 插入音频

在打开的"插入音频"对话框中找到音频文件的保存路径，在其中选择需要插入的音频文件，然后单击"插入"按钮。

Step 03 剪裁音频文件

选中幻灯片中的音频图标，在"编辑"功能组中单击"剪裁音频"按钮，在打开对话框的结束时间数值框中输入音频的结束时间，单击"确定"按钮。

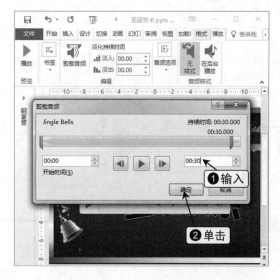

Step 04 设置音频的播放方式

在"音频选项"功能组中选中"循环播放，直到停止"和"放映时隐藏"两个复选框，然后单击"开始"下拉按钮，选择"自动"命令。

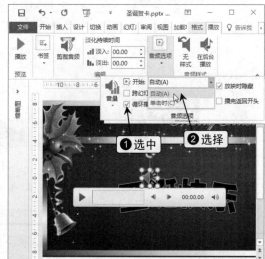

7.3 在幻灯片中应用视频效果
掌握剪裁视频和制作特效视频的方法

在演示的过程中，不仅需要文字和图片，有时也需要动态的视频来增强演示文稿的视觉效果。PowerPoint 2016对演示文稿中的视频对象有较强大的处理功能，下面将具体介绍在幻灯片中应用视频效果的方法。

7.3.1 在幻灯片中插入视频的几种方式

在PowerPoint中，视频和音频同属于多媒体元素，它们虽然表现出来的形式不同，但在幻灯片中插入的方式类似。

单击 "插入" 选项卡 "媒体" 功能组中的 "视频" 按钮，在弹出的下拉菜单中可以看到两种插入视频的方式，此外，还可以通过 "媒体" 功能组中的 "屏幕录制" 按钮将屏幕中的操作视频录制下来并插入幻灯片中，下面将逐一进行介绍。

1. 插入 PC 上的视频

选择 "视频" 下拉菜单中的 "PC上的视频" 命令，将打开 "插入视频文件" 对话框，在其中选中需要插入的视频文件，单击 "插入" 按钮即可。

2. 插入联机视频

选择 "视频" 下拉菜单中的 "联机视频" 命令，将打开 "插入视频" 对话框，其中有3种插入联机视频的方式，如图7-11所示。

图7-11 "插入视频" 对话框

◆ OneDrive（云）：单击 "浏览" 按钮，将进入云中保存的文件夹所在位置，如图7-12所示，选择视频后，单击 "插入" 按钮即可插入该视频。

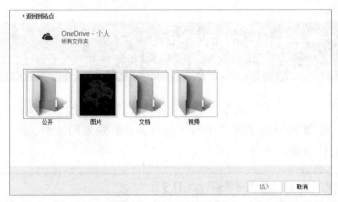

图7-12　云中的文件夹

◆　**YouTube 视频搜索**：在其搜索框中输入需要视频的关键字，即可得到许多相关视频，将鼠标光标移到感兴趣的视频上，在出现的 🔍 按钮上单击，会出现一个视频播放对话框，单击"播放"按钮可预览该视频，如图 7-13 所示，选中视频后，单击"插入"按钮即可将其插入当前幻灯片中。

图7-13　预览视频

◆　**来自视频嵌入代码**：将网站上的视频代码复制到该文本框中，然后单击"插入"按钮，即可将视频插入幻灯片中，但是需要注意，插入的视频一定要符合幻灯片对视频格式的要求。

提示
Attention

视频代码

大多数提供视频的网站都包括嵌入代码，但嵌入代码的位置会因每个网站的不同而不同。图7-14 所示为优酷网上的某视频代码。另外"嵌入代码"实际上是链接视频，而不是在演示文稿中嵌入视频。

图7-14　优酷网上的某视频代码

如果在插入联机视频时出现如图7-15所示的对话框，则可能是用户没有安装合适的编解码器。用户可下载一个合适的编解码器安装在电脑中，即可解决这一问题。

图7-15 提示对话框

3. 插入屏幕录制视频

在"插入"选项卡的"媒体"功能组中单击"屏幕录制"按钮，程序自动进入屏幕录制的设置状态下，此时拖动鼠标光标确定要录制的区域，如图7-16所示。然后在屏幕录制工具栏中单击"录制"按钮开始录制操作并隐藏屏幕录制工具栏，如图7-17所示。

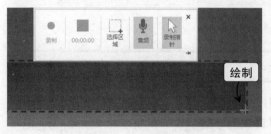

图7-16 确定屏幕录制选区

图7-17 开始录制屏幕

程序自动进入3秒的倒计时，倒计时间结束后，用户需要将相关窗口移到设置的录制选区中，进行正常操作，而程序此时自动在后台录制用户所做的所有操作。

操作完后，将鼠标光标移到桌面的上边界，程序自动弹出屏幕工具录制栏，在其中单击"暂停"按钮可以暂停录制，如图7-18所示。如果要结束录制，直接单击"停止"按钮，如图7-19所示，程序自动将录制的所有操作视频插入幻灯片中。

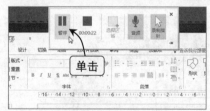

图7-18 暂停录制屏幕

图7-19 停止录制屏幕

7.3.2 在幻灯片中剪裁视频文件

与音频文件相同，用户对在幻灯片中插入的视频文件也可以进行剪裁，以满足放映的需要。选中插入的视频文件，单击"视频工具 播放"选项卡"编辑"功能组中的"剪裁视频"按钮，即可打开"剪裁视频"对话框，在其中可以剪裁视频中不需要的部分，如图7-20所示。

图7-20　剪裁视频文件

7.3.3　调整视频的标牌框架

标牌框架是指视频文件在没有正式播放时所展示的画面。默认情况下，插入视频的标牌框架为黑色或视频的第一帧画面，用户可以根据需要调整视频的标牌框架，用其他图片或视频的预览图像来代替。

调整视频标牌框架的方法比较简单，选中幻灯片中的视频文件后，切换到"视频工具 格式"选项卡，单击"调整"功能组中的"标牌框架"按钮，在弹出的下拉菜单中有"当前框架"、"文件中的图像"和"重置"3个命令可供选择。

若选择"文件中的图像"命令，将打开"插入图片"对话框，选择一种方式插入图片，即可将其作为标牌框架，如图7-21所示。

图7-21　用文件中的图片作为视频标牌框架

另外，在视频的播放过程中，选择"标牌框架"下拉菜单中的"当前框架"命令。将截取视频播放过程中的图像作为视频的标牌框架，如图7-22所示。

图7-22　用视频的图像作为标牌框架

如果需要重新设置标牌框架，选择"标牌框架"下拉菜单中的"重置"命令，即可恢复到最初的状态。

7.3.4　设置视频的播放方式

在PowerPoint 2016中是通过"视频工具 播放"选项卡来编辑视频的播放方式，其中包括选择视频开始的方式、为视频添加书签及编辑视频淡化的持续时间等，下面将逐一进行介绍。

1. 选择视频的开始方式

选中幻灯片中的视频文件后，单击"视频选项"功能组中的"开始"下拉按钮，在弹出的下拉列表中有"自动"和"单击时"两种选项供选择。若选中"全屏播放"复选框，在幻灯片放映时将全屏播放视频文件；若选中"未播放时隐藏"复选框，视频文件只有在播放时才会出现。

2. 添加书签

在视频中需要关注的地方添加书签可以在放映视频时快速跳转到指定的位置。

当视频播放到需要关注的位置时，单击"书签"功能组中的"添加书签"按钮，即可在视频中的相应位置插入一个黄色的控制点，如图7-23所示。

图7-23　添加书签

不需要书签时，可以在选择书签后，单击"书签"功能组中的"删除书签"按钮将其删除。

 提示
Attention

为音频添加书签
通过"添加书签"按钮，用户还可以为音频文件添加书签，以便快速跳转到指定的位置。在视频和音频中都可以添加多个书签。

3. 编辑视频的淡化持续时间

视频的淡化效果分为淡入和淡出两种，在视频开始时设置合适的淡入效果，在视频结束时设置合适的淡出效果，可以使视频的开始和结束更加自然。

单击"编辑"功能组中的"淡入"或"淡出"数值框的向上或向下微调按钮，或直接在数值框中输入具体时间，可以设置视频的淡化持续时间。淡化持续时间不宜过长也不宜过短，一般维持在5~10秒为最佳。

4. 视频播放完后自动"倒带"

在幻灯片中插入视频后，选中"视频选项"功能组中的"播完返回开头"复选框，即可设置视频在播放后自动"倒带"且在播放一次以后停止。

7.4 在 PowerPoint 2016 中玩转视频
了解怎样在 PowerPoint 2016 中制作视频特效

在PowerPoint 2016中，通过"视频工具 格式"选项卡可对视频添加特殊的效果，如图7-24所示。

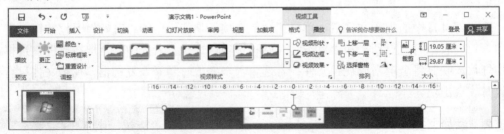

图7-24 "视频工具 格式"选项卡

制作视频的特效包括更改视频的颜色模式、调整视频的亮度与对比度、设置视频的播放样式等，本节将具体介绍制作视频特效的方法。

7.4.1 更改视频的颜色模式

选中幻灯片中的视频文件，单击"视频工具 格式"选项卡"调整"功能组中的"颜色"

下拉按钮，在弹出的下拉菜单中可以选择视频播放的颜色模式，如果选择"其他变体"命令，在其右侧展开的颜色菜单中可选择更丰富的颜色模式，如图7-25所示。

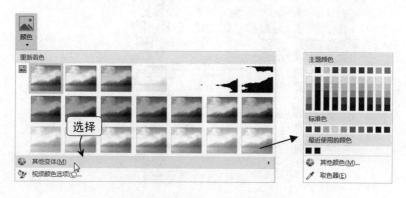

图7-25　更改视频的颜色模式

为视频应用颜色模式的效果

在 PowerPoint 2007 中也可以为视频应用颜色模式，但不同的是 PowerPoint 2007 中的颜色模式在视频播放过程中会消失，而 PowerPoint 2016 则不会。图 7-26 所示为更改视频的颜色模式后，视频在播放过程中的效果。

图7-26　更改视频的颜色模式

7.4.2　调整视频的亮度与对比度

调整视频的亮度与对比度的方法与调整图片的亮度与对比度的方法相似。选中幻灯片中的视频，然后单击"调整"功能组中的"更正"下拉按钮，在弹出的下拉菜单中可以设置视频的亮度和对比度。

如果用户选择"视频更正选项"命令，将打开"设置视频格式"窗格，并自动切换到"视频"栏中，在其中可以具体调整亮度与对比度的参数，如图7-27所示。

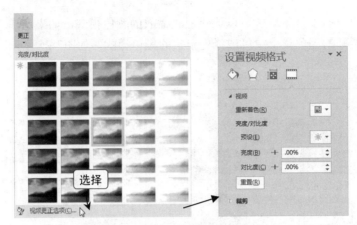

图7-27　调整视频的亮度与对比度

若需重新设置该视频的颜色、亮度及对比度，可以单击"设置视频格式"窗格中的"重置"按钮，让视频返回没有设置这些格式前的状态。

7.4.3　设置视频的播放样式

设置视频的播放样式包括为视频选择预设的样式、更改视频边框的样式以及为视频应用特殊的效果等，下面将逐一进行介绍。

1. 选择预设的样式

选中视频文件，单击"视频工具　格式"选项卡"视频样式"功能组中的"其他"按钮，将展开如图7-28所示的预设样式库，在其中选择的样式都会应用到视频播放的整个过程中。

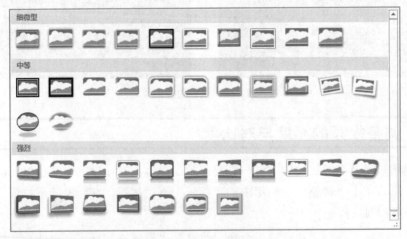

图7-28　视频的预设样式

图7-29所示为视频分别应用"旋转、渐变"样式和"映像左透视"样式时，在播放过程中的效果。

图7-29　视频分别应用"旋转、渐变"样式和"映像左透视"样式的效果

2. 更改视频边框的颜色与粗细

在"视频工具 格式"选项卡的"视频样式"功能组中单击"视频边框"下拉按钮，在弹出的下拉菜单中可以更改视频边框的颜色和粗细。

一般情况下，为了避免演示文稿中视频边框的样式太过花哨，会在"视频边框"下拉菜单中选择"无轮廓"命令取消视频边框，如图7-30所示。

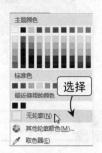

图7-30　取消视频边框

3. 在形状中播放视频

在PowerPoint 2016中，插入的视频还可以在不同的形状中播放。选中视频文件后，单击"视频样式"功能组中的"视频形状"下拉按钮，在弹出的下拉列表中选择适合的形状，即可在对应的形状中播放视频，如图7-31所示。

图7-31　在形状中播放视频

4．为视频添加特殊效果

在PowerPoint 2016中还可以为视频添加阴影、映像、棱台等特殊的效果。其操作方法为：选中视频，单击"视频工具 格式"选项卡"视频样式"功能组中的"视频效果"下拉按钮，在弹出的下拉菜单中有预设、阴影、映像、发光、柔化边缘、棱台、三维旋转7种效果。图7-32所示为几种不同的视频特殊效果。

图7-32　为视频设置不同的特殊效果

7.4.4　在视频中同步叠加文本内容

在视频播放的过程中常常需要配以文字说明，传统的做法是在视频的附近添加文本内容，但是在全频播放视频模式下，利用该方法添加的文本内容不能显示。

在PowerPoint 2016中通过同步叠加文本的功能就能实现全屏播放视频时同步显示文本内容。在视频中同步叠加文本内容很简单，只需在视频中插入一个文本框，并输入相应的内容即可，如图7-33所示。

图7-33　在视频中同步叠加文本内容

实战演练　在"九寨风景欣赏"演示文稿中加入视频效果

本章主要讲解了在PowerPoint 2016中插入音频、视频等多媒体元素并对其进行效果设置的方法。现要制作一个加入视频效果的"九寨风景欣赏"演示文稿，要求将视频中的某一帧画面作为标牌框架,并对该视频做特效设置,下面将具体介绍其制作方法。

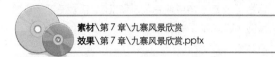

素材\第 7 章\九寨风景欣赏
效果\第 7 章\九寨风景欣赏.pptx

Step 01 选择插入视频的方式

打开"九寨风景欣赏"素材演示文稿,在"插入"选项卡的"媒体"功能组中单击"视频"下拉按钮,在弹出的下拉菜单中选择"PC上的视频"命令。

Step 02 插入视频

打开"插入视频文件"对话框,在其中找到并选择"九寨风景"素材文件,然后单击"插入"按钮。

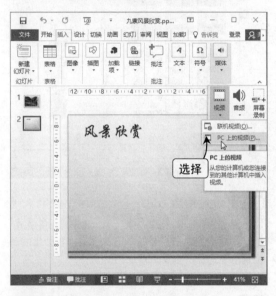

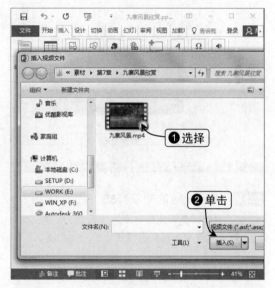

Step 03 调整视频的大小和位置

保持视频的选中状态,拖动视频图标四周的控制点,调整视频的大小,将鼠标光标移到视频图标上,移动视频到合适位置。

提示
Attention

直接拖入视频

除了按步骤 1 所述的方式在幻灯片中插入电脑中保存的视频外,还可以在选择视频后,直接拖动其到当前幻灯片中。

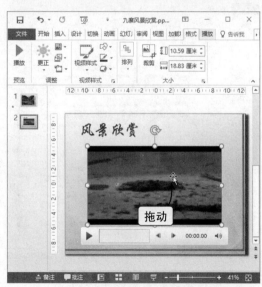

Step 04 设置标牌框架

选择指定帧的画面，在"视频工具 格式"选项卡"调整"功能组中单击"标牌框架"下拉按钮，在其下拉列表中选择"当前框架"命令。

Step 05 调整视频的对比度和亮度

单击"调整"功能组中的"更正"下拉按钮，在弹出的下拉菜单中调整视频的对比度和亮度。

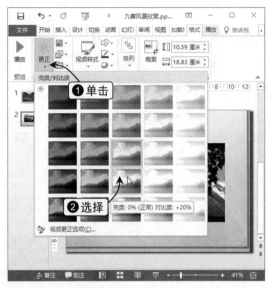

Step 06 设置视频的外观样式

单击"视频样式"功能组中的"其他"按钮，在弹出的样式列表中为视频选择适合的外观样式。

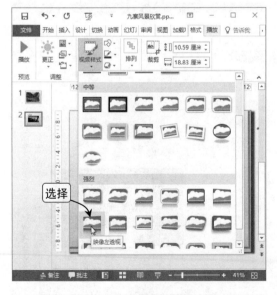

Step 07 设置播放方式

切换到"视频工具 播放"选项卡，选中"全屏播放"复选框，然后单击"开始"下拉按钮，在弹出的下拉菜单中选择"自动"命令。

第 8 章

让幻灯片动起来

为文本添加退出动画

设置动画开始方式

绘制动作路径

为幻灯片设置切换动画

8.1 为幻灯片添加动画效果
掌握在幻灯片中添加各种动画效果及为对象添加路径的方法

为了使演示文稿更加精彩，用户一般会为幻灯片中的元素添加各种不同的动画效果。PowerPoint 2016为用户提供了多种幻灯片的动画方案，除此之外，用户还可以自定义调整动画效果。

8.1.1 进入、强调、退出、动作路径动画的添加

一个完善的演示文稿需要制作具有动画效果的片头和片尾，它们就像电影的开场和结束一样，具有不可忽视的作用。

PowerPoint 2016为幻灯片中的对象提供了4种基本动画效果，它们分别是进入、强调、退出和动作路径动画，如图8-1所示。

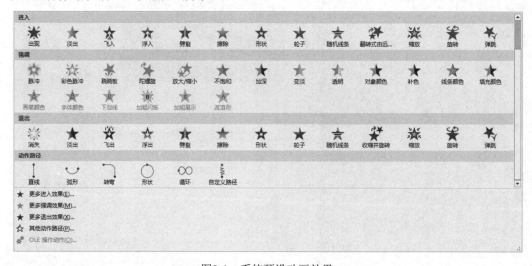

图8-1　系统预设动画效果

1．进入动画

进入动画是指幻灯片中各对象从无到有出现在幻灯片中的动态过程，包括擦除、淡出、光速、闪烁、溶解、展开等效果。

选择幻灯片中的目标对象，切换到"动画"选项卡，单击"动画"功能组中的"其他"按钮，在弹出的下拉菜单的"进入"栏中选择适合的进入动画效果，或者选择"更多进入效果"命令，打开"更改进入效果"对话框，其中有几十种进入动画效果可供选择，如图8-2所示。图8-3所示为图片对象的"向内溶解"进入动画效果。

图8-2　更多进入动画效果　　　　　　图8-3　图片对象的"向内溶解"动画效果

　　在"更改进入效果"对话框中选择任意效果，选中"预览效果"复选框，这样在幻灯片中的对象将实时进行预览，大大地方便了用户对动画效果的选择。

2. 强调动画

　　为了使幻灯片中的对象能够引起观众的注意，常常会为其添加强调动画效果，在幻灯片的放映过程中，对象就会发生诸如：放大缩小、忽明忽暗、跷跷板、陀螺旋等外观或色彩上的变化。

　　在动画样式库中的"强调"栏中选择适合的选项即可添加强调动画，如果选择"更多强调效果"命令，将打开"更改强调效果"对话框，如图8-4所示，在其中可以选择更丰富的强调动画。图8-5所示为图片对象的"放大/缩小"强调效果。

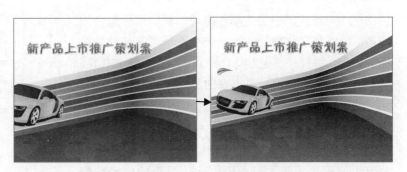

图8-4　更多强调动画效果　　　　　　图8-5　图片对象的"放大/缩小"强调效果

3．退出动画

与进入动画相对应的则是退出动画，即幻灯片中的对象从有到无逐渐消失的动态过程，退出动画是多种对象之间自然过渡时需要的效果，因此又称之为"无接缝动画"。

单击"动画"功能组中的"其他"按钮，在其下拉菜单的"退出"栏中选择适合的选项即可添加退出动画，如果选择"更多退出效果"命令，将打开"更改退出效果"对话框，如图8-6所示，在其中可以选择更丰富的退出动画。图8-7所示为文本对象的"空翻"退出动画效果。

图8-6　更多退出动画效果　　　　　图8-7　文本对象的"空翻"退出动画效果

4．动作路径

动作路径可以是对象进入或退出的过程，也可以是强调对象的方式，在幻灯片放映时，对象会根据所绘制的路径运动。

在动画样式库中的"动作路径"栏中选择适合的选项即可添加动作路径动画，如果选择"其他动作路径"命令，将打开"更改动作路径"对话框，如图8-8所示，在其中可以选择更丰富的路径样式。

若在"动作路径"栏中选择"自定义路径"选项，当鼠标光标呈十字形状时，可在幻灯片上自行绘制对象的动作路径，双击可结束动作路径的绘制，此时在动作路径的末尾会出现动作对象的虚影，如图8-9所示。

图8-8　"更多动作路径"对话框

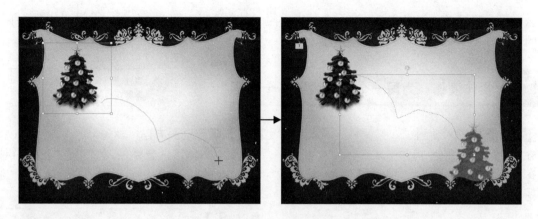

图8-9　自定义动作路径

8.1.2　为同一个对象设置多个动画

在幻灯片中，一个对象的变化可以不只对应一个动画，为了制作出逼真的效果，往往需要为同一个对象添加多个动画，并安排好播放的前后顺序和速度、变化的方向和样式等相关参数。

万事万物都是在发生变化的，当然在为幻灯片中的对象添加动画时，也应该遵循这一黄金定律。一个对象常常伴随着从无到有、由强到弱、由远至近、从快到慢等变化，如图8-10所示。

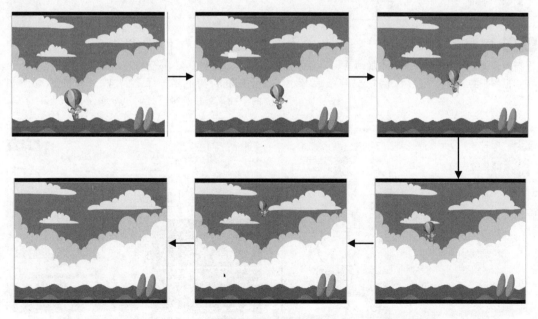

图8-10　飘动的热气球

下面将以在"年终会议"演示文稿中为同一对象添加不同动画效果，并设置各个动画的效果选项为例，具体介绍其操作方法。

 操作演练：为同一个对象设置多个动画

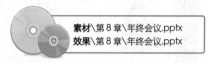

素材\第 8 章\年终会议.pptx
效果\第 8 章\年终会议.pptx

Step 01 选择进入动画

打开"年终会议"素材演示文稿，选择"图片1"，在"动画"选项卡中单击"动画"功能组中的"其他"按钮，选择"飞入"选项。

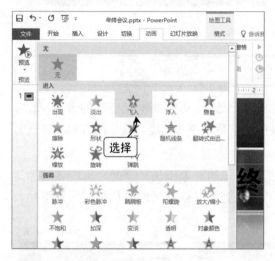

Step 02 调整动画方向

单击"效果选项"下拉按钮，在弹出的下拉列表中选择"自左侧"命令。

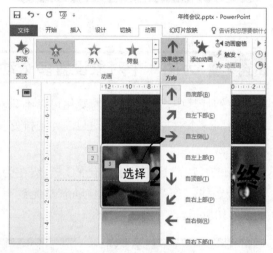

Step 03 添加强调动画

保持图片的选择状态，单击"添加动画"下拉按钮，在弹出的下拉菜单的"强调"栏中选择"放大/缩小"选项。

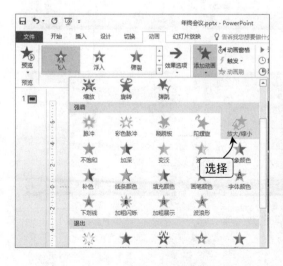

Step 04 选择"计时"命令

单击"动画窗格"按钮，在幻灯片右侧将打开一个动画窗格，单击第一行"图片1"下拉按钮，在弹出的下拉菜单中选择"计时"命令。

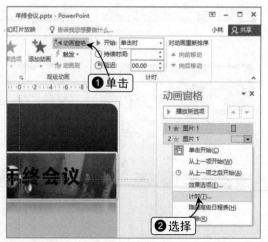

Step 05 选择开始方式

打开"放大/缩小"对话框,单击"开始"下拉按钮,选择"上一动画之后"选项。

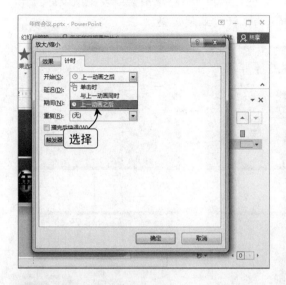

Step 06 设置图片放大/缩小效果

切换到"效果"选项卡,单击"尺寸"下拉按钮,自定义图片缩放比例为120%。

Step 07 添加退出动画

关闭"放大/缩小"对话框,保持图片的选择状态,单击"添加动画"下拉按钮,在弹出的下拉菜单的"退出"栏中选择"飞出"选项。

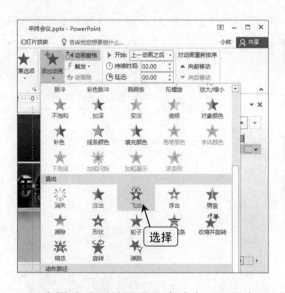

Step 08 设置退出动画效果

通过动画窗格打开"飞出"对话框,在"效果"选项卡中单击"方向"下拉按钮,选择"到右侧"选项,在"计时"选项卡中将开始方式设置为"上一动画之后",延迟时间设置为"1"秒。

在图片动画效果设置完成之后,用户可用相同的方法,为文本也添加相应的动画效果,使动画演绎更加丰满、和谐。

8.1.3 在同一位置放映多个对象

同一位置放映多个对象，即在一个固定的位置上当第一个对象消失或发生改变时，第二个对象也出现或发生相应的改变。图8-11所示为倒计时动画效果。

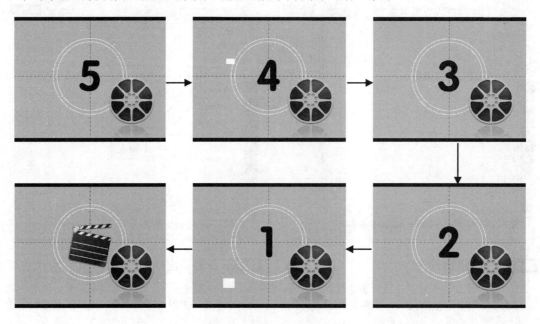

图8-11　倒计时动画效果

下面将为"美味冰淇淋"演示文稿中同一位置的多个对象添加不同的动画效果，并设置各个动画效果的选项，其具体操作方法如下。

 操作演练：在同一位置放映多个动画

\素材\第8章\美味冰淇淋
\效果\第8章\美味冰淇淋.pptx

Step 01 插入图片

打开素材演示文稿，切换到第二张幻灯片中，插入"1"图片，调整其大小和位置。

提示
Attention

插入图片的注意事项

在插入图片后，应尽量确保图片大小和位置上的统一性，避免出现不美观的视觉效果。
另外，在设置动画效果时，最好不要选择有位置移动的动画，否则会影响浏览效果。

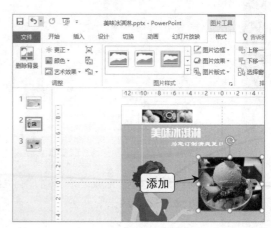

Step 02 添加进入动画

保持图片的选择状态，切换到"动画"选项卡，单击"动画"功能组中的"其他"下拉按钮，选择"更多进入效果"命令，在打开的对话框中选择"菱形"选项，单击"确定"按钮。

Step 04 设置动画效果

切换到"效果"选项卡，在"动画播放后"下拉列表框中选择"播放动画后隐藏"命令，然后单击"确定"按钮。

Step 03 设置动画计时效果

单击"动画窗格"按钮，在打开的动画窗格中单击"图片1"右侧的下拉按钮，选择"计时"命令，打开"菱形"对话框，将开始方式设置为"单击时"，期间速度为"中速"（2秒）。

Step 05 插入第二张图片并设置其动画效果

在该幻灯片中插入"2"图片，将其调整到与第一张图片相同的大小和位置处，为其添加"棋盘"进入动画，将开始方式设置为"上一动画之后"，期间速度为"快速（1秒）"，并设置播放动画后隐藏。

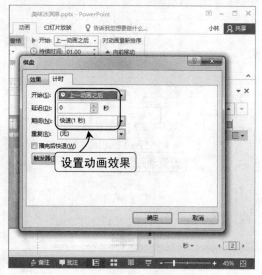

Step 06 插入第三张图片并设置其动画效果

在该幻灯片中插入"3"图片，调整其大小和位置，为其添加"盒状"进入动画，将开始方式设置为"上一动画之后"，期间速度为"中速（2秒）"，方向为"缩小"，这张图片不设置播放动画后隐藏。

Step 07 插入第四张图片并设置其动画效果

在该幻灯片中插入"4"图片，调整其大小和位置，为其添加"圆形扩展"进入动画，将开始方式设置为"上一动画之后"，期间速度为"中速"，方向为"缩小"，并设置播放动画后隐藏。

Step 08 插入第五张图片并设置其动画效果

在该幻灯片中插入"5"图片，调整其大小和位置，为其添加"轮子"进入动画，在"计时"选项卡中将开始方式设置为"上一动画之后"，期间速度为"中速"，在"效果"选项卡中将辐射状设置为"4轮辐图案"，然后单击"确定"按钮。

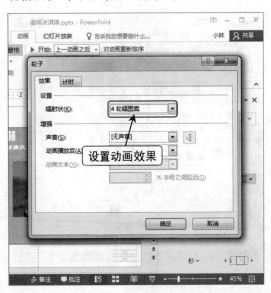

Step 09 预览放映效果

完成设置后，在"动画窗格"的任意空白位置单击，退出当前对象的动画选择状态，单击动画窗格上方的"全部播放"按钮，预览其放映效果，可看到几张图片分别以不同的动画效果连续在同一位置显示。

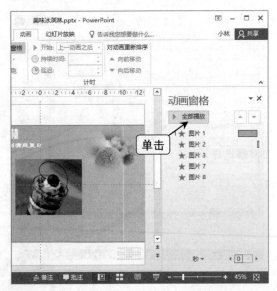

8.1.4 自定义动作路径动画

　　绘制动作路径动画是真正意义上的自定义动画，它可以根据需要灵活地设置动画对象运动的轨迹，本节将介绍巧妙应用路径动画的方法。

　　下面将以制作"圣诞礼物"演示文稿为例，来介绍在幻灯片中自定义动作路径动画的方法。圣诞礼物的最终效果如图8-12所示。

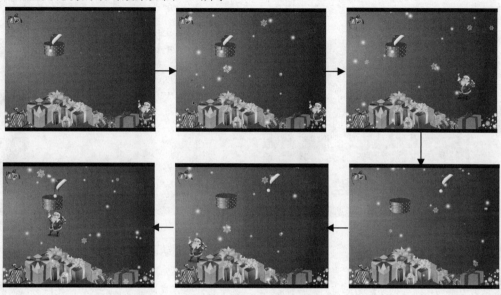

图8-12　圣诞礼物的最终效果

　　本案例的具体操作方法如下。

 操作演练：自定义动作路径动画

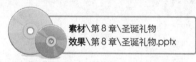
素材\第8章\圣诞礼物
效果\第8章\圣诞礼物.pptx

Step 01 选择动画类型

打开"圣诞礼物"素材演示文稿，选择"圣诞老人"图片，单击"动画"功能组中的"其他"下拉按钮，在弹出的下拉菜单的"动作路径"栏中选择"自定义路径"选项。

提示
Attention

添加动画效果

若要给同一对象添加多种动画效果，必须在"添加动画"下拉菜单中选择动画，否则第二次选择的动画将覆盖之前的动画。

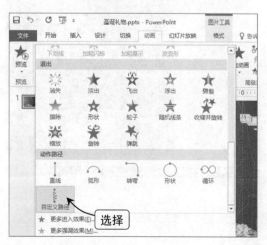

Step 02 绘制第一条动作路径

当鼠标光标变为十字形状时，按住鼠标左键不放，绘制一条沿礼物跳跃的路径，绘制到礼物最高点时，双击，完成路径绘制。

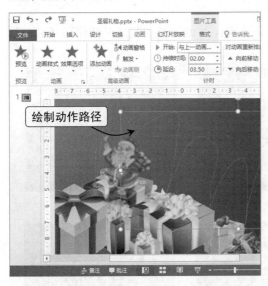

Step 03 设置动画效果

在动画窗格中选择"圣诞老人"下拉菜单中的"计时"命令，打开"自定义路径"对话框，在其中设置动作路径的开始方式、延迟时间和速度。

Step 04 绘制第二条动作路径

在"添加动画"下拉菜单中选择"自定义路径"选项，以第一条动作路径的终点为起点，继续绘制一条跳跃的动作路径，将终点定位在幻灯片编辑区外。

Step 05 设置动画效果

打开第二条动作路径的"自定义路径"对话框，在其中将开始方式设置为"上一动画之后"，期间设置为"快速（1秒）"。

Step 06 为红色礼盒绘制动作路径

选择"红色礼盒"图片,在"动画"功能组中单击"其他"下拉按钮,在其下拉菜单中选择"自定义路径"选项,为其绘制上下跳跃的动作路径。

Step 07 设置动画效果

打开红色礼盒的"自定义路径"对话框,设置开始方式为"与上一动画同时",延迟为"0.5"秒,期间为"快速(1秒)"。

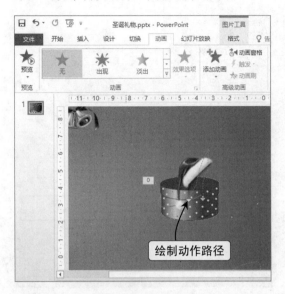

绘制动作路径

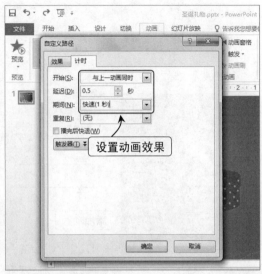

设置动画效果

Step 08 为圣诞帽绘制动作路径

选择"圣诞帽"图片,在"动画"功能组中单击"其他"按钮,选择"自定义路径"选项,为其绘制上下抛物线动作路径。

Step 09 设置动画效果

打开圣诞帽的"自定义路径"对话框,将开始方式设置为"与上一动画同时",延迟为"0.5"秒,期间为"快速(1秒)"。

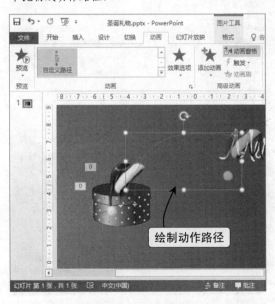

绘制动作路径

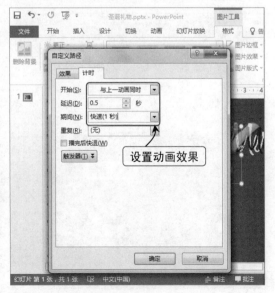

设置动画效果

Step 10 为"文字 1"添加动画

选择"文字1"文本对象，为其添加"淡出"进入动画，然后再为其添加"脉冲"强调动画，并根据实际情况设置动画效果。

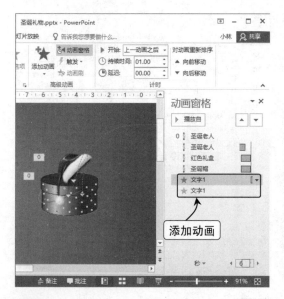

Step 12 插入图片

单击"插入"选项卡"插图"功能组中的"图片"按钮，在打开的对话框中将素材文件夹的图片全部插入幻灯片中，复制几份，并置于幻灯片之外。

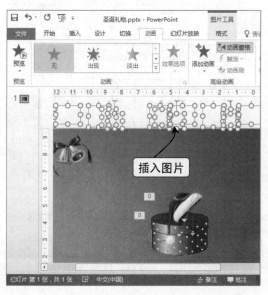

Step 11 为"文字 2"添加动画

选择"文字2"文本对象，为其添加"淡出"进入动画，再为其添加"跷跷板"强调动画，并根据实际情况设置动画的效果。

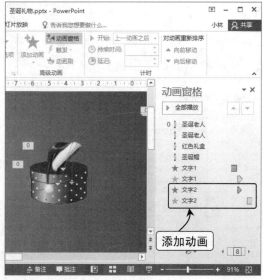

Step 13 为雪花图片绘制动作路径

在"动画"功能组的"其他"下拉菜单中选择"自定义路径"选项，为所有雪花图片绘制由上到下飘落的动作路径。

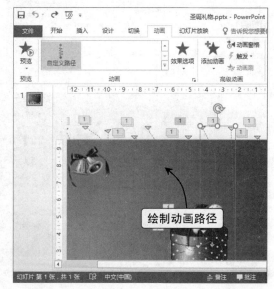

Step 14 设置动画效果

为所有雪花图片设置"陀螺转"强调动画,并打开"自定义路径"对话框,设置合适的开始方式及速度,将所有雪花图片的重复效果设置为"直到幻灯片末尾"。

Step 15 调整动画顺序

在"动画窗格"任务窗格中选择需要调整顺序的动画,当鼠标光标变为双向箭头时,按住鼠标左键不放,拖动到适合的位置。预览整体效果之后,若觉得有些位置衔接不合适,可适当调整动画效果。

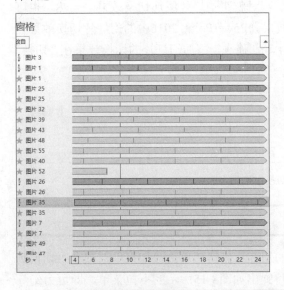

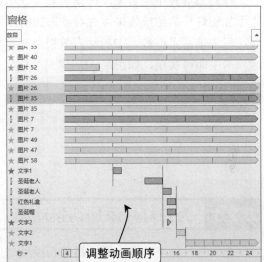

调整动画顺序

编辑动作路径顶点

技巧
Skill

用户自定义的路径是可以更改的,选中绘制的动作路径右击,在弹出的快捷菜单中选择"编辑顶点"命令,在绘制的路径上将出现多个控制点,选中某个控制点,当鼠标光标变为 ⊹ 形状时,按住鼠标左键进行拖动,即可手动调整路径的形态。

另外,选择快捷菜单中的"关闭路径"命令,绘制的曲线路径将自动转换为封闭的区域路径,选择"反转路径方向"命令可改变路径首尾的方向。

8.1.5 利用动画刷快速应用动画效果

用户可以利用动画刷轻松快捷地将一个动画复制到另一个对象上。利用动画刷复制动画的操作比较简单,首先选中带有动画效果的对象,其次切换到"动画"选项卡,单击"高级动画"功能组中的"动画刷"按钮,当鼠标光标变为 ▷⌂ 形状时,单击目标对象即可实现动画效果的复制,如图8-13所示。

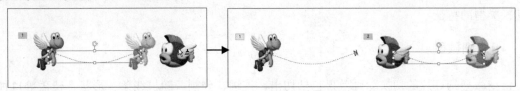

图8-13 利用动画刷复制动画效果

8.2 幻灯片的完美"转身"
掌握幻灯片的切换方法

在对幻灯片中的对象添加动画效果之后，可对整张幻灯片添加切换效果，当然，也可先添加幻灯片的切换效果再对对象添加动画效果。PowerPoint 2016中的幻灯片切换效果较以前版本丰富了许多，3D的动态效果也非常生动、逼真。添加幻灯片的切换效果在"切换"选项卡中即可实现，如图8-14所示。

图8-14　"切换"选项卡

8.2.1 为幻灯片添加切换动画

在幻灯片窗格中选中需要添加切换动画的幻灯片，然后单击"切换"选项卡"切换到此幻灯片"功能组中的"其他"下拉按钮，将弹出如图8-15所示的下拉菜单，即可为幻灯片选择合适的切换动画。

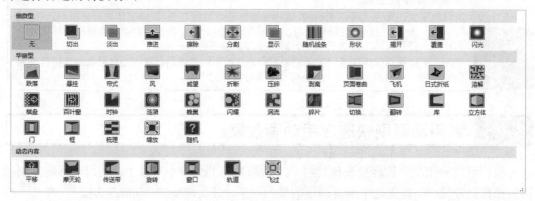

图8-15　幻灯片的切换动画选项

其中有细微型、华丽型、动态内容型3种类型可以选择，下面将分别介绍这3种幻灯片切换类型的特征。

1．细微型

细微型幻灯片的切换动画效果包括切出、推进、分割、随机线条、形状、覆盖等11种基本的效果，这些效果简单自然。图8-16所示为幻灯片的"推进"切换效果和"随机线条"切换效果。

图8-16　幻灯片的"推进"切换效果和"随机线条"切换效果

2. 华丽型

华丽型的幻灯片切换动画包括跌落、帘式、压碎、飞机、日式折纸、涟漪、涡流、立方体等29种效果，华丽型切换效果比细微型切换效果复杂，且视觉冲击力更强。图8-17和图8-18所示为"蜂巢"和"压碎"切换效果。

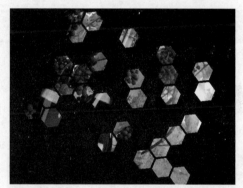

图8-17　"蜂巢"切换效果

图8-18　"压碎"切换效果

3. 动态内容型

动态内容型的幻灯片切换动画包括摩天轮、传送带、窗口、轨道、飞过等7种效果，这种切换效果主要应用于幻灯片内部的文字或图片等元素。图8-19所示为"旋转"切换效果和"轨道"切换效果。

"旋转"切换效果　　　　　　　　　　"轨道"切换效果

图8-19　"旋转"切换效果和"轨道"切换效果

8.2.2　设置切换效果

为幻灯片选择不同的切换方式会出现不同的效果选项，单击"切换到此幻灯片"功能组中的"效果选项"按钮，可在弹出的下拉列表中选择。

单击"效果选项"按钮，在其下拉列表中有两种效果选项，"飞机"幻灯片"向右"切换动画的效果如图8-20（左）所示，"向左"切换动画的效果如图8-20（右）所示。

图8-20　不同方向的"飞机"切换效果

单击"效果选项"按钮，在其下拉列表中有4种效果选项。图8-21（左）所示为"碎片"幻灯片切换动画，选择"粒子输入"命令的切换效果如图8-21（右）所示。

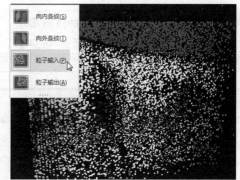

图8-21 不同效果的"碎片"切换动画

8.2.3 设置切换动画的播放方式

在"切换"选项卡的"计时"功能组中可以设置
幻灯片切换动画的播放方式，如图8-22所示。在其中
选中"单击鼠标时"复选框，则切换动画只会在单击
时启动；若选中"设置自动换片时间"复选框，并在
其后的数值框中输入确切的时间，则幻灯片的切换动画会在指定的时间自动播放。

图8-22 "计时"组

另外，单击"声音"下拉按钮，在弹出的下拉菜单中可选择幻灯片切换时的声音效果，
若选择"其他声音"命令，将打开"添加音频"对话框，在其中可以将外部的声音应用到
幻灯片的切换效果中，如图8-23所示。

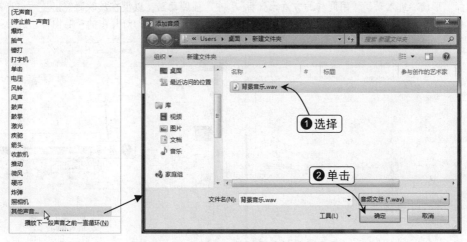

图8-23 为幻灯片切换效果添加外部声音

为幻灯片切换效果添加声音后，可在"计时"功能组中的"持续时间"数值框中设置
声音持续的时间，该时间不宜过长，通常在1~3秒为最佳。

在默认情况下，用户设置的幻灯片切换效果只对当前幻灯片起作用，若希望将此效果
应用于整个演示文稿，则可以单击"全部应用"按钮。

提示
Attention

为切换效果应用声音的注意事项

在"声音"下拉菜单中所提供的声音为 WAV 格式，这种音频格式能在 PowerPoint 中得到很好的兼容，因此，用户在选择外部声音时也最好选择 WAV 格式。

实战演练　为"瓷器介绍"演示文稿添加动画效果

在日常办公中会经常使用PowerPoint，为了使演示文稿的放映效果更加引人注目，或突出某个重点，通常都会为每张幻灯片添加不同的动画效果，这包括为对象添加动画效果和为幻灯片添加切换效果。

本节主要讲解如何使用PowerPoint 2016的"切换"选项卡为幻灯片添加切换动画，并根据实际情况设置切换效果和播放方式，同时也介绍了为切换效果添加声音、调整声音持续时间的方法。

下面将以为演示文稿"瓷器介绍"添加动画效果为例来具体讲解如何适当地添加动画，以突出重点并使放映效果更加流畅、自然。

素材\第 8 章\瓷器介绍.pptx
效果\第 8 章\瓷器介绍.pptx

Step 01　为文本对象添加动画

打开"瓷器介绍"素材演示文稿，选择标题文本，为其添加"形状"进入动画，用同样的方法为副标题文本添加"浮入"动画。

Step 02　为图片对象添加动画

切换到第四张幻灯片，选择瓷碗图片，为其添加"脉冲"强调动画，以便在放映时突出显示该产品。同样为第五、六张幻灯片中的产品图片添加动画。

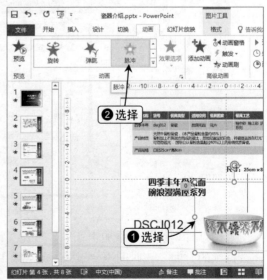

Step 03 设置切换效果

选择第一张幻灯片，在"切换"选项卡的切换样式库中为其选择"帘式"切换动画，此时系统将自动预览切换效果。

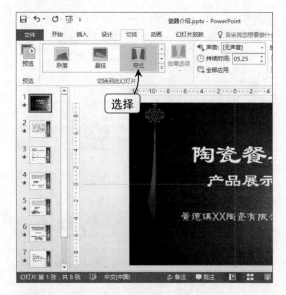

Step 05 设置持续时间

选中"设置自动换片时间"复选框，并在其后的数值框中将时间设置为10秒。

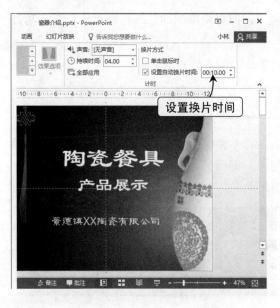

Step 04 设置持续时间

若发现此效果的持续时间稍微偏长，可在"计时"功能组的持续时间数值框中重新设置持续时间。

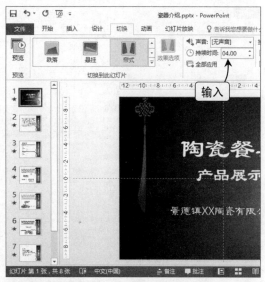

Step 06 设置播放方式

选择第二张幻灯片，为其选择"风"切换动画，单击"效果选项"按钮，在其下拉列表中选择"向左"选项。

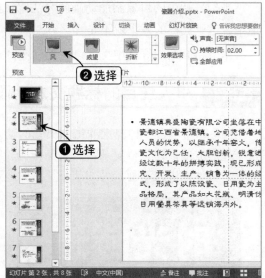

Step 07 设置切换声音

单击"声音"下拉按钮，在其下拉菜单中选择"风声"选项。

Step 08 为剩余幻灯片设置动画效果

用上述方法为剩余的幻灯片设置切换动画并设置其动画效果。

8.3 高级动画的演绎
了解怎样将简单的动画制作出震撼人心的效果

为幻灯片中的对象添加动画的方法比较简单，但对简单的动画进行合理地设置、巧妙地组合达到震撼的效果就不是那么容易了。

本节将介绍幻灯片中文本、图形和图片对象动画的高级设置。

8.3.1 引人注目的标题文本动画

图8-24所示为一种视觉冲击力很强的动画，看上去像是由很多个文本阴影震动并重叠在一起形成的，感觉很复杂，其实操作比较简单，简而言之，就是将动画分为两部分，一部分是整体地进入动画，另一部分是整体地退出动画。

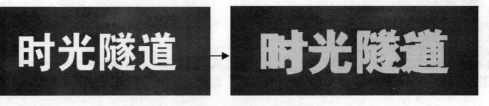

图8-24　一种视觉冲击力很强的动画

操作演练：设置标题文本动画

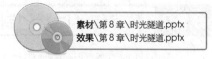

素材\第8章\时光隧道.pptx
效果\第8章\时光隧道.pptx

Step 01 复制文本

打开"时光隧道"素材演示文稿，选择其中的文本框，将其复制4次。

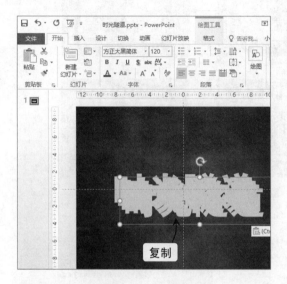

Step 02 对齐文本

选择所有文本，切换到"绘图工具 格式"选项卡，在"排列"功能组的"对齐"下拉列表中选择"左对齐"和"顶端对齐"命令。

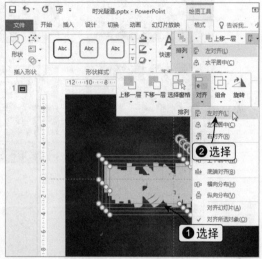

Step 03 统一设置进入动画效果

保持所有文本的选择状态，统一为文本添加"基本缩放"进入动画，缩放方式为"缩小"，开始方式为"上一动画之后"，期间为"非常快（0.5秒）"。

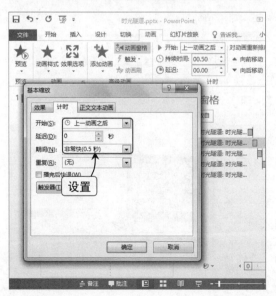

Step 04 统一设置退出动画效果

选择所有的文本框对象，单击"添加动画"按钮，统一为文本添加"基本缩放"退出动画，设置其缩放方式为"缩小到屏幕中心"，期间为"非常快"。

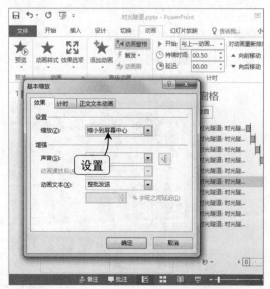

8.3.2 数字倒计时器的制作

数字倒计时在影视或动画中十分常见，它是一种精确的计时方式，效果与Flash相似，如图8-25所示。

图8-25　5秒倒计时动画

本案例的具体操作方法如下。

 操作演练：制作倒计时

素材\第 8 章\倒计时.pptx
效果\第 8 章\倒计时.pptx

Step 01 绘制形状

打开"倒计时"素材演示文稿，在幻灯片中的适当位置绘制一个正圆。

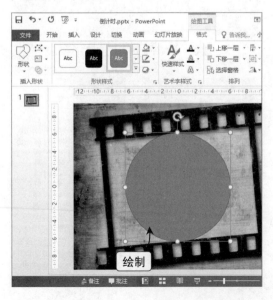

Step 02 填充渐变

在绘制的形状上右击，选择"设置形状格式"命令，在打开的窗格中设置形状渐变参数。

Step 03 重叠文本

在正圆形状中间绘制6个文本框,分别输入0～5这6个数字,然后将数字依次重叠在一起,数字"0"放在最底层,数字"5"放在最顶层。

Step 04 为形状添加动画

选择正圆形状,为其添加"轮子"进入动画,辐射状设置为"1轮辐图案",开始方式为"上一动画之后",期间为"快速(1秒)",重复为"6"。

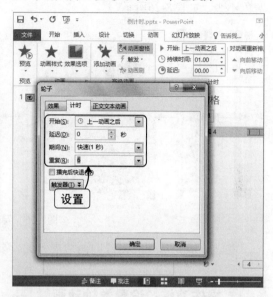

Step 05 为数字添加动画

为数字"5"添加"出现"进入动画,开始方式为"与上一动画同时",然后为其添加"消失"退出动画,开始方式为"与上一动画同时",延迟为"1"秒。

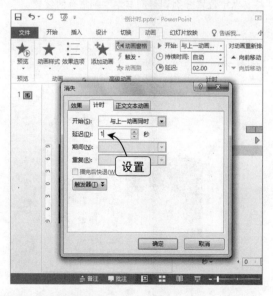

Step 06 为其他数字添加动画

依次为其他数字添加"出现"和"消失"动画,开始方式都为"与上一动画同时","消失"动画的延迟依次为"2"、"3"、"4"、"5"、"6"秒。

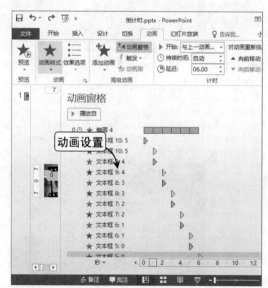

8.3.3 卷轴动画效果的设置

在具有古典气息的演示文稿中会经常出现卷轴效果的动画，它会让古色古香的幻灯片增色不少，如图8-26所示。

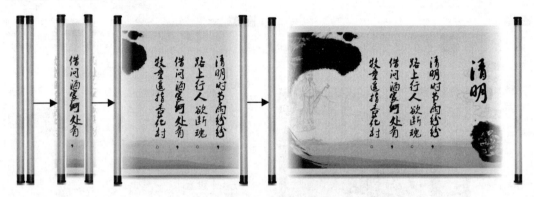

图8-26　卷轴动画效果

卷轴一般是从中间慢慢向两边展开的，要实现这个动画效果，需要如下几个步骤。

 操作演练：设置卷轴动画

素材\第 8 章\古诗词鉴赏.pptx
效果\第 8 章\古诗词鉴赏.pptx

Step 01 裁剪图片

打开"古诗词鉴赏"素材演示文稿，复制两份卷轴，分别裁剪出卷轴图片左右两边的轴，将其放置在卷轴图片的中间。

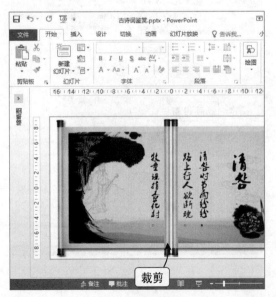

Step 02 添加动作路径动画

分别为两个轴添加向左和向右的直线动作路径，并将其结束位置分别调整到与左右轴重合的位置。

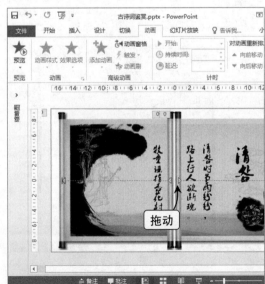

Step 03 设置路径动画效果

分别打开"向左"和"向右"对话框，将开始方式都设置为"与上一动画同时"，期间为"中速（2秒）"。

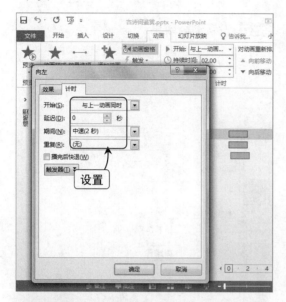

Step 04 添加进入动画

为卷轴图片添加"劈裂"进入动画，方向为"中央向左右展开"，开始方式为"与上一动画同时"，延迟为"0.2"秒，期间为"中速（2秒）"。

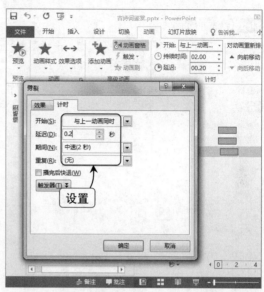

8.3.4 为图表添加动画效果

在幻灯片中图表的应用并没有像文本和图片一样频繁，但对图表进行动画设计也是很有必要的，这能使枯燥的数据多些趣味。图8-27所示为按系列方式出现的图表动画。

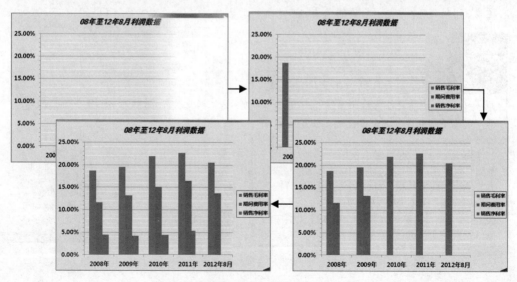

图8-27　按系列方式出现的图表动画

下面将具体介绍其操作方法。

 操作演练：图表动画的添加

素材\第8章\公司盈利分析.pptx
效果\第8章\公司盈利分析.pptx

Step 01 添加动画

打开"公司盈利分析"素材演示文稿，选择图表，为其添加"擦除"进入动画。

Step 02 设置动画效果

打开"擦除"对话框，将其方向设置为"自左侧"，开始方式为"单击时"，期间为"快速(1秒)"。

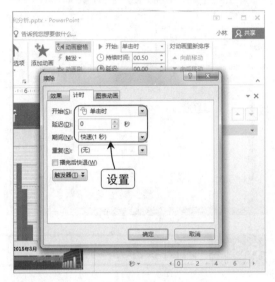

Step 03 选择"组合图表"类型

切换到"图表动画"选项卡，根据实际需要，在"组合图表"下拉列表框中选择合适的选项。

 提示 Attention

"组合图表"列表中选项的意义

在"组合图表"下拉列表框中有5种不同的选项，选择不同的选项，会使图表产生不同的动画效果。

"作为一个对象"是让整个图表一起运动；"按系列"可使图表按其数据系列依次运动；"按分类"是让图表按其横坐标分类依次运动；"按系列中的元素"可让图表按系列中的每个元素逐次运动；"按分类中的元素"让图表按类型中的每个元素依次运动。

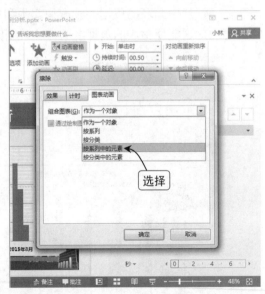

第 9 章

超链接实现零距离

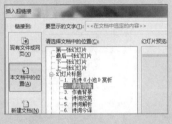

为对象添加超链接

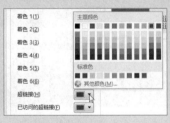

自定义超链接颜色

为对象添加动作

设置触发器动画

9.1 超链接的实际运用
掌握使用超链接实现交互的方法

超链接是一个对象跳转到另一个对象的快捷途径，经常浏览网页的用户对于网页上的超链接应该不陌生，如图9-1所示。

图9-1　网页中的超链接

幻灯片中的超链接与网页中的超链接类似，都是对象之间相互跳转的手段，通过单击幻灯片中设置有链接的文字、图片等对象，即可快速跳转到对应的内容，如图9-2所示。

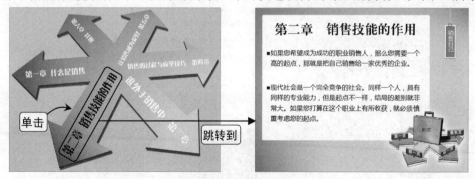

图9-2　幻灯片中的超链接

9.1.1 为对象添加超链接

在幻灯片中可添加超链接的对象并没有严格的限制，可以是文本、图形或图片，也可以是表格或图示。

下面将以对"小学语文课件"演示文稿添加超链接为例来进行介绍，其最终效果如图9-3所示。

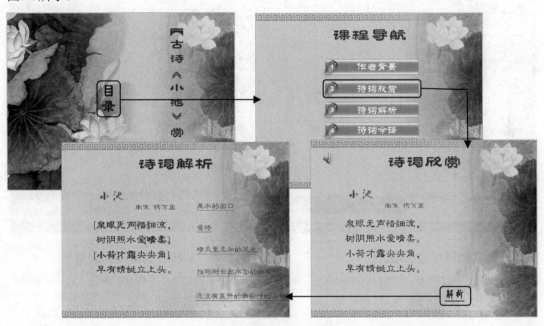

图9-3　超链接的最终效果

以上示例的具体操作方法如下。

 操作演练：添加超链接

素材\第 9 章\小学语文课件.pptx
效果\第 9 章\小学语文课件.pptx

Step 01 单击"超链接"按钮

打开"小学语文课件"素材演示文稿，在第一张幻灯片中选择"目录"文本，单击"插入"选项卡"链接"功能组中的"超链接"按钮。

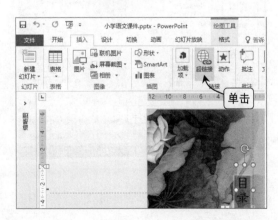

提示
Attention

文本处理

为了使首页美观，这里对"目录"文本进行了处理，在添加超链接后不会有下画线，此方法会在9.1.3 节中介绍。

Step 02 选择超链接对象

打开"插入超链接"对话框，切换到选项卡"本文档中的位置"，在"请选择文档中的位置"栏中选择第二张幻灯片，然后单击"确定"按钮退出。

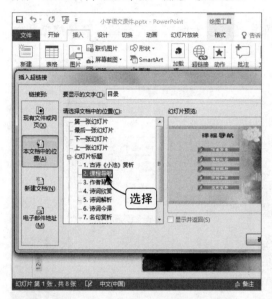

Step 03 为形状添加超链接

切换到第二张幻灯片中，选择"作者背景"下面的形状，为其添加对应的超链接。

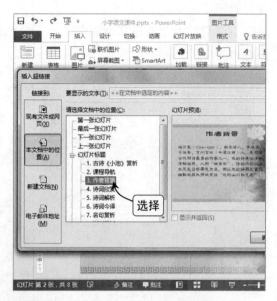

Step 04 为其他形状添加超链接

用相同的方法为其余的几个形状添加对应的超链接。

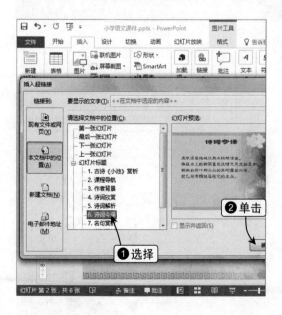

Step 05 为"解析"文本添加超链接

切换到第四张幻灯片，选择"解析"文本，将其超链接到第五张幻灯片，单击"确定"按钮。

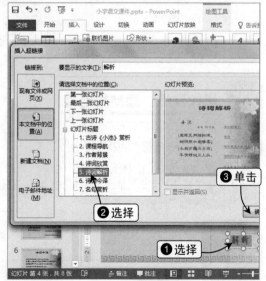

文本的格式发生变化

当在幻灯片中为文本添加超链接后，文本的格式将发生变化，默认情况下字体的颜色将变成蓝色，并且带有下画线。如果为演示文稿应用了模板或主题，则超链接字体的颜色以模板或主题预设的颜色为准。

9.1.2 改变超链接的颜色

为幻灯片中的文本添加超链接后，文本具体变成哪种颜色是由该幻灯片所应用的主题决定的，主题不同，其配色方案就会有差别，文本超链接的颜色也就不同，如图9-4所示。

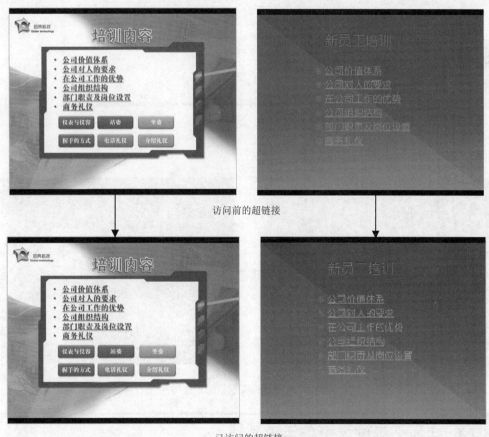

图9-4　不同主题的不同颜色超链接

改变超链接颜色的方法为：切换到"设计"选项卡，单击"变体"功能组的"其他"按钮，在"颜色"下拉菜单中选择"自定义颜色"命令，打开"新建主题颜色"对话框，如图9-5所示。

在"新建主题颜色"对话框中单击"超链接"下拉按钮和"已访问的超链接"下拉按钮即可重新设置颜色。

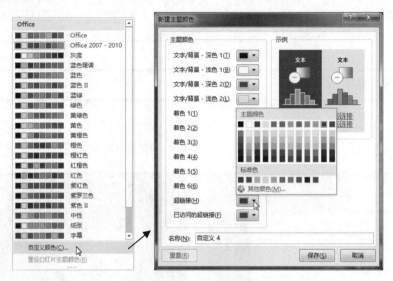

图9-5　改变超链接的颜色

改变颜色之后的超链接效果如图9-6所示。

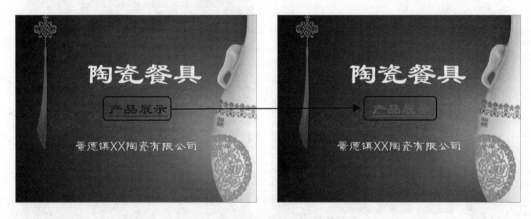

图9-6　改变超链接颜色的最终效果

9.1.3　让文本超链接不产生下画线

为文本对象添加超链接后，会自动在文本对象的下方生成一条下画线，但在幻灯片的放映过程中，为了美观，往往不想在屏幕上出现下画线，这时可通过设置达到目的。下面将具体介绍其操作方法。

操作演练：不产生文本超链接下画线

Step 01 绘制文本框

在目标位置中绘制一个文本框，并将需要添加超链接的文本添加到文本框中。

Step 02 单击"超链接"按钮

选择文本框，单击"插入"选项卡"链接"功能组中的"超链接"按钮。

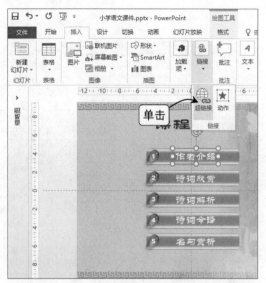

Step 03 添加超链接

打开"插入超链接"对话框，切换到"现有文件或网页"选项卡，在地址栏中输入网址，然后单击"确定"按钮即可。

技巧
Skill

去掉超链接下画线的其他方法

去掉文本超链接的下画线除了绘制文本框并为文本框添加超链接的方法外，还可以在文本内容上绘制一个形状，用它遮挡文本内容，并将形状设置为透明，然后为形状添加超链接，其最终的效果与为文本框添加超链接相同。

　　需要注意的是，如果为系统自带的文本占位符添加超链接，则不能去掉文本超链接的下画线，只有为手动绘制的文本框添加的超链接才能去掉下画线。

9.2 通过动作实现幻灯片的交互
了解怎样通过动作按钮实现幻灯片的交互

　　除了超链接，动作也是PowerPoint向其用户提供的一种幻灯片交互的手段，通过设置动作，可以访问到所链接的对象，如图9-7所示。

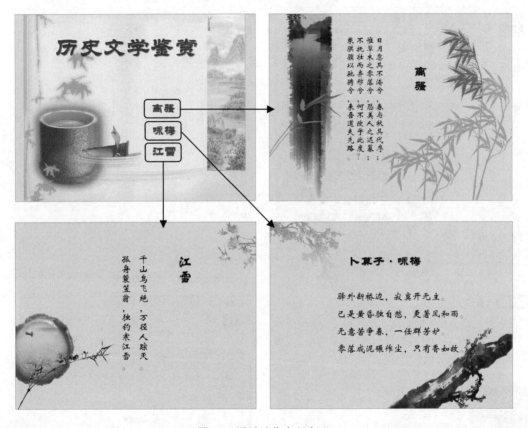

图9-7　通过动作实现交互

9.2.1　为幻灯片中的对象添加动作

　　为对象添加动作与为对象添加超链接的方法类似，下面将以制作如图9-7所示的交互效果为例，向用户具体介绍添加动作的操作方法。

 操作演练：为对象添加动作

素材\第 9 章\历史文学鉴赏.pptx
效果\第 9 章\历史文学鉴赏.pptx

Step 01 单击"动作"按钮

打开"历史文学鉴赏"素材演示文稿,选择第一张幻灯片中的"离骚"文本框,然后单击"插入"选项卡"链接"功能组中的"动作"按钮。

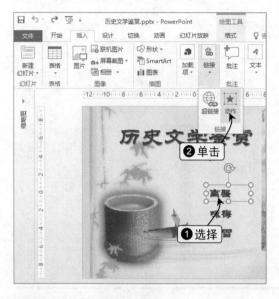

Step 02 设置单击鼠标时的超链接对象

打开"操作设置"对话框,在"单击鼠标"选项卡中选中"超链接到"单选按钮,在其下拉菜单中选择"下一张幻灯片"选项,单击"确定"按钮。

Step 03 单击"动作"按钮

选择"咏梅"文本框,并在"插入"选项卡的"链接"功能组中单击"动作"按钮。

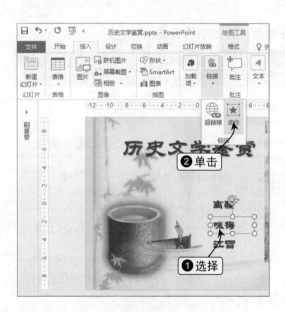

Step 04 选择超链接方式

打开"操作设置"对话框,在"单击鼠标"选项卡中选中"超链接到"单选按钮,在弹出的下拉菜单中选择"幻灯片"命令,单击"确定"按钮。

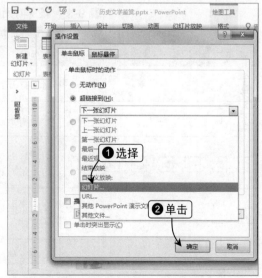

Step 05 选择超链接对象

在打开的"超链接到幻灯片"对话框中选择与标题对应的幻灯片，然后单击"确定"按钮。

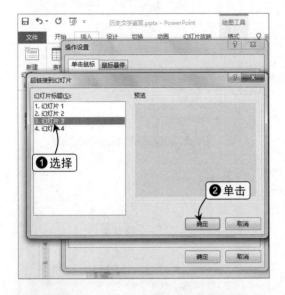

Step 06 设置"江雪"文本超链接对象

用同样的方法为"江雪"文本框添加动作，使其超链接到"幻灯片4"中。

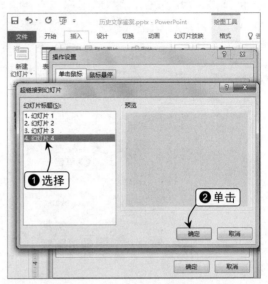

9.2.2 添加预设的动作按钮

PowerPoint 2016为用户提供了12种不同的动作按钮，并且预设了相应的功能，用户只需将其添加到幻灯片中即可使用，如表9-1所示。

表 9-1　12 种预设动作按钮的功能介绍

按钮	功能
▯	用于打开其他文件
◁》 〒	分别用于添加声音和视频效果
◁ ▷ ◁ ▷ ⌂ ◁	幻灯片的切换按钮，链接的目标分别为上一张、下一张、开始的一张、结束的一张、首页及切换前的一张幻灯片
ⓘ ？	分别指向信息和帮助内容，可以是幻灯片，也可以是网页或其他文件
□	自定义按钮由用户自行设置动作效果，可以是前面的任意一种

为幻灯片绘制动作按钮是通过单击"插入"选项卡"插图"功能组中的"形状"按钮来实现的。下面将介绍添加动作按钮的具体方式。

 操作演练：在幻灯片中添加动作按钮

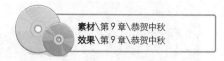
素材\第9章\恭贺中秋
效果\第9章\恭贺中秋

Step 01 添加动作按钮

在幻灯片中单击"插入"选项卡"插图"功能组中的"形状"按钮，在弹出的形状列表中选择"动作按钮"栏中的"动作按钮：声音"选项。

Step 02 选择命令

在目标位置单击，在系统自动打开的"操作设置"对话框中选中"超链接到"单选按钮，在其下拉菜单中选择"其他文件"命令。

Step 03 选择超链接对象

在打开的"超链接到其他文件"对话框中选择需要插入的声音文件，单击"确定"按钮，在返回的对话框中再次单击"确定"按钮。

Step 04 设置按钮样式

通过"绘图工具 格式"选项卡为按钮形状应用合适的样式。

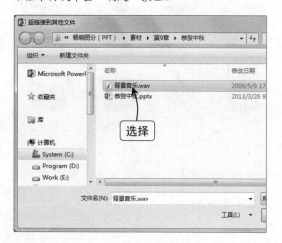

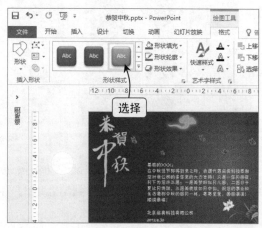

在幻灯片的放映过程中，单击该声音按钮，即可播放链接到的外部声音文件，如图9-8所示。

图9-8　为幻灯片添加声音按钮的效果

提示
Attention

添加动作按钮的其他方式

在幻灯片中添加动作按钮，除了通过"形状"下拉菜单之外，还可以单击"开始"选项卡"绘图"功能组中的"其他"按钮，同样将会展开形状选项列表，在其中选择合适的动作按钮。

9.2.3　添加自定义动作按钮

在幻灯片中除了添加系统预设的动作按钮外，还可以添加自定义动作按钮，这些动作按钮可以在互联网上下载。图9-9所示为下载的图标按钮。

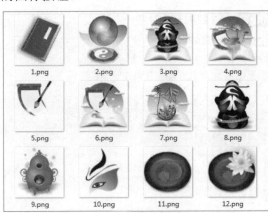

图9-9　下载的图标按钮

网上下载的按钮比系统预设的动作按钮美观，而且种类丰富、样式繁多，用户可下载自己喜欢的样式，再将其添加到适合的幻灯片中，下载方法可参考如图9-10所示。

图9-10　下载图标素材

在幻灯片中添加自定义按钮的具体操作方法如下。

 操作演练：在幻灯片中添加自定义按钮

素材\第 9 章\元旦贺卡
效果\第 9 章\元旦贺卡

Step 01 插入按钮

打开"元旦贺卡"素材演示文稿，在幻灯片中单击"插入"选项卡"图像"功能组中的"图片"按钮，在打开的"插入图片"对话框中选择下载的图标按钮，并调整大小和位置。

Step 02 单击"动作"按钮

保持图标按钮的选中状态，在"插入"选项卡的"链接"功能组中单击"动作"按钮。

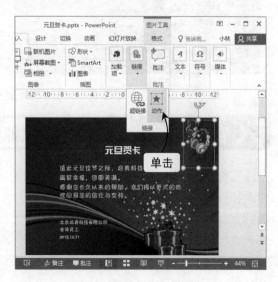

Step 03 选择命令

在打开的"操作设置"对话框中选中"超链接到"单选按钮，在其下拉菜单中选择"其他文件"命令。

Step 04 选择超链接对象

在打开的"超链接到其他文件"对话框中选择需要插入的声音文件，然后依次单击"确定"按钮即可。

在幻灯片的放映过程中，单击自定义的声音按钮，可播放超链接的外部声音文件，如图9-11所示。

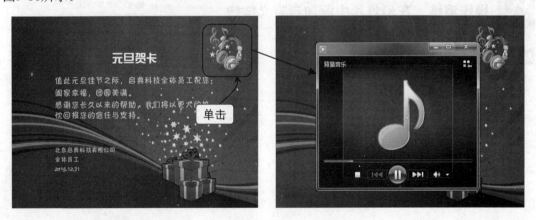

图9-11 为幻灯片添加自定义声音按钮的效果

实战演练 为"小学语文课件1"添加动作按钮

在为"小学语文课件1"演示文稿添加超链接后，在放映时会发现虽然能在导航幻灯片中选择指定的幻灯片，当放映到其他幻灯片时，却只能依次往下或往上放映，不能一次性返回首页或指定的幻灯片，那么，这时就需要在其他幻灯片中添加指定意义的动作按钮来解决这一问题。下面将具体介绍其操作方法。

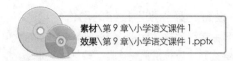

素材\第 9 章\小学语文课件 1
效果\第 9 章\小学语文课件 1.pptx

Step 01 切换到主题母版幻灯片

打开"小学语文课件1"素材演示文稿,切换到幻灯片母版视图,在幻灯片窗格中选择主题母版幻灯片。

Step 02 插入动作按钮

在其中插入"首页"、"第一张"、"上一张"、"下一张"、"最后一张"5个动作按钮。

Step 03 调整按钮的大小和位置

选择5个按钮,同时缩小到合适的大小,切换到"绘图工具 格式"选项卡,将5个按钮顶端对齐和横向分布,再将其放置到合适的位置。

Step 04 隐藏背景图形

切换到标题母版幻灯片,右击,在弹出的快捷菜单中选择"设置背景格式"命令,在打开的窗格中选中"隐藏背景图形"复选框。

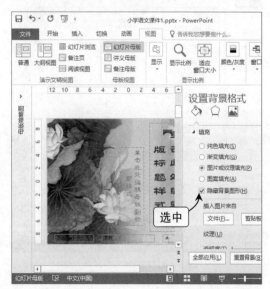

Step 05 设置"首页"按钮的动作

在主题母版幻灯片中选择"首页"图片按钮，单击"动作"按钮，打开"操作设置"对话框，选中"超链接到"单选按钮，在其下拉菜单中选择"第一张幻灯片"选项，然后单击"确定"按钮。

Step 07 设置"上一张"按钮的动作

选择"上一张"按钮，打开"操作设置"对话框，在"超链接到"下拉菜单中选择"上一张幻灯片"选项。

Step 06 设置"第一张"按钮的动作

选择"第一张"按钮，打开"操作设置"对话框，在"超链接到"下拉菜单中选择"幻灯片"命令，打开"超链接到幻灯片"对话框，选择"课程导航"选项，单击"确定"按钮。

Step 08 设置剩余按钮的动作

用上述方法将剩余的两个按钮分别超链接到"下一张幻灯片"和"最后一张幻灯片"。

9.3 触发器动画的制作
掌握如何使用触发器控制不同动画的启动

使用触发器来控制幻灯片中的动画，可以实现在不同的环境下播放不同动画的效果，如图9-12所示，这里的触发器就相当于一个控制指定动画的开关，当在幻灯片放映时，单击该触发器，就会出现相应的动画。

图9-12 利用触发器控制不同结果的动画

触发器可以是幻灯片上的图片、图形、文本框等对象。本节将详细介绍触发器动画的制作方法。

9.3.1 为动画添加触发器

为幻灯片中的对象添加动画效果之后，可以使用触发器来开启动画，在PowerPoint 2016中添加触发器的方法主要有以下两种。

1. 利用"触发"按钮添加触发器

选中已经设置过动画效果的对象，单击"高级动画"功能组中的"触发"下拉按钮，在弹出的下拉菜单中选择相应的选项。如图9-13所示，在"触发"下拉菜单中选择"单击"→"答案2"命令为图片添加一个由单击"答案2"启动的触发器。

图9-13 利用"触发"按钮添加触发器

2. 在动画效果对话框中添加触发器

打开对象动画效果设置的对话框，切换到"计时"选项卡。

如图9-14所示，在"出现"对话框的"计时"选项卡中单击"触发器"按钮，然后选中"单击下列对象时启动效果"单选按钮，并在右侧的下拉列表框中选择"答案2：A.西厢记"选项，最后单击"确定"按钮。

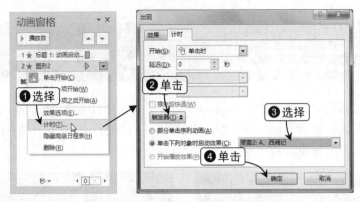

图9-14　通过动画效果对话框添加触发器

9.3.2 巧妙使用触发器

利用触发器动画不仅可以实现不同的动画效果，也可以实现不同的声音或视频效果，例如在教学过程中，利用触发器动画判断对错等。

下面将以制作"古典主义戏曲常识"演示文稿为例，来介绍触发器动画在实际工作、学习中的使用技巧，其最终效果如图9-15所示。

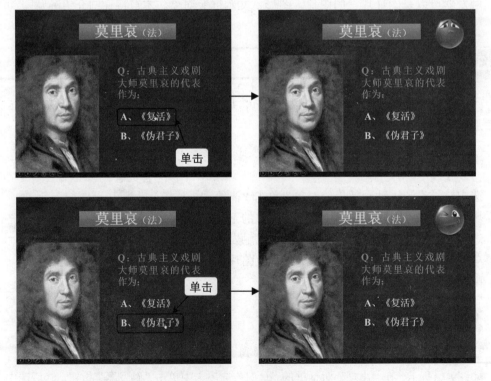

图9-15　最终效果

操作演练：巧妙设置触发器

素材\第 9 章\古典主义戏曲常识
效果\第 9 章\古典主义戏曲常识.pptx

Step 01 插入表情图标

打开"古典主义戏曲常识"素材演示文稿，在幻灯片中插入"沮丧"和"鼓励"两个表情图标。

Step 02 调整位置

将两个表情图标重叠在一起，并放置在幻灯片中的合适位置。

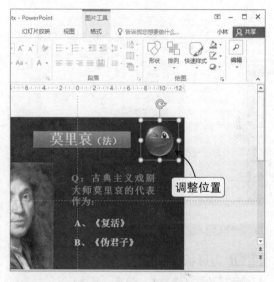

Step 03 添加动画

选择两个形状，切换到"动画"选项卡，为它们添加"出现"进入动画效果。

Step 04 为形状"鼓励"图标添加触发器

选择"鼓励"图标，单击"高级动画"功能组中的"触发"按钮，在弹出的下拉菜单中选择"单击"→"选项B"选项。

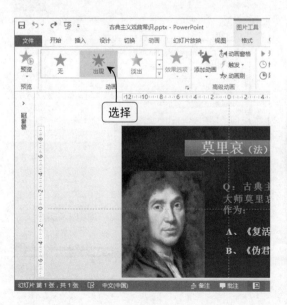

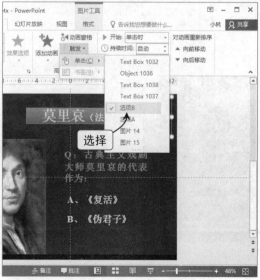

Step 05 添加音效

打开"出现"对话框，切换到"效果"选项卡，单击"声音"下拉按钮，在弹出的下拉列表框中选择"鼓掌"选项。

Step 06 选择"沮丧"图标

在"开始"选项卡的"编辑"功能组中单击"选择"按钮，在其下拉菜单中选择"选择窗格"命令，在打开的窗格中选择"图片14"选项（"沮丧"图标）。

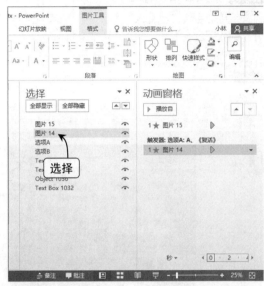

Step 07 为形状"沮丧"图标添加触发器

切换到"动画"选项卡，单击"高级动画"功能组中的"触发"按钮，在其下拉菜单中选择"单击"→"选项A"选项。

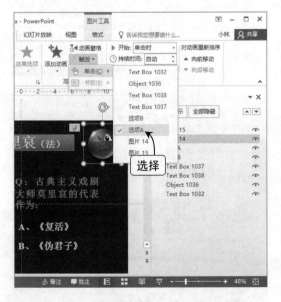

Step 08 为形状"沮丧"图标添加对应效果

打开"出现"对话框，在"效果"选项卡中单击"声音"下拉按钮，在弹出的下拉列表框中选择"捶打"选项，然后单击"确定"按钮。

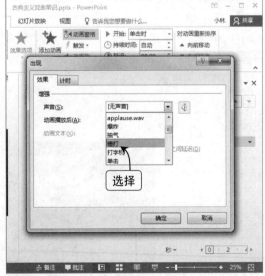

![实战演练] 制作"知识产权竞答"演示文稿

本节主要讲解为动画添加触发器，以及设置触发条件的具体方法，下面将以制作"知识产权竞答"演示文稿为例来巩固本节学习的内容。

要求当单击题号的时候，将跳转到对应的题目中，在沙漏中的"沙"漏完时，又会自动返回选题界面，并使已选择过的题号和沙漏隐藏，其最终效果如图9-16所示。

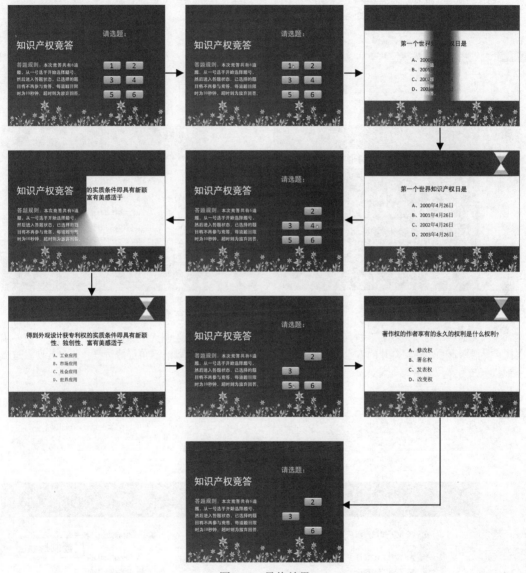

图9-16　最终效果

下面将介绍本案例的具体操作方法。

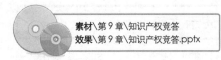

素材\第 9 章\知识产权竞答
效果\第 9 章\知识产权竞答.pptx

Step 01 绘制形状

打开"知识产权竞答"素材演示文稿，绘制6个矩形形状，并设置其格式，然后在其中绘制文本框输入号码，将对应的形状和文本框组合为一个对象。

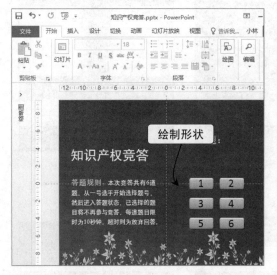

Step 02 插入答题卡

将素材文件夹中的图片"第一题"到"第六题"重叠放置在幻灯片中，并将第一题放置在最顶层。

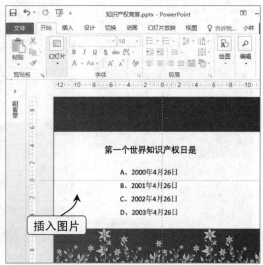

Step 03 绘制沙漏倒计时

在"插入"选项卡的"形状"下拉列表中选择"流程图：对照"选项，在幻灯片的右上角绘制一个漏斗形状，并为其应用合适的样式。

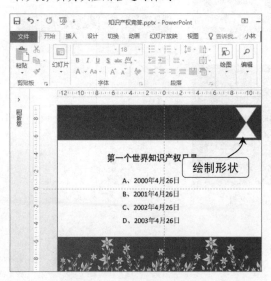

Step 04 绘制三角形

在漏斗形状上绘制大小相同的两个三角形，使其顶点相对，然后取消三角形的边框，并为其设置适当的填充颜色。

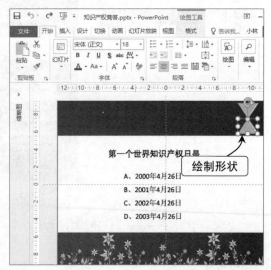

Step 05 重命名对象

为了方便后面的操作，可以打开"选择"窗格将幻灯片中的各个对象进行重命名。

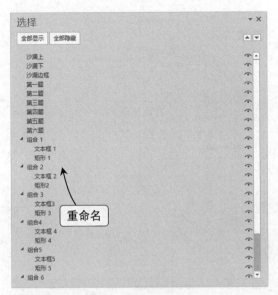

Step 06 为上面的三角形添加动画

为"沙漏上"三角形添加"出现"进入动画，开始方式为"上一动画之后"，再为其添加"擦除"退出动画，方向为"自顶部"，开始方式为"与上一动画同时"，期间为"10秒"。

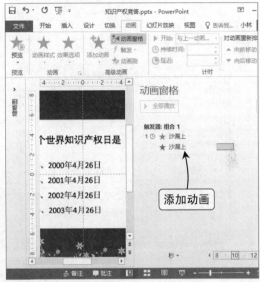

Step 07 为下面的三角形添加动画

为"沙漏下"三角形添加"擦除"进入动画，方向为"自底部"，开始方式为"与上一动画同时"，期间为"10秒"。

Step 08 为沙漏边框添加动画

为沙漏边框添加"出现"进入动画，开始方式为"与上一动画同时"，再为其添加一个"消失"退出动画，开始方式为"上一动画之后"。

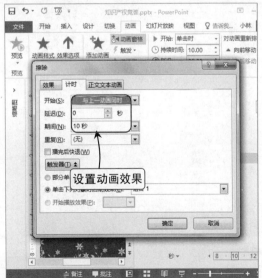

Step 09 为"第一题"添加触发器

选择"第一题"图片，为其添加"劈裂"进入动画，开始方式为"单击时"，期间为"非常快（0.5秒）"，单击"触发器"按钮，将"组合1"设置为它的触发器。

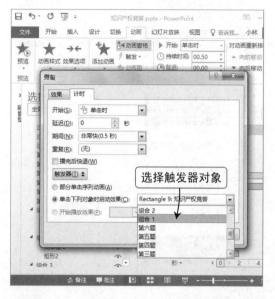

Step 11 为"第二题"添加触发器动画

用上述方法为图片"第二题"添加触发器动画效果，并让各个动画顺序与图片"第一题"中的动画顺序一致。

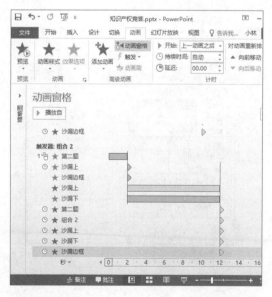

Step 10 添加消失动画并调序

分别为"第一题"、"组合1"、"沙漏上"、"沙漏下"对象添加"消失"动画，开始方式都为"上一动画之后"，然后按下图所示调整动画顺序。

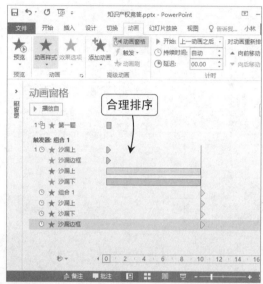

Step 12 完成操作

用相同的方法为剩余的"第三题"、"第四题"、"第五题"和"第六题"图片添加触发器动画效果，最后按【Ctrl+S】组合键保存演示文稿。

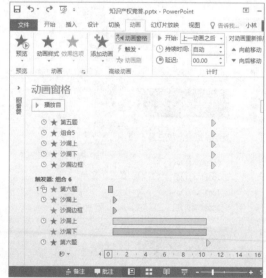

第 10 章

幻灯片放映背后的故事

自定义幻灯片放映方案

设置排练计时

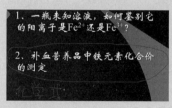

在放映过程中进行书写

复制联机演示文稿的超链接

10.1 幻灯片的几种放映途径
了解演示文稿的几种放映方法

根据不同的放映场合或观众可为演示文稿选择不同的放映途径。下面将介绍3种常见的放映途径，分别是在PowerPoint中播放、借助PowerPoint Viewer播放演示文稿以及将演示文稿保存为放映模式。

10.1.1 在 PowerPoint 中直接放映幻灯片

在PowerPoint中直接播放幻灯片是展示演示文稿最常用的方法，它包括从当前幻灯片开始放映、从第一张幻灯片开始放映和自定义幻灯片放映3种情况。

1. 从当前幻灯片开始放映

切换到"幻灯片放映"选项卡，单击"开始放映幻灯片"功能组中的"从当前幻灯片开始"按钮，如图10-1所示，或者按【Shift+F5】组合键，将以当前幻灯片为首张放映的幻灯片开始放映。

图10-1　从当前幻灯片开始放映

2. 从第一张幻灯片开始放映

单击"开始放映幻灯片"功能组中的"从头开始"按钮，如图10-2所示，或者按【F5】键，都将以整个演示文稿的第一张幻灯片为首张放映的幻灯片开始放映。

图10-2　从第一张幻灯片开始放映

3. 自定义幻灯片放映

单击"开始放映幻灯片"功能组中的"自定义幻灯片放映"按钮，打开"自定义放映"对话框。用户可在该对话框中选择放映该演示文稿的不同部分，以便针对不同的观众群体定制最适合的演示文稿放映方案，下面将对此种方法进行详细介绍。

操作演练：自定义幻灯片放映

素材\第 10 章\招聘能力测试.pptx
效果\第 10 章\招聘能力测试.pptx

Step 01 选择命令

打开"招聘能力测试"演示文稿，单击"自定义幻灯片放映"按钮，在弹出的下拉菜单中选择"自定义放映"命令。

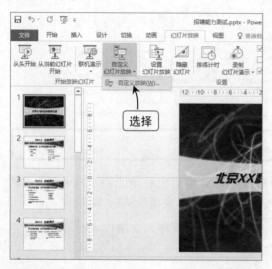

Step 02 单击"新建"按钮

在打开的"自定义放映"对话框中单击"新建"按钮。

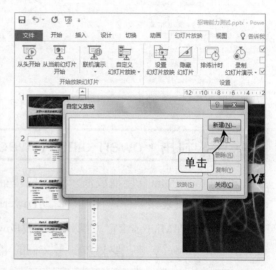

Step 03 添加幻灯片

打开"定义自定义放映"对话框，在"在演示文稿中的幻灯片"列表框中选中要放映的幻灯片的复选框，单击"添加"按钮将其添加到"在自定义放映中的幻灯片"列表框中，最后单击"确定"按钮。

Step 04 选择放映方案

返回"自定义放映"对话框，单击"关闭"按钮关闭对话框，再次单击"自定义幻灯片放映"按钮，在弹出的下拉菜单中选择"自定义放映1"命令即可按指定的放映顺序放映幻灯片。

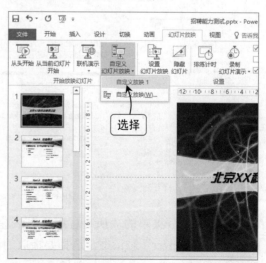

幻灯片的自定义放映方案可以有多种，在"定义自定义放映"对话框的"幻灯片放映名称"文本框中可为不同的方案设置不同的名称，然后在"自定义幻灯片放映"下拉菜单中根据名称选择不同的放映方案，如图10-3所示。

图10-3　选择不同的自定义放映方式

10.1.2　利用 PowerPoint Viewer 放映幻灯片

利用PowerPoint直接播放演示文稿的提前条件是在该电脑中必须安装了PowerPoint软件，如果没有安装该软件，还可以借助PowerPoint Viewer程序来播放演示文稿。

首先需要在Microsoft官方网站上下载PowerPoint Viewer程序，如图10-4所示，然后将PowerPoint Viewer安装在要播放演示文稿的电脑中。

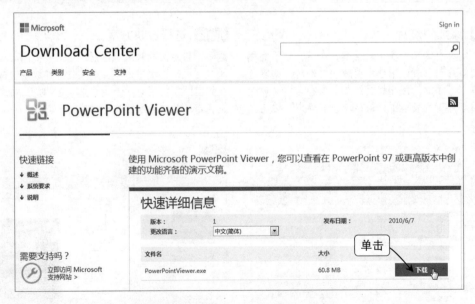

图10-4　下载PowerPoint Viewer程序

在"开始"菜单的"所有程序"列表中找到并启动该程序，此时将打开"Microsoft PowerPoint Viewer"对话框，选择要播放的演示文稿，单击"打开"按钮，演示文稿将在打开的对话框中自动播放，如图10-5所示。

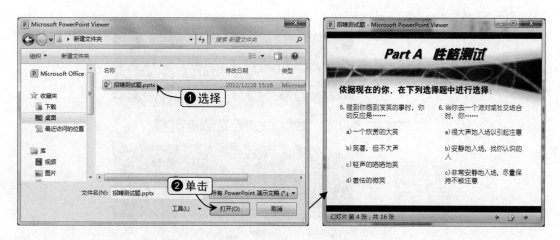

图10-5   利用PowerPoint Viewer播放演示文稿

10.1.3 将演示文稿保存为放映模式

如果用户需要将制作好的演示文稿带到其他地方进行放映，且不希望演示文稿受到任何修改和编辑，可以将其保存为ppsx格式。

在PowerPoint 2016中，单击"文件"选项卡中的"另存为"按钮，然后单击"浏览"按钮，打开"另存为"对话框，单击"保存类型"下拉按钮，在弹出的下拉列表中选择"PowerPoint放映（*.ppsx）"选项，最后单击"保存"按钮，如图10-6所示。

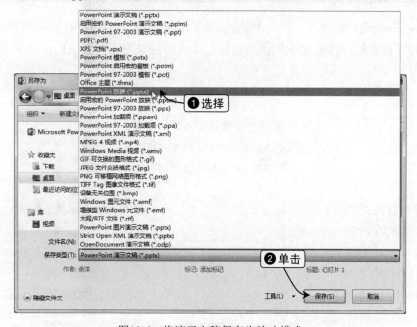

图10-6   将演示文稿保存为放映模式

保存之后只要双击该文件图标，即可直接全屏播放演示文稿，如图10-7所示。

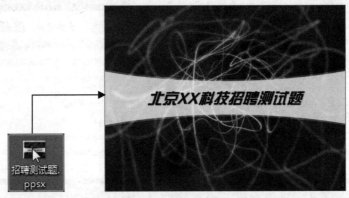

图10-7　放映保存为放映模式的演示文稿

10.2 放映幻灯片的前期准备

掌握排练放映幻灯片时间的方法及怎样录制幻灯片演示

在放映幻灯片前，应先确定幻灯片的放映途径，并排练放映幻灯片的时间，这是放映幻灯片的前期准备阶段，下面将具体介绍这方面的相关知识。

10.2.1 确定幻灯片的放映模式

PowerPoint为用户提供了3种不同场合的放映类型，如图10-8所示。单击"幻灯片放映"选项卡中的"设置幻灯片放映"按钮，将打开"设置放映方式"对话框，在其中可以选择放映的类型。

演讲者放映：由演讲者控制整个演示的过程，演示文稿将在观众面前全屏播放。

观众自行浏览：使演示文稿在标准窗口中显示，观众可以拖动窗口上的滚动条或是通过方向键自行浏览，与此同时还可以打开其他窗口。

在展台浏览：整个演示文稿会以全屏的方式循环播放，在此过程中除了通过鼠标光标选择屏幕对象进行放映外，不能对其进行其他任何修改。

图10-8　3种不同的放映类型

确定放映类型后，还可以通过"设置放映方式"对话框的其他选项对演示文稿的放映进行更具体的设置。

◆ **"放映幻灯片"栏**：在"放映幻灯片"栏中可具体设置需要放映的幻灯片，若选中"全部"单选按钮，则表示放映演示文稿中的所有幻灯片；若选中"从"单选按钮，在其后的数值框中可设置放映幻灯片的范围；"自定义放映"下拉按钮只有在添加了自定义放映方案时才能被激活，如图 10-9 所示。

◆ **"放映选项"栏**：若选中"循环播放，按 Esc 键终止"复选框，则演示文稿会不断重复播放；若选中另外 3 个复选框，则在放映时不播放旁白、动画，同时会禁止使用硬件图形加速。此外，在"绘图笔颜色"的下拉菜单和"激光笔颜色"的下拉列表中，还可以对绘图笔颜色和激光笔颜色进行设置，如图 10-10 所示。

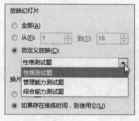

图10-9 "放映幻灯片"栏

图10-10 设置绘图笔和激光笔颜色

◆ **"换片方式"栏**：在"换片方式"栏有两种换片方式可供选择，如图 10-11 所示，如果选择后者，必须保证幻灯片存在排练时间。

◆ **"多监视器"栏**：如果要使用多台显示器进行放映，在连接了多个显示器之后，需在此栏中选中"使用演示者视图"复选框，然后通过上面的下拉列表框设置显示幻灯片内容的显示器和分辨率，如图 10-12 所示。

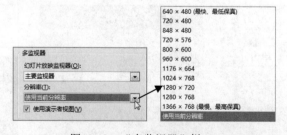

图10-11 "换片方式"栏

图10-12 "多监视器"栏

10.2.2 排练放映的时间

PowerPoint向用户提供了排练计时功能，即在真实的放映演示文稿的状态中，同步设置幻灯片的切换时间，等到整个演示文稿放映结束之后，系统会将所设置的时间记录下来，以便在自动播放时，按照所记录的时间自动切换幻灯片，下面将以一个例子说明设置排练时间的具体方法。

操作演练：排练放映的时间

Step 01 单击"排练计时"按钮

打开"商务礼仪"演示文稿，切换到"幻灯片放映"选项卡，单击"设置"功能组中的"排练计时"按钮。

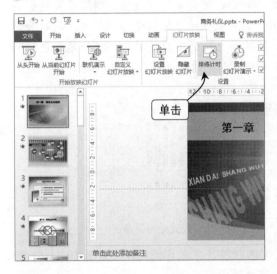

Step 02 开始计时

此时幻灯片将切换到全屏模式放映，并在幻灯片的左上角出现一个"录制"工具栏。

Step 03 切换到下一张幻灯片

当第一张幻灯片讲解完成之后，单击"录制"窗口中的"下一项"按钮，将切换到第二张幻灯片继续计时。

Step 04 保存排练计时

使用同样的方法，按照实际的讲解需要放映其他幻灯片。当放映完成时，会打开一个对话框询问是否保存排练计时，单击"是"按钮。

排练计时完成后，切换到"幻灯片浏览"视图，在每张幻灯片的左下角可以查看该张幻灯片播放所需要的时间，如图10-13所示。

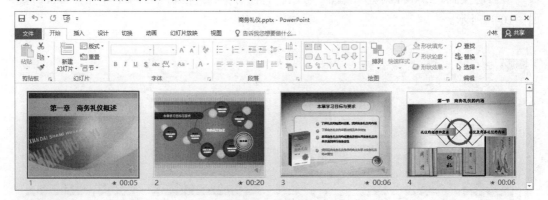

图10-13 查看排练计时

提示
Attention

关闭排练时间

在放映演示文稿时，默认情况下会选中"幻灯片放映"选项卡"设置"功能组中的"使用计时"复选框，如果需要关闭排练时间，取消选中"使用计时"复选框即可，如图 10-14 所示。

图10-14 关闭排练计时

10.2.3 录制幻灯片演示

PowerPoint 2016中的录制幻灯片演示功能，不仅可以记录幻灯片的放映时间，同时允许用户使用荧光笔为幻灯片加上注释，还可以将演讲者的声音录制下来，从而使演示文稿在脱离演讲者时能智能放映。

录制幻灯片演示的方法比较简单，单击"幻灯片放映"选项卡"设置"功能组中的"录制幻灯片演示"下拉按钮，在弹出的下拉菜单中根据实际情况可选择"从头开始录制"或"从当前幻灯片开始录制"命令，如图10-15所示。

选择适当的命令之后，将打开如图10-16所示的对话框，其中包括"幻灯片和动画计时"和"旁白和激光笔"两项内容，根据需要选中录制内容的复选框。

图10-15 "录制幻灯片演示"下拉菜单

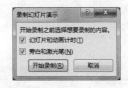

图10-16 选择录制内容

单击"开始录制"按钮之后，将切换到幻灯片播放状态，并在幻灯片的左上角出现"录制"窗口，其录制的方法与排练计时的录制方法相同。

最后切换到"幻灯片浏览"视图，可以看到在每张幻灯的右下角都有一个声音图标，如图10-17所示。

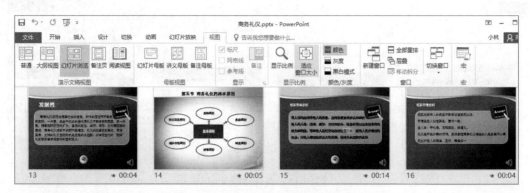

图10-17　查看录制幻灯片演示结果

10.2.4　隐藏或显示幻灯片

一份演示文稿有时并不需要全部放映，在面对不同的观众时会选择不同的放映部分，除了使用"自定义放映"对话框设置需要放映的部分之外，还可以通过隐藏或显示幻灯片的功能来选择应该放映的部分。

选择需要隐藏的幻灯片，单击"幻灯片放映"选项卡中的"隐藏幻灯片"按钮，在放映演示文稿时，被隐藏的幻灯片将不参与放映。

此时，切换到"幻灯片浏览"视图，可以看到被隐藏的幻灯片变成了半透明状，并且序号被画上了斜删除线，如图10-18所示。若要重新放映被隐藏的幻灯片，则选择幻灯片后，再次单击"隐藏幻灯片"按钮即可。

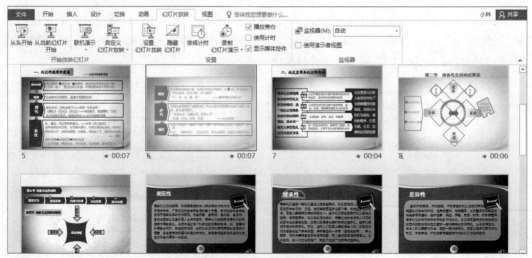

图10-18　查看被隐藏的幻灯片

技巧
Skill

隐藏或显示幻灯片的其他方法
对于不需要显示的幻灯片，还可在幻灯片窗格中选择，在其上右击，在弹出的快捷菜单中选择"隐藏幻灯片"命令将其隐藏，需要显示的时候，再次选择"隐藏幻灯片"命令对其恢复显示。

10.3 幻灯片放映进行时
掌握幻灯片在放映过程中的各种操作及技巧

做好了放映幻灯片的前期准备，接下来就进入幻灯片的实际放映阶段，下面将具体介绍放映幻灯片的相关知识。

10.3.1 在放映过程中进行书写

在幻灯片的放映过程中，用户可以通过选择笔或荧光笔在幻灯片中勾画重点或添加手写笔记，这项功能常常应用于教学类的演示文稿展示过程中。

下面将具体介绍幻灯片在放映过程中进行书写的具体方法。

操作演练：在放映过程中进行书写

Step 01 选择"荧光笔"命令

在幻灯片的放映过程中右击，在弹出的快捷菜单中选择"指针选项"|"荧光笔"命令。

Step 02 涂抹重点部分

当鼠标光标变为█形状时，在幻灯片中重点的词语上涂抹可标记重点内容。

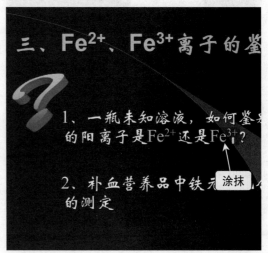

Step 03 选择"笔"命令

若需要添加注释，可在幻灯片中再次右击，在弹出的快捷菜单中选择"指针选项"|"笔"命令。

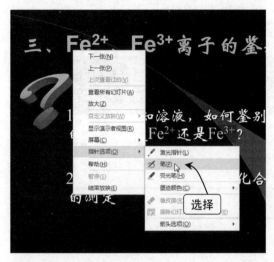

Step 05 选择"橡皮擦"命令

若需要擦除注释，可在幻灯片上右击，在弹出的快捷菜单中选择"指针选项"|"橡皮擦"命令。

Step 07 放弃笔迹的保存

在退出幻灯片放映时，将打开一个对话框询问是否保存笔迹注释，可根据实际需要单击相应的按钮。

Step 04 添加注释

当鼠标光标变为一个红色圆点时，通过控制鼠标在幻灯片中为需要的词句添加注释。

Step 06 擦除注释

当鼠标光标变为橡皮擦形状时，通过控制鼠标在幻灯片中擦除不需要的注释。

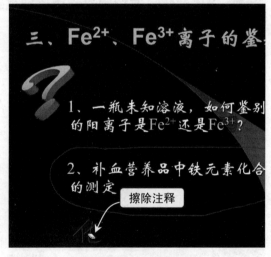

选择墨迹颜色

在放映过程中的右键快捷菜单中不仅可以选择书写工具为"荧光笔"或者"笔",还可以选择书写工具的颜色。选择"指针选项"|"墨迹颜色"命令,即可根据需要选择不同的颜色,如图 10-19 所示。

■■■■■■■■■■■■

图 10-19　笔迹颜色

　　若在幻灯片上留下的墨迹过多,选择橡皮擦工具擦除墨迹将很不方便,此时可以在"指针选项"子菜单中选择"擦除幻灯片上的所有墨迹"命令,如图10-20所示,将该幻灯片上的所有墨迹一次性擦除。

　　在右键快捷菜单的"指针选项"子菜单中选择"箭头选项"命令,在其子菜单中有"自动"、"可见"、"永远隐藏"3个选项,如图10-21所示。

图10-20　"擦除幻灯片上的所有墨迹"选项

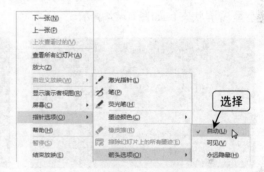

图10-21　箭头选项

　　默认情况下,箭头的可见性为"自动",若选择"可见"命令,当放映幻灯片时,鼠标光标将一直处于可见状态;若选择"永远隐藏"命令,则在放映幻灯片时鼠标光标将自动隐藏,但此时选择"激光指针"、"笔"或"荧光笔"命令,鼠标光标将自动转换为"自动"时的可见状态。

　　PowerPoint 2016中的幻灯片在放映时,在其左下角会出现一排媒体控件,如图10-22所示,若用户的电脑或手机支持触屏,则可直接在这些媒体控件中选择需要的工具,如选择"笔"选项,然后直接在放映的幻灯片中手写输入注释。

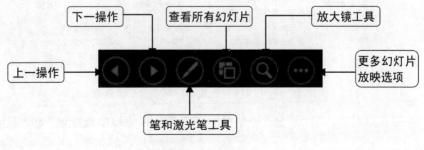

图10-22　媒体控件

10.3.2　幻灯片在放映时的中场休息处理

若一个演示文稿的内容过多，需要分为几部分进行讲解时，就会涉及中场休息问题，但又不方便退出幻灯片的放映状态，这时，可让幻灯片呈"黑屏"或"白屏"显示。

在放映的幻灯片上右击，在弹出的快捷菜单中选择"屏幕"命令，将弹出一个子菜单，在其中可选择"黑屏"或"白屏"命令，如图10-23所示。

图10-23　"屏幕"子菜单

若选择"黑屏"命令，放映的幻灯片将呈全黑屏状态，若选择"白屏"命令，放映的幻灯片则以幻灯片大小呈白屏状态，如图10-24所示。

图10-24　"黑屏"和"白屏"显示状态

当中场休息结束需要继续放映幻灯片时，可以在幻灯片中右击，在弹出的快捷菜单中选择"屏幕"→"屏幕还原"或"屏幕"→"取消白屏"命令，如图10-25所示，或者按【Esc】键，退出"黑屏"或"白屏"状态。

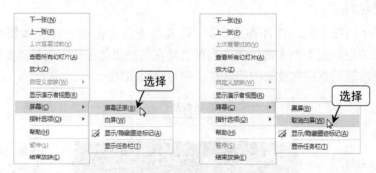

图10-25　退出"黑屏"或"白屏"显示的命令

从图10-25可以看出，在"屏幕"子菜单中还有"显示/隐藏墨迹标记"和"显示任务栏"两个命令。

当放映的幻灯片中有墨迹存在时，若选择"显示/隐藏墨迹标记"命令，可以隐藏幻灯片中的墨迹，再次选择"显示/隐藏墨迹标记"命令可以显示隐藏的墨迹。

在默认情况下，在放映幻灯片时是不会显示任务栏的，但在放映幻灯片时需要用到任务栏中的命令时，可在"屏幕"子菜单中选择"显示任务栏"命令，此时在幻灯片下侧会出现系统任务栏，如图10-26所示，选择命令并返回幻灯片中后，任务栏将自动消失。

图10-26　放映幻灯片时显示的任务栏

当在此右键快捷菜单中选择"帮助"命令时，将打开"幻灯片放映帮助"对话框，如图10-27所示，其中有"常规"、"排练/记录"、"媒体"、"墨迹/激光指针"、"触摸"的快捷方式说明和有关触摸笔势的信息。

图10-27　"幻灯片放映帮助"对话框

10.3.3　放映过程中的局部放大

在幻灯片的放映过程中，如果想要突出某一重点，除了用笔或荧光笔标注以外，还可以局部放大该处，这是PowerPoint 2016在放映幻灯片方面新增的功能。下面将具体介绍这一功能特点。

在放映某张幻灯片时，单击该幻灯片左下角的"放大镜工具"按钮，或者在右键快捷菜单中选择"放大"命令，如图10-28（左）所示，在幻灯片中会出现一个白色矩形框，此时鼠标光标将变为⊕形状，如图10-28（右）所示。

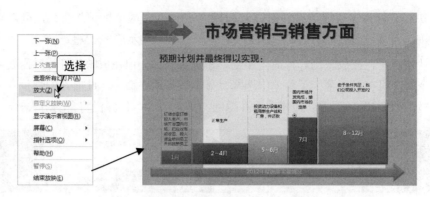

图10-28　幻灯片中需要被放大的矩形区域

移动鼠标光标，将矩形框移动至需要被放大处理的地方，单击即可全屏放大该矩形框区域的幻灯片，如图10-29所示。

此时鼠标光标将变为🖐形状，按住鼠标左键，当鼠标光标变为✊形状时，拖动鼠标，可以上下左右随意拖动放大后的幻灯片。

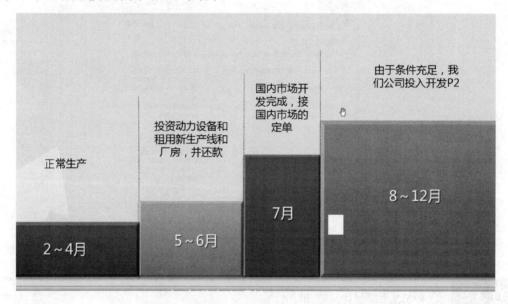

图10-29　幻灯片中局部放大后的矩形区域

若要退出幻灯片的局部放大效果，可以右击或者按【Esc】键。

10.3.4　切换到指定幻灯片

当演示文稿中没有设置超链接或添加相关动作按钮时，在放映过程中若要切换到指定的幻灯片，可以进入幻灯片的浏览视图中选择。

在放映的幻灯片上右击，在其弹出的快捷菜单中选择"查看所有幻灯片"命令，或者在下方的媒体控件组中单击"查看所有幻灯片"按钮，将进入放映幻灯片的浏览视图，如图10-30所示，在其中选择需要的幻灯片即可。

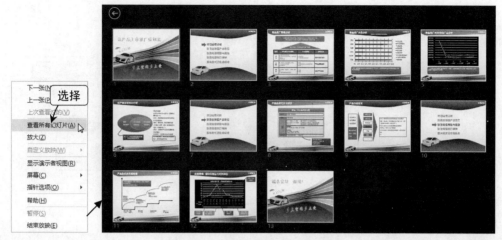

图10-30　放映幻灯片的浏览视图

10.4 幻灯片备注的巧妙运用
掌握在演示文稿中添加或删除备注及在演讲者放映模式下查看备注的方法

演示文稿中的备注为演示者提供了诸多方便，但却很少被提及，本节将向用户介绍在幻灯片中添加和删除备注，以及在放映过程中查看备注的方法。

10.4.1 添加或删除备注

在制作和放映演示文稿时，演示者容易忽略备注的功能。然而备注对于在大型场合进行演讲的演示而言是很有帮助的，它可以在演示文稿放映时为演示者提供丰富的资料，从而提高演讲的质量。

在幻灯片中添加备注一般有如下两种途径。

◆　普通视图状态下，在幻灯片编辑界面下端的备注栏中定位文本插入点并输入相应的备注内容，如图 10-31 所示。

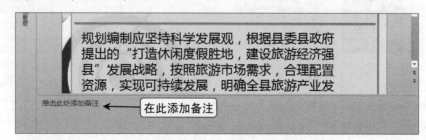

图10-31　在"备注"栏中添加备注

◆ 单击"视图"选项卡"演示文稿视图"功能组中的"备注页"按钮，在工作区将出现一个页面，上半部分显示对应的幻灯片，下半部分为输入备注内容的文本框，如图 10-32 所示。

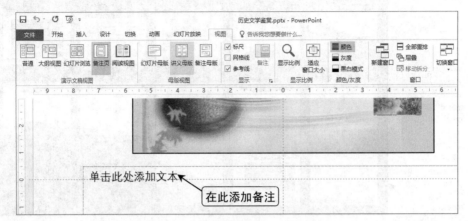

图10-32　在"备注页"中添加备注

若要删除某张幻灯片中的备注，选中该张幻灯片所对应的备注内容，按【Delete】键即可，若要一次性删除所有备注内容，则需要对演示文稿进行一系列操作。

首先切换到"文件"选项卡，单击"信息"选项卡中的"检查问题"下拉按钮，在弹出的下拉菜单中选择"检查文档"命令，如图10-33所示。

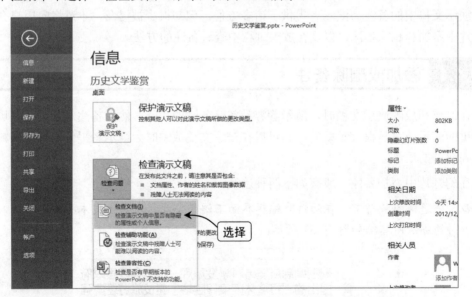

图10-33　选择"检查文档"命令

此时将打开"文档检查器"对话框，单击"检查"按钮，检查结束之后，单击"演示文稿备注"栏右侧的"全部删除"按钮即可，如图10-34所示。

图10-34　删除所有备注

10.4.2　利用演示者视图查看备注

工作中经常需要放映演示文稿给上司、客户或者其他观众观看，演示者准备的备注资料并不希望在放映时被他人看到，这就要求在演示者的显示器屏幕上可以显示幻灯片的备注资料，而在投影仪或其他外部连接的显示器屏幕上只显示幻灯片，如图10-35所示。

图10-35　利用演示者视图查看备注

要实现这一效果的前提是保证有外部显示设备的硬件环境，如将便携式电脑连接到外部显示设备上，开启显示设备。

若有多台监视器，可以打开"显示 属性"对话框，切换到"设置"选项卡，在其中选择"2"显示器，并选中"将Windows 桌面扩展到该监视器上"复选框。

接下来打开需要放映的演示文稿，打开"设置放映方式"对话框，在其中的"幻灯片放映显示于"下拉列表框中选择"监视器 2 默认监视器"选项，同时选中"显示演示者视图"复选框，如图10-36所示。

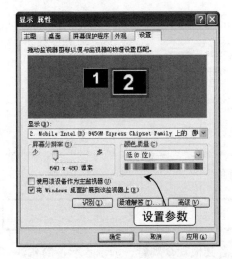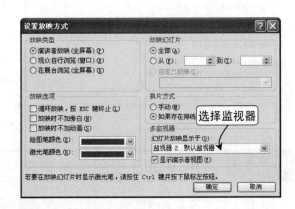

图10-36　设置多监视器显示演示文稿

若只有一台监视器，在PowerPoint 2016中也能放映演示者视图，在放映的幻灯片上右击，在弹出的快捷菜单中选择"显示演示者视图"命令，或者在没有进入放映之前，按【Alt+F5】组合键，即可进入演示者视图，其中可以看到当前幻灯片信息及其备注，还能看到下一张幻灯片的预览图，如图10-37所示。

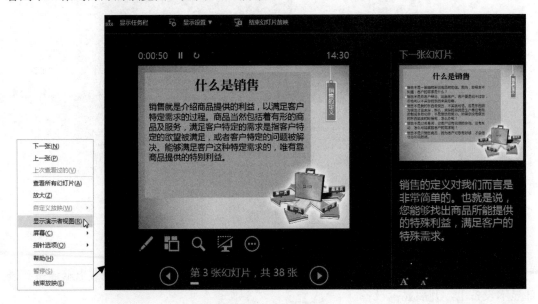

图10-37　演示者视图

在演示者视图的左上方单击"显示设置"按钮，将弹出如图10-38所示的下拉列表，在其中选择"交换演示者视图和幻灯片放映"命令可以让外部连接设备的显示器上显示演示者视图而演示者的电脑上显示幻灯片的放映。

图10-38　"显示设置"下拉列表

单击备注栏中的放大文字按钮 **A** 或缩小文字按钮 **A**，可以增大或缩小备注文字。

10.5 PowerPoint 中的联机会议
了解怎样在 PowerPoint 2016 中实现演示文稿的联机演示

在PowerPoint 2016中可以通过互联网共享PowerPoint演示文稿。用户可以向参加会议的人发送指向幻灯片的超链接，他们可以从任何位置的任何设备使用Office Presentation Service加入会议。

10.5.1　使用 Office Presentation Service 联机演示

Office Presentation Service是一项免费的公共服务，它允许其他人在其网络浏览器中观看演示，且无须进行设置。通过使用Office Presentation Service，用户可以不通过PowerPoint 2016放映演示文稿。

下面将具体介绍通过使用Office Presentation Service联机演示的操作方法。

 操作演练：使用Office Presentation Service联机演示

Step 01　单击"联机演示"按钮
在幻灯片的"文件"选项卡中选择"共享"选项卡并切换到"联机演示"栏。

Step 02　设置联机演示的下载权限
在"联机演示"栏中选中"启用远程查看器下载演示文稿"复选框，单击"联机演示"按钮。

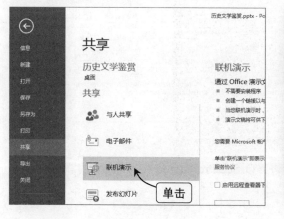

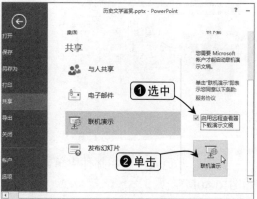

Step 03 复制超链接

在打开的"联机演示"对话框中单击"复制链接"超链接，将其复制到剪贴板中。

Step 04 启动联机会议

在"联机演示"对话框中单击"启动演示文稿"按钮，进入幻灯片放映视图。

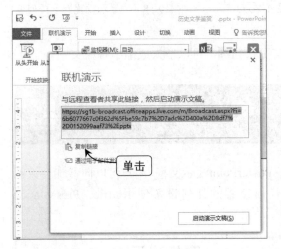

提示 Attention

Office Presentation Service 联机演示的注意事项
在联机演示前必须要选中"启用远程查看器下载演示文稿"复选框，否则其他人在单击收到的超链接后，不能够下载演示文稿，进入联机会议。

　　在"幻灯片放映"选项卡的"开始放映幻灯片"功能组中单击"联机演示"按钮，也可以启动联机会议。

　　若在"联机演示"对话框中单击"通过电子邮件发送"超链接，将打开Outlook程序，如图10-39所示，在"收件人"文本框中直接输入收件人地址，单击"发送"按钮即可。

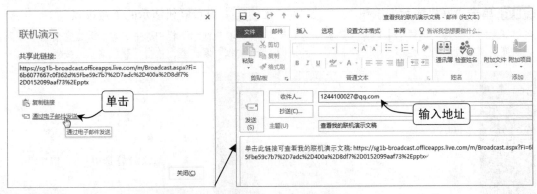

图10-39　通过电子邮件发送联机演示地址

　　此时，其他人可以在邮件中单击超链接进入Office Presentation Service中的联机会议，如图10-40所示。

图10-40　浏览器中的联机会议

10.5.2　联机演示过程中的操作

在联机演示过程中，演示者还可以共享会议笔记或再继续邀请其他人参加会议，下面将具体介绍这两点。

1. 共享会议笔记

演示者可以退出幻灯片的放映状态，在PowerPoint中的"联机演示"选项卡"联机演示"功能组中单击"共享会议笔记"按钮，如图10-41所示。

图10-41　"共享会议笔记"按钮

在打开的对话框中可以选择共享方式，若已有保存好的笔记，可在"所有共享笔记本"栏中找到该笔记，单击"确定"按钮，如图10-42（左）所示，即可共享OneNote程序中的笔记，如图10-43（右）所示，演示者还可根据需要在其中添加会议笔记。

图10-42　共享已保存的会议笔记

若没有已保存的笔记，可以单击"新建笔记本"按钮，如图10-43（左）所示，在转换到的页面中选择新建笔记的位置，然后在"笔记本名称"文本框中输入笔记名称，最后单击下方的"创建笔记本"按钮，如图10-43（右）所示。

图10-43　创建笔记本

此时，将打开一个提示对话框，这里单击"现在不共享"按钮，如图10-44（左）所示，演示者在打开的OneNote程序中输入会议需要的笔记即可。

图10-44　输入笔记内容

当完成笔记的录入后，可以在PowerPoint中单击"共享会议笔记"按钮，在打开的对话框中找到该笔记进行共享。

若在提示对话框中单击"邀请他人"按钮，可打开如图10-45所示的OneNote程序，切换到"与会议共享"栏，单击"与会议共享"按钮，即可将所有笔记与其他人员共享。

图10-45　与他人共享笔记

2. 邀请其他人参加会议

在共享会议开始后，若还有人想要加入此会议，演示者可以单击"联机演示"功能组中的"发送邀请"按钮，如图10-46所示，在打开的对话框中复制共享超链接发送给对方即可。

图10-46　"发送邀请"按钮

当会议结束后，演示者可关闭联机会议，在"联机演示"功能组中单击"结束联机演示"按钮，将打开如图10-47所示的提示对话框，在其中单击"结束联机演示文稿"按钮，即可结束该联机会议。

图10-47　提示对话框

第 11 章

演示文稿的管理

设置演示文稿的打印版式

将演示文稿保存到 OneDrive

通过发送电子邮件共享演示文稿

将演示文稿创建为视频

11.1 | 演示文稿的打印设置
掌握演示文稿的打印方法

打印演示文稿是指将制作完成的演示文稿按照要求通过打印设备输出并呈现在纸张上，本节将具体介绍设置打印演示文稿的方法。

11.1.1 打印份数与打印机的设置

打开需要打印的演示文稿，切换到"文件"选项卡，单击"打印"选项卡中"份数"数值框中的微调按钮，或者在其中直接输入数值，设置演示文稿的打印份数。

在"打印机"栏单击右侧的下拉按钮，在弹出的下拉菜单中选择输出的打印机，若需对其进行设置，可以单击"打印机属性"超链接，如图11-1所示。

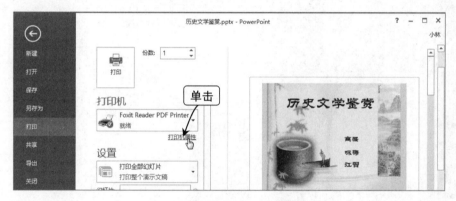

图11-1　"打印"选项卡

在打开的对话框中可以设置打印方向、页序和页面格式等，如图11-2（左）所示，切换到"纸张/质量"选项卡可以对纸张来源和打印颜色进行设置，如图11-2（右）所示。

图11-2　打印机属性对话框

在"纸张/质量"选项卡中单击"高级"按钮，在打开的对话框中可根据实际情况选择纸张规格和打印质量，如图11-3所示。

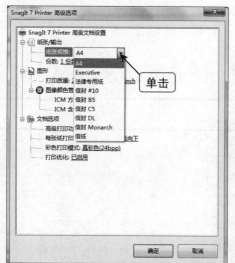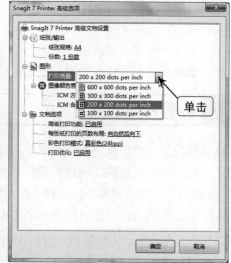

图11-3　打印机的高级选项对话框

打印机属性设置

单击"打印机属性"超链接后会根据用户当前选择的打印机不同而打开不同的对话框，用户需根据自己的打印机进行不同的设置。

11.1.2 设置打印范围

打开需要打印的演示文稿，切换到"文件"选项卡，单击"打印"选项卡中的"打印全部幻灯片"按钮，将弹出如图11-4所示的下拉菜单。

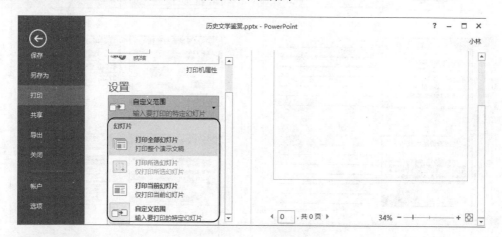

图11-4　打印范围的设置

若选择"打印所选幻灯片"选项将只打印用户当前选中的幻灯片；若选择"打印当前幻灯片"选项将只打印右侧预览窗口中显示的幻灯片；若选择"自定义范围"选项，可在如图11-5所示的文本框中输入幻灯片的编号，如"1-4"，打印对应的幻灯片。

图11-5　自定义打印范围

另外，如果在演示文稿中设置了节，还可以选择需要打印指定节的内容。

11.1.3　设置打印版式

在默认情况下，打印机将在一张纸上打印一张幻灯片，不过用户可以根据实际情况进行调整，单击"整页幻灯片"按钮，将弹出如图11-6所示的下拉菜单。用户可以根据实际需要选择打印讲义的版式。

如图11-7（左）所示为放置3张幻灯片的打印效果预览，如图11-7（右）所示为6张水平放置的幻灯片的打印效果预览，如图11-8（左）所示为备注页打印效果预览，如图11-8（右）所示为大纲打印预览。

另外，还可以在下拉菜单中选择"幻灯片加框"、"根据纸张调整大小"或"高质量"命令来调整打印的效果。

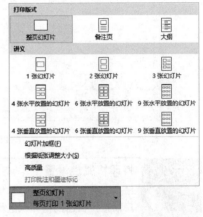

图11-6　打印版式选项

图11-7　3张幻灯片和6张水平放置的幻灯片版式

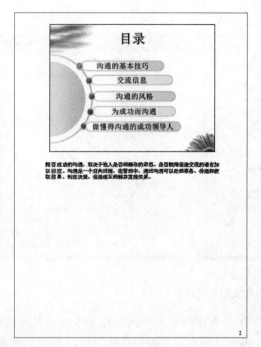

图11-8　备注页和大纲版式

11.1.4　设置打印颜色

　　幻灯片的打印颜色也可以根据需要进行自定义，单击"打印"选项卡中的"颜色"按钮，将弹出如图11-9所示的下拉列表，在其中有"颜色"、"灰度"和"纯黑白"3种颜色模式可供选择，在右侧的打印预览窗口中可以查看对应颜色模式的效果，如图11-10所示。

图11-9　选择颜色模式

颜色　　　　　　　　　　　灰度　　　　　　　　　　　纯黑白

图11-10　不同颜色模式的效果

11.1.5　编辑页眉和页脚

　　在打印演示文稿之前，还可以重新对演示文稿的页眉和页脚进行编辑。单击"打印"选项卡中的"编辑页眉和页脚"超链接，将打开如图11-11所示的对话框。

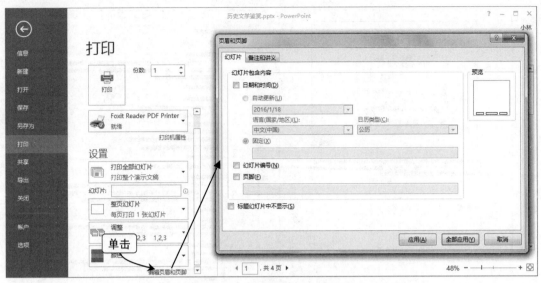

图11-11　"页眉和页脚"对话框

　　在"页眉和页脚"对话框中有"幻灯片"和"备注和讲义"两个选项卡，在其中选中对应的复选框可以对演示文稿的日期和时间、编号、页眉、页脚和页码等进行自定义设置。图11-12所示为在打印时显示日期和页码的设置。

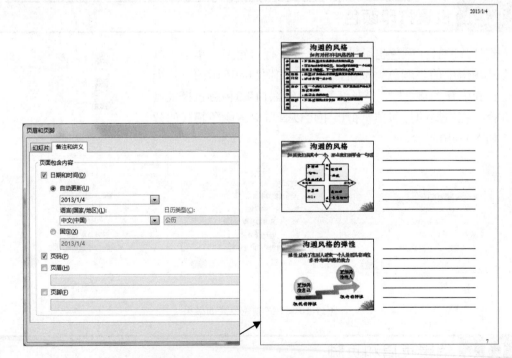

图11-12　在打印时显示日期和页码的设置

　　设置完成之后单击"全部应用"按钮关闭对话框，最后单击"打印"按钮确定打印。

提示
Attention

应用页眉和页脚

在"页眉和页脚"对话框中设置完各个参数后,若单击"应用"按钮,则只在当前版式页面上应用该设置,而不会应用到所有版式的幻灯片中。

11.2 | 方便、快捷的"另存为"功能
了解演示文稿的各种保存方法

PowerPoint 2016中的演示文稿保存功能较以前版本有了很大的改进,在"文件"选项卡的"另存为"选项卡中罗列了各种保存方法,如图11-13所示。

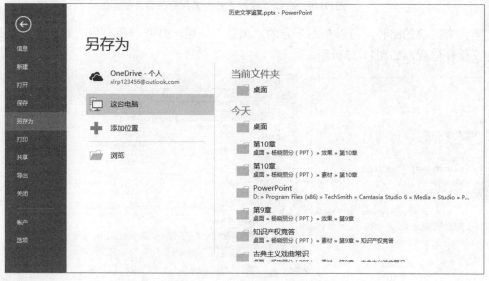

图11-13 "另存为"选项卡

11.2.1 演示文稿"另存为"

在演示文稿制作完成后,可以将其保存在电脑中,也可以保存在OneDrive(云)中,下面将具体介绍这两种保存方法。

1. 将演示文稿保存在电脑中

进入"另存为"选项卡之后,在"计算机"栏中有当前文件夹路径和最近访问的文件夹路径,在其中可选择一个需要的路径作为保存位置。图11-14所示为选择"我的文档"作为保存位置。

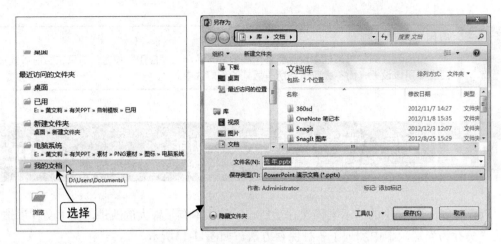

图11-14　选择"我的文档"为保存位置

若没有需要的路径，可以单击下方的"浏览"按钮，打开"另存为"对话框，在其中自定义保存位置，如图11-15所示。

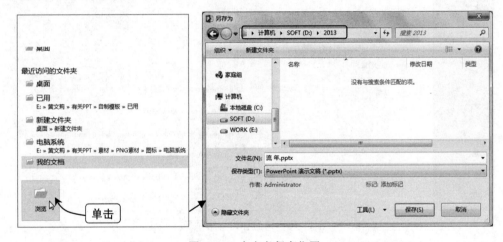

图11-15　自定义保存位置

2. 将演示文稿保存在 OneDrive 中

在"另存为"选项卡中切换到OneDrive栏，在其中有最近访问的文件夹路径，将鼠标光标放置在一个路径上，会出现此保存位置的路径，如图11-16所示，可以看出此路径为包含网址的路径，即OneDrive是一个网络空间。

将文件保存到此路径，可在任意位置通过互联网进入OneDrive，查看保存的文件。

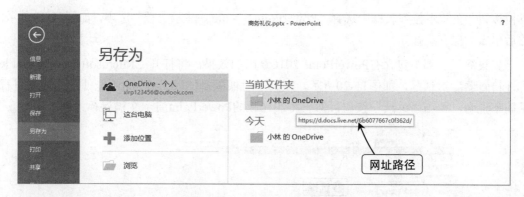

图11-16　OneDrive中的保存路径

　　若最近访问的文件夹中没有需要的路径，可单击下方的"浏览"按钮，打开"另存为"对话框，在其中自定义保存路径，如图11-17所示。

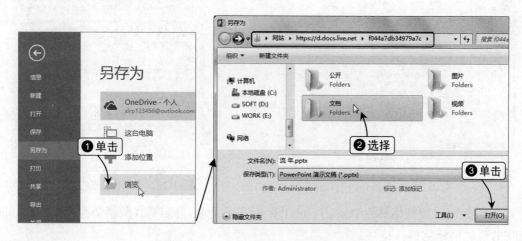

图11-17　自定义OneDrive中的保存路径

11.2.2　更改演示文稿的保存类型

　　将在PowerPoint 2016中制作的演示文稿放在PowerPoint 2003版本或更早的版本中打开时，会打开如图11-18所示的提示对话框，说明此版本的PowerPoint无法打开该文件。

图11-18　提示对话框

　　此时，为了其他较低版本的PowerPoint能够打开此演示文稿，可以在PowerPoint 2016中改变该演示文稿的保存类型。

　　在"另存为"选项卡中选择一种保存路径，打开"另存为"对话框，单击"保存类型"

下拉按钮，在其下拉列表框中选择"PowerPoint 97-2003 演示文稿"选项，如图11-19所示，然后单击"保存"按钮。

如果演示文稿中包含有PowerPoint 2016专用的效果，将打开"Microsoft PowerPoint兼容性检查器"对话框，如图11-20所示，在其中对低版本的PowerPoint不能使用的效果进行了简单说明，单击"继续"按钮，即可将2016版的PowerPoint演示文稿保存为低版本。

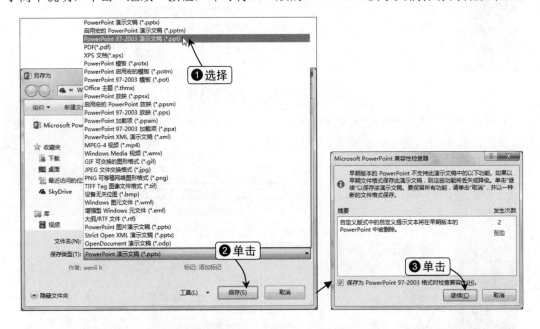

图11-19　"另存为"对话框　　　　　图11-20　"兼容性检查器"对话框

这时就可以用低版本的PowerPoint打开该演示文稿。图11-21所示为使用PowerPoint 2003打开的演示文稿。

图11-21　使用PowerPoint 2003打开的演示文稿

若用PowerPoint 2016打开该低版本演示文稿，可以看到标题栏中的标题后缀名由
".pptx"变为了".ppt"，其后面还加了"兼容模式"文本，如图11-22所示。

图11-22 "兼容性检查器"对话框

11.3 | 共享演示文稿
了解 PowerPoint 2016 中共享演示文稿的几种方法

在PowerPoint 2016中有多种共享演示文稿的方法，例如共享OneDrive中的演示文稿、
通过发送电子邮件共享演示文稿、将演示文稿发布到SharePoint网站上等，下面将具体介绍
这几种共享方法。

11.3.1 在 OneDrive 中共享演示文稿

若演示文稿还未保存到OneDrive中，需在"共享"选项卡中，选择"与人共享"选项，
在右侧的区域中单击"保存到云"按钮，如图11-23所示。

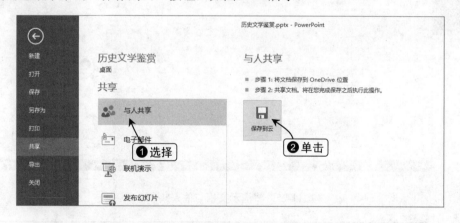

图11-23 将演示文稿保存到云

此时，系统自动切换到"另存为"选项卡中，选择"OneDrive-个人"选项，在右侧的
区域中选择相应的保存路径或位置，如图11-24所示。

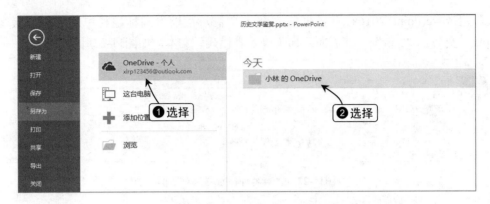

图11-24 选择保存路径或位置

将演示文稿保存到OneDrive中后，系统会自动切换到"共享"选项卡的"与人共享"界面中，单击"与人共享"按钮，系统自动切换到工作界面状态，并打开"共享"任务窗格，在"邀请人员"文本框中输入被邀请人的邮件地址，单击"共享"按钮，如图11-25所示。

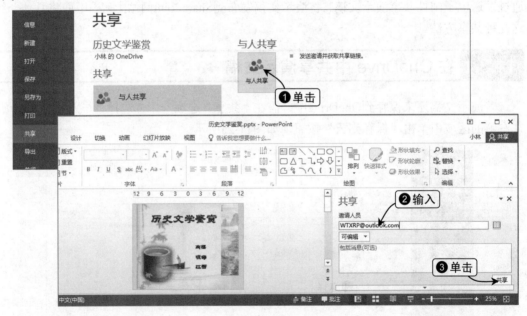

图11-25 将演示文稿与他人共享

邀请他人时的相关设置

选择共享对象后，可在"可编辑"下拉列表框中选择他人对此演示文稿的操作权限，在其中有"可查看"和"可编辑"两种选项。用户还可以在下方的文本框中输入备注消息，也可选中"要求用户在访问文件之前登录"复选框，提高演示文稿的安全性。

若不知道被共享人员的邮件地址，可以在"共享"窗格中，单击"获取共享链接"超链接，进入"获取共享链接"页面，系统自动生成链接地址，单击"复制"按钮，再用其他方法或通过其他途径分享给相应人员，如图11-26所示。

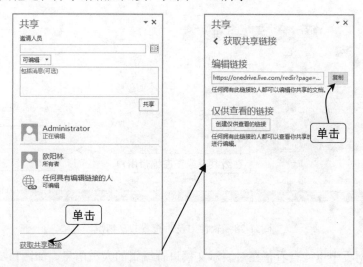

图11-26　复制超链接

对方在网站中直接输入共享链接，即可进入文稿的演示页面，如图11-27所示。

图11-27　输入共享链接路径进入演示文稿所在页面

当分享人员在线对演示文稿进行编辑时，在PPT的"共享"窗格中可及时查看，如图11-28所示。

图11-28 软件中及时查看共享情况

同时，在网页中也能查看正在对演示文稿进行编辑的人员信息，如图11-29所示。

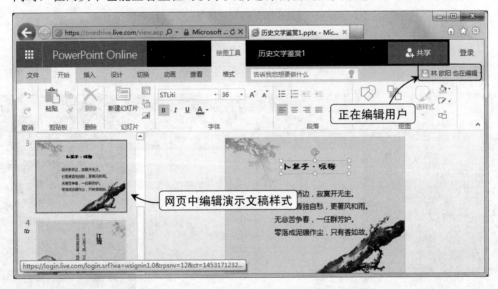

图11-29 网页中正在编辑共享演示文稿的样式和人员

11.3.2 通过发送电子邮件共享演示文稿

在PowerPoint 2016中还可以通过向他人发送电子邮件来共享演示文稿，在"共享"选项卡中切换到"电子邮件"栏，可以看到其中有5种发送电子邮件的方式，如图11-30所示，用户可根据需要选择一种方式发送电子邮件。

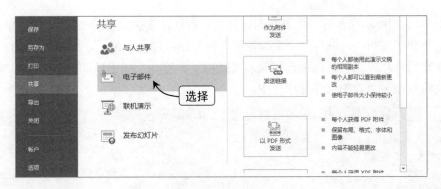

图11-30　电子邮件

若单击"以PDF形式发送"按钮，将打开如图11-31所示的Outlook程序，输入收件人的
电子邮件地址，单击"发送"按钮即可。

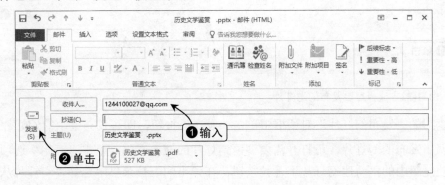

图11-31　以PDF形式发送邮件

11.3.3　发布幻灯片

除了在OneDrive中共享演示文稿和通过发送电子邮件共享演示文稿外，还可以通过将
演示文稿发布到SharePoint网站上来共享演示文稿，如图11-32所示，下面将具体介绍其操
作方法。

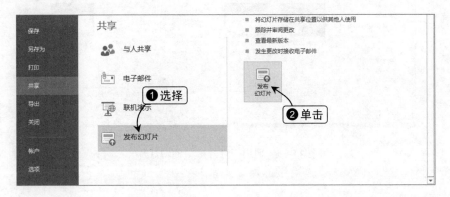

图11-32　发布幻灯片

按如图11-32所示操作打开"发布幻灯片"对话框，选中需要发布的幻灯片对应的复选框，若全部都要发布，则单击"全选"按钮，再单击"浏览"按钮，如图11-33所示，在打开的"选择幻灯片库"对话框中选择演示文稿的发布路径，如图11-34所示，默认情况下，演示文稿将发布至"我的幻灯片库"中。

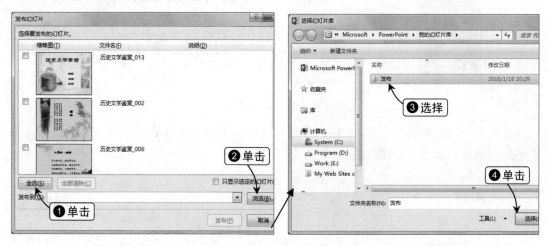

图11-33　选择需要发布的幻灯片　　　　　　图11-34　选择发布路径

在返回的"发布幻灯片"对话框中单击"发布"按钮，即可发布选中的幻灯片。

要调用发布的幻灯片，可打开需要调用幻灯片的演示文稿，单击"开始"选项卡"幻灯片"功能组中的"新建幻灯片"下拉按钮，在弹出的下拉菜单中选择"幻灯片从大纲"命令，此时将打开"插入大纲"对话框，找到演示文稿的发布路径，在其中选择需要插入的幻灯片，单击"插入"按钮即可，如图11-35所示。

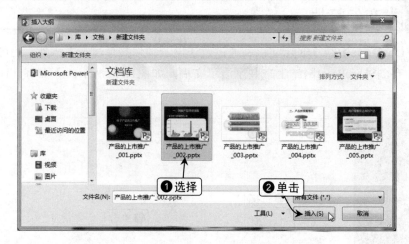

图11-35　调用幻灯片库中的幻灯片

11.4 演示文稿的导出形式
掌握将演示文稿创建为 PDF/XPS 文档和视频等形式的方法

PowerPoint 2016在"文件"选项卡中有一个"导出"选项卡，方便用户将演示文稿以其他文件类型导出来。

11.4.1 创建 PDF/XPS 文档

PDF和XPS是电子文件格式，它能够高品质地展现演示文稿的内容，这种格式的演示文稿是固定的、不可修改的。选择"导出"选项卡中的"创建PDF/XPS文档"命令，在右侧的"创建PSF/XPS文档"栏中单击"创建PDF/XPS"按钮，如图11-36所示。

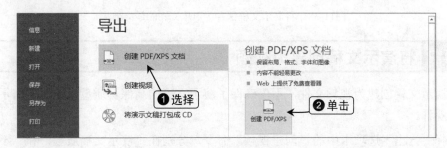

图11-36 单击"创建PDF/XPS"按钮

此时将打开"发布为PDF或XPS"对话框，在其中可以设置文件的名称和保存路径，单击对话框中的"选项"按钮，将打开"选项"对话框，在其中可以设置演示文稿保存范围、发布的内容等，设置完成后单击"确定"按钮，最后单击"发布"按钮即可，如图11-37所示。

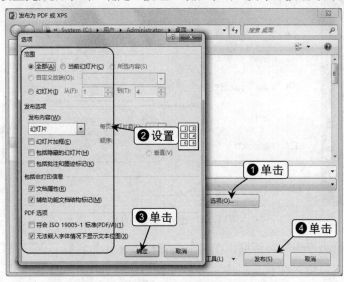

图11-37 设置发布为PDF或XPS文件的选项

图11-38所示为将演示文稿保存为PDF文件的最终效果。

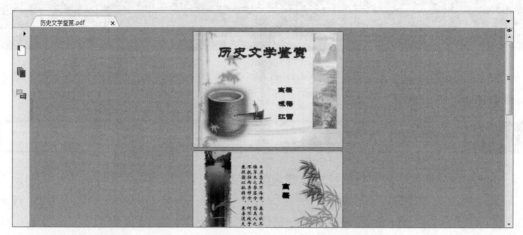

图11-38　将演示文稿保存为PDF文件的最终效果

11.4.2 将演示文稿创建为视频

将演示文稿创建为视频文件，不仅确保了演示文稿的高保真质量，还便于演示文稿的发送与观看。

选择"导出"选项卡中的"创建视频"命令，分别在"演示文稿质量"和"不要使用录制的计时和旁白"下拉列表框中设置演示文稿保存为视频的效果，然后设置每张幻灯片的放映时间，最后单击"创建视频"按钮，如图11-39所示。

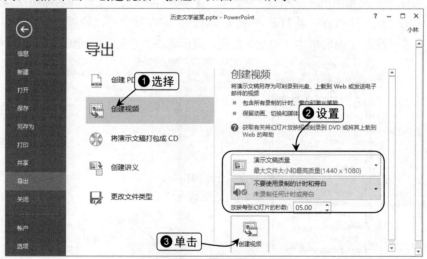

图11-39　设置视频的参数

此时将打开"另存为"对话框，在其中设置视频文件的名称和保存路径，单击"保存"按钮将返回演示文稿中，在状态栏中将显示视频创建的进度，如图11-40所示。

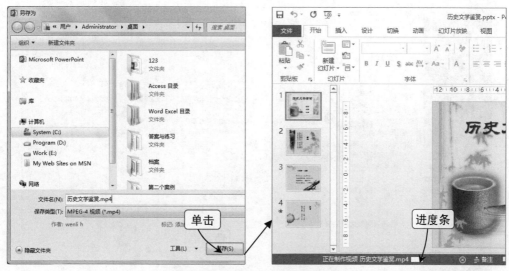

图11-40　将演示文稿创建为视频

在默认情况下，演示文稿将被转换为mp4格式的视频文件，在保存路径中找到演示文稿所创建的视频文件并播放，将得到如图11-41所示的效果。

图11-41　播放视频文件

11.4.3　将演示文稿打包成 CD

为了在其他没有安装PowerPoint的电脑上播放演示文稿，可将制作好的演示文稿进行打包，在压缩包中将包含PowerPoint播放器的下载链接，用户根据提示下载播放器后即可观看演示文稿。

在需要打包的演示文稿中切换到"文件"选项卡，选择"导出"选项卡中的"将演示文稿打包成CD"选项，并在右侧"将演示文稿打包成CD"栏中单击"打包成CD"按钮，如图11-42所示。

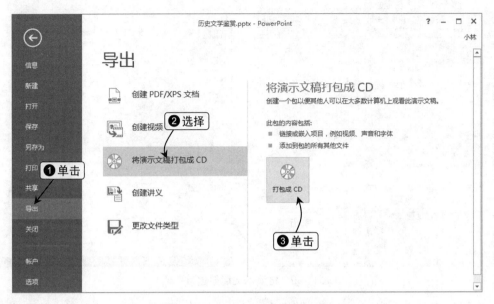

图11-42　单击"打包成CD"按钮

此时将打开如图11-43所示的对话框，在"将CD命名为"文本框中输入打包文件的名称。

单击"选项"按钮，将打开"选项"对话框，在其中可以对打包文件所包含的内容进行选择，还可以设置打包文件的密码。

设置密码之后单击"确定"按钮将打开"确认密码"对话框，再次输入密码后单击"确定"按钮，如图11-44所示。

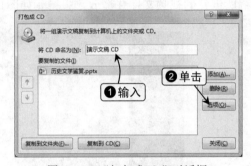

图11-43　"打包成CD"对话框

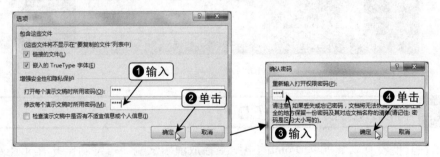

图11-44　设置打包文件的密码

返回"打包成CD"对话框，单击"复制到文件夹"按钮，将打开"复制到文件夹"对话框，在其中可以设置文件夹的名称和保存路径，最后单击"确定"按钮进行打包，完成之后将打开文件夹查看打包的情况，如图11-45所示。

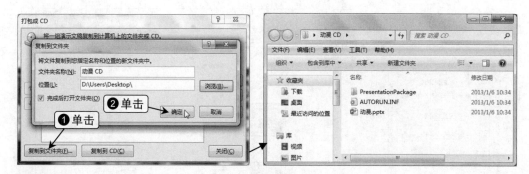

图11-45　查看打包文件

11.4.4　在 Word 中创建讲义

在PowerPoint 2016中可以将演示文稿创建为讲义并发送到Word文档中，以便编辑、打印和分发。

选择"保存并发送"选项卡中的"创建讲义"选项，并单击其右侧的"创建讲义"按钮，如图11-46所示。

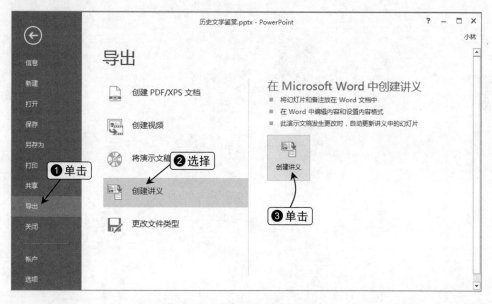

图11-46　单击"创建讲义"按钮

此时将打开"发送到Microsoft Word"对话框，在其中可选择讲义的版式，然后单击"确定"按钮确认发送到Word文档。图11-47所示为备注在幻灯片旁的讲义版式。

图11-47　备注在幻灯片旁的讲义版式

第 12 章

怎样让幻灯片与众不同

利用收集的素材制作幻灯片

在绘制的渐变区域上添加标题

设置文本标题效果

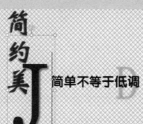

制作背景单一的幻灯片

12.1 新手制作幻灯片的五大误区

了解新手制作幻灯片有哪些误区，避免走入这些误区

新手在制作幻灯片时，往往不考虑"前因后果"，只是盲目地将文本内容和图片组合在一起，这样就会使整个演示文稿苍白无力，缺少美感又毫无吸引力。下面将具体介绍大多数幻灯片新手都会进入的误区。

12.1.1 文字太多，没有提炼

一般用户在制作幻灯片前，都会先在Word中排版，然后复制粘贴到已布好局的幻灯片中，但有时为了节约时间，或者担心观众觉得内容不够详细，往往没有经过语言提炼，直接将Word中的文本内容复制粘贴到了幻灯片上，这就使得幻灯片内容过多，而观众却找不到重点，如图12-1所示。

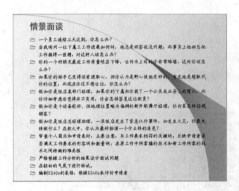

图12-1　幻灯片中的文本内容过多

为了让观众注意聆听演示者的讲解，只需在幻灯片中罗列一些大的标题或问题即可，如图12-2所示，而不是在幻灯片中显示出所有演讲内容，让观众自己阅读。

图12-2　提炼幻灯片中的文本内容

12.1.2 滥用模板，风格不一

有的用户为了使幻灯片显得专业，就喜欢套用模板，但是使用过多的模板，反而使得幻灯片不伦不类，还缺失了整体风格的统一性。图12-3所示为同一演示文稿中的几张不同模板的幻灯片。

图12-3　同一演示文稿中的几张不同模板的幻灯片

套用多个模板时，最好是选择风格比较相近的模板，在这一大前提下，改动幻灯片细节，将会使演示文稿的整体风格和谐、统一，如图12-4所示。

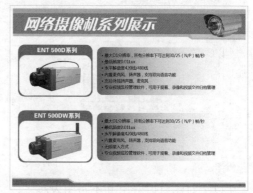

图12-4　统一幻灯片风格

12.1.3 排版混乱，图表业余

有的用户为了使多重数据能够更好地进行对比分析，就在同一张幻灯片上堆放了多个图表，但又没有精心排版，造成界面比较混乱，如图12-5所示。

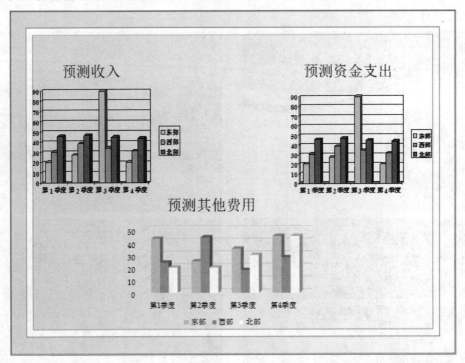

图12-5　堆砌图表

若为了几种类型数据的比较，可以不用上述的堆砌图表方法，让每个图表放置在一张幻灯片上更能让用户理解每个数据的含义，如图12-6所示。

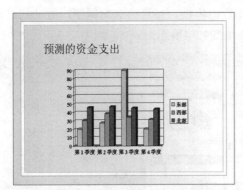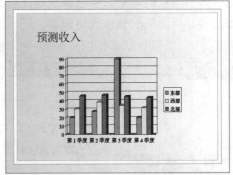

图12-6　合理放置图表

从以上对比可以看出并不是图表越多，数据就越清晰。

12.1.4 滥用图片，色彩"丰富"

当用户为了制作某个主题的幻灯片时，会寻找大量的图片素材，在实际运用中觉得每张图片都很有特色，都舍不得丢弃，因而在幻灯片上放置了大量的精美图片，但往往就是因为这个舍不得而使得幻灯片过于繁杂，如图12-7所示。

图12-7　滥用图片

无论做什么都要有个度，制作幻灯片亦是如此，向幻灯片中添加图片要适可而止，须知有舍才有得，如图12-8所示。

图12-8　合理使用图片

12.1.5 特效过多，眼花缭乱

很多幻灯片新手都会有这样的经历，当懂得如何制作特效后，就希望将整个幻灯片制作得更生动一些，就会将幻灯片中的大多数甚至全部对象都添加特效，以显示出该幻灯片的与众不同，却忽略了特效过多会使得该幻灯片杂乱无章，如图12-9所示。

图12-9　让人眼花缭乱的特效

幻灯片中对象的特效不宜过多，而且每个特效的前后连接要合理，不能随性自由发挥，如图12-10所示。

图12-10　合理的动作特效

12.2 从好的作品中获取灵感
从其他出色的平面设计作品中寻找闪光点并融会贯通到自己的作品中

幻灯片的制作不仅是一门技术，更是一门艺术，它集逻辑与美学于一身，是一幅小的平面设计图，但如果用户不会平面设计怎么办呢？这就需要用户发挥淘宝精神，从互联网上琳琅满目的平面作品中寻找出经典的作品，向其学习各种排版及色彩搭配技巧。

12.2.1 收集各种好的素材

好的平面设计作品之所以让人为之震撼，是因为它在某方面触动了你的心弦，每个人的审美观点都有所不同，抓住从其他作品中获得的灵感，再加上自己的构思，同样能制作出一幅让人满意的作品。

在此之前，首先要学会收集好的素材，在日常生活中常常会看到一些精美的平面设计作品，不妨将它收集起来。图12-11所示为个人收集的比较个性的平面作品。

杂志封面

宣传广告

广告创意

电影海报

平面设计

图12-11　个人收集的比较个性的平面作品

在收集了大量的素材后，就需根据实际情况，利用素材制作成符合需求的幻灯片，如图12-12所示。

图12-12　利用素材制作幻灯片

12.2.2 模仿——PPT 设计的开始

对于PPT新手而言,模仿是很有必要的,没有谁天生就会掌握一套精湛的PPT设计技能,只有不断地模仿和学习,才有超越的可能。

例如,通过在如图12-13(左)所示的半透明形状中获得启发,制作如图12-13(右)所示的半透明云形状对话框。

图12-13　半透明形状的模仿

除了图形的模仿,文字也可以突出创意,很多设计作品在文字的处理方面都喜欢用中英文结合的方式来突出标题,如图12-14所示。

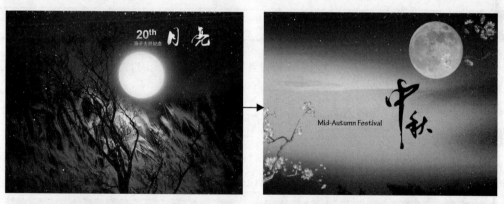

图12-14　中英文结合的文本效果

幻灯片往往会因为一些小的元素而加分,而这又是容易被人们忽略的部分,如图12-15(左)所示,在单调的幻灯片中加入了红色逗号素材,使得整个画面富有意境。

在素材网站上,类似逗号、对话框、便签等种类的素材有很多,可以选择合适的进行组合,从而制作出如图12-15(右)所示的幻灯片。

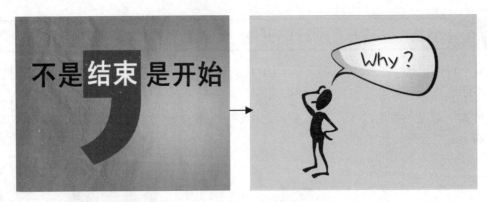

图12-15　加入小元素的幻灯片

欣赏和学习好的作品不仅可以提高我们的审美能力，还可以为我们的PPT设计提供思路，很多我们没有想到的理念，通过欣赏别人的作品而得到了头绪，这也是一种快速成长的方式。

12.3 制作个性的封面与目录
掌握怎样制作个性化封面和目录的方法

好的演示文稿封面就像一个富有说服力的向导，它会唤起观众的热情，将观众的情绪引进本场演讲中，使他们更加期待接下来的演讲。

12.3.1 制作变换的封面

封面设计的关键是什么？可能很多人都有此疑问，是漂亮的背景还是画龙点睛的文本内容？如果我们不擅长平面设计，可以把精力放在标题上。

没有任何设计的标题能否吸引你呢？答案显而易见，不能。那么封面标题要怎样设计才能打动观众呢？

其实标题的设计并不需要多复杂，很多时候，只需改变字体的颜色、大小、样式即可，如果你是一个注重细节的人，可以在标题适当的地方添加一些小元素，如图12-16所示。

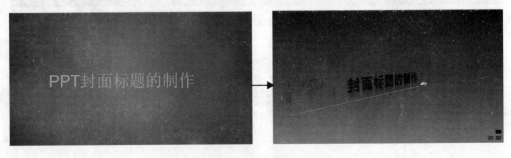

图12-16　封面标题的简单设计

现在比较常见的封面就是一半图一半文字，但这占据一半地位的图片只能是与主题息息相关的图片，另一半文字可以采用色块加上文字的方法来显示，也可以通过在渐变区域来添加文字，或者直接在图片空白的地方加上文字。

下面来认识这3种半图半文字的封面处理方法。

◆ **通过在色块上添加标题**：当图片占满了整个幻灯片或占了 1/2 以上的幻灯片版面时，如图 12-17（左）所示，可以通过在图片上添加色块的方法来输入标题，如图 12-17（右）所示，给图片添加的橙黄色和蓝色色块，并在橙黄色色块的左侧添加了一个渐变，且将图片背景透明化缩小放置在色块渐变处，最后输入标题文字。

图12-17 在色块上添加标题

◆ **通过渐变区域添加标题**：俗话说"朦胧产生美感"，这个道理在幻灯片中也比较实用。对于一张图片占满整个幻灯片的情况，可以在图片合适的地方绘制一个矩形，然后利用取色器拾取图片中的颜色来填充渐变效果，然后再放置标题文本，其效果如图 12-18 所示。

图12-18 在渐变区域上添加标题

◆ **直接在图片背景单一处添加标题**：当一张图片铺满整个幻灯片，图片中又恰好有背景比较单一的地方，此时可直接在此处添加标题，如图 12-19 所示。

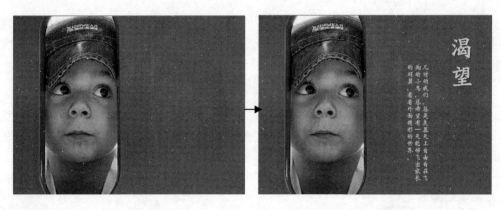

图12-19 在背景单一处添加标题

12.3.2 让人眼前一亮的目录

在制作好封面之后，就应该设计演示文稿的目录了，现在中规中矩的目录已经不能得到人们的青睐，那么什么样的目录才能让人眼前一亮呢？

带有项目符号的目录是最常见的目录类型，如果想要目录有一定新意，可以试着将项目符号替换为图片，如图12-20所示。

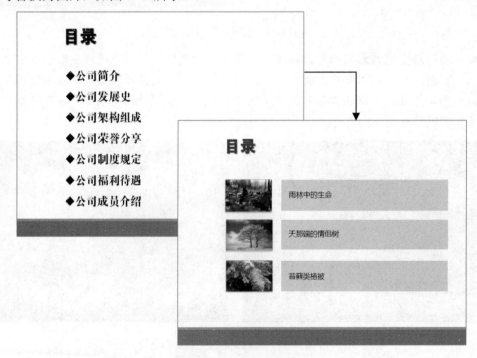

图12-20 不同的目录样式

若想目录有导航的效果，可以加入有方向识别性质的图示或素材，如图12-21所示。

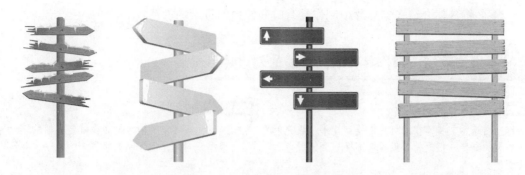

图12-21　具有方向识别性质的素材

利用这类素材可以制作出如图12-22所示的导航性目录。

图12-22　具有导航性质的目录

对于上述几种目录样式，观众可以直观地看出整个演示文稿分为哪几个部分，每部分大概讲述哪些内容，但是却不知道每部分内容大概能讲述多长时间，如果用户想突出演讲时间这一特点，可以通过绘制时间线段来制作目录，其具体样式如图12-23所示。

看习惯了横排文字的目录，如果将其制作成竖排文字的目录会是什么效果呢？在构思这样一种目录时不妨加入一些生动形象的剪贴画，如图12-24所示。

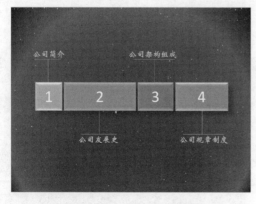

图12-23　具有时间性质的目录　　　　　　图12-24　竖排文字目录

下面将具体介绍在幻灯片中制作具有时间性质的目录的方法。

 操作演练：制作具有时间性质的幻灯片目录

Step 01 制作渐变背景

新建空白演示文稿，在幻灯片中绘制矩形，填充射线类型的渐变，根据需要设置各渐变光圈的颜色和透明度。

Step 02 添加色块

根据演示文稿各章节内容的多少确定大概的演示时间，根据此时间比例绘制长短不一的色块，并设置其样式。

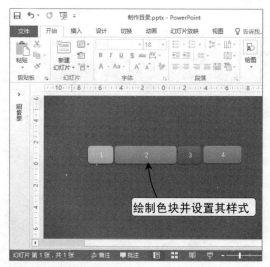

Step 03 输入序号，绘制线条

分别在色块中输入序号，并绘制如图所示的纵横相交的直线。

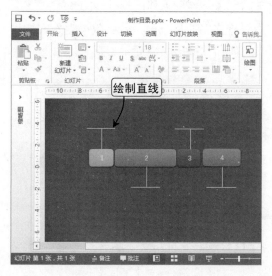

Step 04 添加文字

分别在横向的直线上添加对应的文字，调整位置，使其在横线上居中放置。

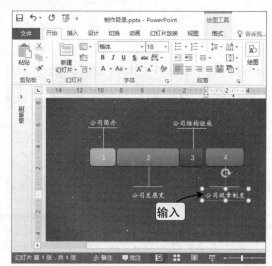

12.4 | 让重点一目了然
掌握在幻灯片中突出重点的方法

每个演示文稿都有其主题思想，这些主题思想都是通过某些具体的文字、图形或图片来表达的，也是所谓的重点，那么要怎样突出这些重点呢？下面将具体介绍突出重点的方法和技巧。

12.4.1 通过排版突出重点

当某张幻灯片上没有图形、图片，只有文本时，我们可以通过排版来突出其重点，这里的排版包括设置文本段落格式，调整文字格式等。

1．通过分段与留白来突出重点

通常，在PowerPoint中的文字排版都是通栏排的，虽然文本有字号大小和颜色之分，但总让人感觉比较乏味，若一个演示文稿中有很多这样版式的幻灯片，那真是在考验观众的视力和忍耐力了。

为了让纯文本的幻灯片看上去不那么乏味，我们可以通过分段来体现出距离感，再用留白来体现出段落感，如图12-25所示。

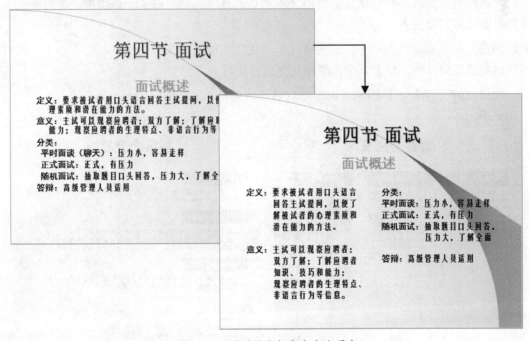

图12-25　通过分段与留白突出重点

2. 通过添加小标题来突出重点

当一张幻灯片上的文本较多时，在分段和留白的基础上，还可以给每段话提炼出一个小标题，且将其单独一排放置，这样会使观众更好地抓住这一大段内容的重点，且使幻灯片显得更专业，如图12-26所示。

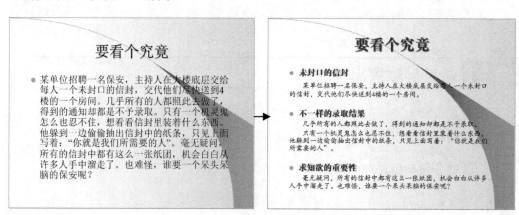

图12-26　为段落提炼小标题

从图12-26可以看出，为段落提炼小标题后，重点就更加明显了，即每个小标题就是该段的重点，而且因为有了小标题，观众就多了一份求知欲。

上述两种方法都是比较常见的突出文本重点的方法，但稍微多一点想象，即可将文本排列得更加富有吸引力。

当在为文本分段且提有小标题的情况下，我们在排列段落方面就可以花点心思，若将段落横向或纵向排列，加上一个向导形状是否会更好一点呢？

图12-27所示为给小标题加上向导形状后的效果。

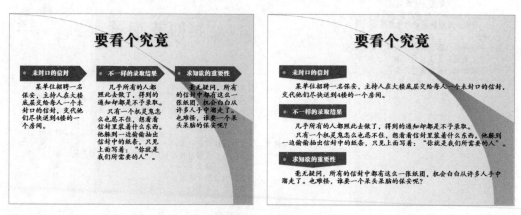

图12-27　给小标题加上向导形状后的效果

当幻灯片中的文本内容不是很多时，可以通过丰富标题来达到突出重点的效果，这样会使得文本的整体版式更有特色，如图12-28所示。

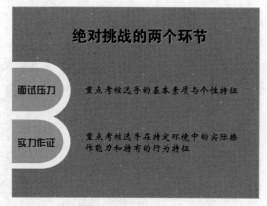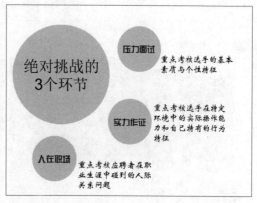

图12-28　丰富文本标题

下面将具体介绍图12-28（左）所示的排版制作方法。

 操作演练：设置文本标题效果

Step 01 填充背景

新建空白演示文稿，在幻灯片中绘制矩形，并将其颜色填充为"白色，背景1，深色50%"。

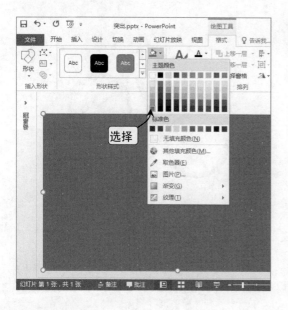

Step 02 添加并调整形状

选择"流程图：延期"选项，在背景上绘制形状，调整其大小，将其颜色设置为"白色"，然后在下方复制一个形状。

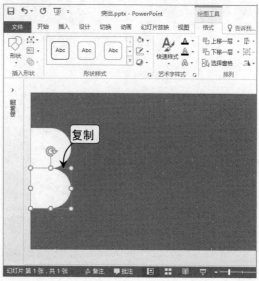

Step 03 复制并设置形状

复制形状，按【Ctrl+Shift】组合键缩小形状，放置在合适的位置并设置其颜色，再向下复制该形状。

Step 04 添加文字

在幻灯片合适的位置添加文字，根据实际情况设置文字的格式。

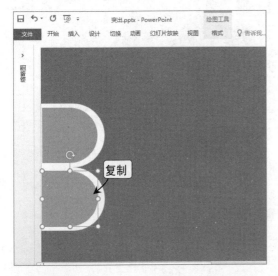

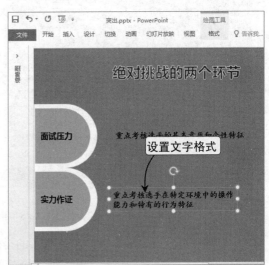

12.4.2 通过简化背景突出重点

现在大多数人越来越讨厌复杂的东西，比较欣赏简约美，在制作幻灯片时，用户也可抓住这一特点，尽量让其显得不复杂。图12-29所示为没有任何背景但又不会让人觉得空洞的幻灯片。

图12-29　没有任何背景但又不会让人觉得空洞的幻灯片

很多人都听过"简约而不简单"这句话，那么要怎样才能制作出这样简约又不简单的幻灯片呢？在没有任何素材可以使用时，可以自定义填充一个颜色单一形状作为幻灯片的背景，再加上文本即可，其具体操作方法如下。

操作演练：制作单一背景的幻灯片

Step 01 填充背景

新建空白演示文稿，在幻灯片中绘制一个矩形作为背景，并为其选择一种合适的填充颜色。

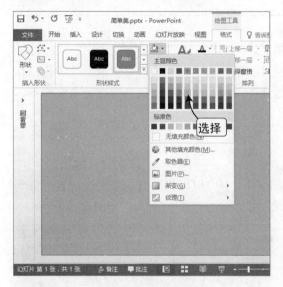

Step 02 设置形状格式

打开"设置形状格式"窗格，切换到形状填充选项卡，选择一种填充图案。

Step 03 输入文本并设置格式

输入图中所示的文本，将文本"简约美"设置为"创艺简魏碑"字体，字号为"96"号，颜色为25%的深灰色；将文本"简单不等于低调"设置为"方正粗圆简体"字体，字号为"44"号，颜色为"黑色"。

Step 04 添加英文字母

在幻灯片合适的位置添加英文字母"J"和"D"，将英文字母"J"设置为"BatangChe"字体，字号为"300"号，颜色为"深红"，为英文字母"D"应用60%的淡橙色，字号为"150"号。

12.5 善用图片
掌握幻灯片中图文搭配的方法

在幻灯片中主要展示的内容为文字和图片，除了掌握图片的处理技术外，用户更需要掌握的是幻灯片中图片与文字之间应该如何搭配才能得到最佳效果。

12.5.1 图片与文字的完美结合

在幻灯片中不是图片多就好，插入图片的目的是为了更好地理解文字信息及美化幻灯片，插入的图片不需要美轮美奂，只要求恰如其分。下面分别介绍这几种图片与文本完美结合的方法与技巧。

1. 降低图片地平线扩大视觉空间

对于一些风景图片，如果希望给人以广阔的空间感，可以将图片的地平线位置降低到图片底部的1/3处，这样使天空的部分得到了增加，视觉空间变得更大，如图12-30所示。

图12-30　降低图片地平线的效果

2. 遵循视觉延伸方向

在图片上放置文字时，常常会遇到这样的问题：文字到底是横向排版好还是竖向排版好，是放在左侧好还是右侧好。人们的阅读习惯是从左至右的，所以在没有暗示方向的图片的情况下，文字可横向排版放置在左侧，若幻灯片中有这类图片，就需要根据实际情况决定文字的方向和位置。

图12-31所示为垂直走向的图片，若将文字横向排版，则会打乱阅读视线，则需将文字竖向排版，若将文字放于左侧，会发现不管将文字调为哪种颜色，都会有一部分文字不能够显示清楚，这时候，可将文字放于右侧，达到突显文字的效果。

图12-31　垂直走向的图片

如图12-32（左）所示，图中的人物视觉方向是向右上方的，此时为了达到图文完美结合的效果，需将文字放于图片的右上方，与人物视线保持一致；如图12-32（右）所示也用同样的方式排列文字。

图12-32　左右放置文字的效果

3．留出人物前面的空间放置文字

当图片中只出现单一人物时，最好是将文字放在人物的前面，若将文字放在人物的后面，会让人觉得文字是在画面外，如图12-33（左）所示；反之，会使得画面更稳定、和谐，如图12-33（右）所示。

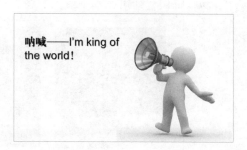

图12-33　人物前后放置文字的对比效果

4．适当裁剪和虚化图片

当在幻灯片中插入一张不大不小的图片时，会烦恼究竟该怎样处理这张图片才比较合适，这时可将图片进行裁剪、虚化，体现出一种"残缺美"，如图12-34所示

图12-34　适当裁剪和虚化图片

 虚化图片的技巧
这里介绍的虚化图片并非是在专业的图片处理软件中虚化图片，而是在 PowerPoint 中的图片上添加形状，然后给形状填充一个由白色到透明的渐变效果。

12.5.2 多张图片的排列组合技巧

上一小节讲述的是在一张幻灯片中只出现一张图片的情况下，文字与图片结合的技巧，当需要将多张图片排列在同一张幻灯片时，也需要遵循一定的排列组合原则。

1．保持同一水平线

对于多张人物方面的图片，在横向分布时，有两种情况：当人物头像比较大时，应将其眼睛或视线保持在同一水平线上；当人物整体比较小时，需将重心保持在同一水平线上，下面将详细介绍这两种情况。

◆ 将眼睛或视线保持在同一水平线上：当图片中的人物眼睛比较突出的时候，将人物眼睛调整到同一水平线上会使整个画面的气氛更为和谐，如图 12-35 所示。

图12-35　调整人物眼睛到同一水平线上

◆ **将人物重心保持在同一水平线上：**将多张图片横向平均分布时，会发现图片中的人物有大有小，给人一种重心不稳的感觉，所以将所有人物的重心调整到同一水平线上，画面能给人一种稳定的感觉，如图 12-36 所示。

图12-36　调整人物重心

2．将某张图片作为背景

对于多张风景图片的排列，可以有很多种排列方式，比较新颖的就是将其中的某一张图片作为背景排列，如图12-37所示。

图12-37　排列风景图片

3．加入色块充当图片

在一张幻灯片中如果图片很多，可以采用格子分布的方式来排列所有图片，但是这些图片不是刚好就能刚好填满空格，这时可以使用同色系的色块来代替图片填充空格，这是在平面设计中经常用到的图片排版方法，如图12-38所示。

图12-38　用色块充当图片

制作图12-38所示的效果的具体操作步骤如下。

 操作演练：在格子中填充图片

Step 01 绘制格子

新建演示文稿，单击"形状"下拉按钮，选择"直线"形状选项，然后绘制如图所示的格子。

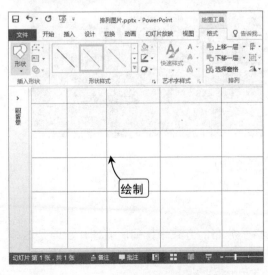

Step 02 平均分布直线

将直线颜色设置为"灰色"，分别平均分布横向和纵向的直线。

Step 03 插入图片，并调整大小和位置

插入需要排列的图片，根据格子大小调整图片的大小，并将其放置在合适的格子中。

在格子中添加图片

Step 04 添加色块和文字

在剩余的格子中添加矩形形状，利用取色器吸取附近图片的颜色来填充矩形，然后在上面添加文字。

添加色块

第 13 章

教学课件演示文稿实战演练

设置动画效果选项

设置图片柔化边缘效果

为图片设置阴影效果

设置视频播放格式

13.1 【儿童乐园】——迎接新学年

熟悉应用触发器动画效果

为了吸引小朋友的注意力，现在的小学老师常会在开学前夕制作一个关于小朋友入学的演示文稿，以便在开学当天放映，其中录入了开学的各种相关流程。

13.1.1 实战制作目标

在小朋友的眼中，世界是缤纷多彩的，五颜六色的东西永远都能够吸引他们的注意力，所以就要求演示文稿的颜色丰富多彩，而且插图需要简单易懂，本案例的最终效果如图13-1所示。

素材\第 13 章\迎接新学年
效果\第 13 章\迎接新学年.pptx

图13-1 "迎接新学年"效果图

13.1.2 实战制作分析

"迎接新学年"演示文稿着重突出插图和动画效果，在插入联机图片时，需要使用比较卡通的剪贴画，在制作幻灯片切换效果时要用比较华丽的切换样式，如飞机、日式折纸等切换样式，这样比较能够引起小朋友的关注，案例制作流程如图13-2所示。

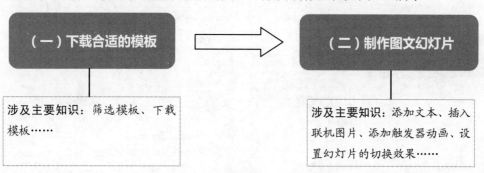

图13-2 "迎接新学年"制作流程

13.1.3 实战制作详解

制作"迎接新学年"演示文稿的具体操作如下。

 （一）下载合适的模板

Step 01 搜索模板

启动PowerPoint 2016程序，在"搜索联机模板和主题"文本框中输入"自然"，单击"搜索"按钮。

Step 02 选择合适的模板

在"新建"栏中选择合适作为本案例的主题模板，此处选择"七彩自然"演示文稿模板。

Step 03 创建模板

在打开的对话框中浏览更多图像效果，以确定是否下载此模板，确定后单击"创建"按钮。

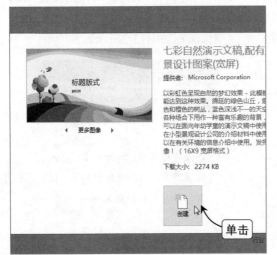

Step 04 保存模板

按【F12】键，打开"另存为"对话框，将演示文稿保存为"迎接新学年"。

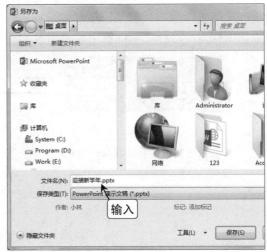

（二）制作图文幻灯片

Step 01 制作标题幻灯片

在标题幻灯片的标题文本框中单击，定位文本插入点，输入标题内容，使用相同的方法输入副标题内容，并使其文本内容居中对齐。

Step 02 输入文本

切换到第二张幻灯片中，输入小题及正文文本，在"插入"选项卡的"图像"功能组中单击"联机图片"按钮。

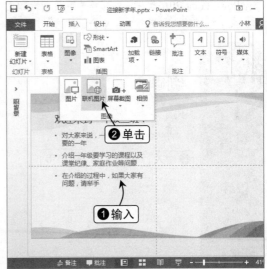

Step 03 输入关键字

打开"插入图片"对话框，在"必应图像搜索"文本框中输入"校车剪贴画"，单击"搜索"按钮。

Step 04 插入图片

在搜索结果对话框中选择合适的图片，单击"插入"按钮。

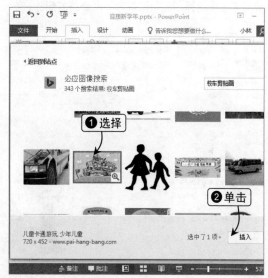

Step 05 调整图片大小和位置

将鼠标光标放置在插入图片的对角控制点上，按住【Shift】键拖动鼠标，调整图片的大小，再将其拖动到合适的位置。

Step 06 制作第三张幻灯片

复制第二张幻灯片以保留源格式的方式粘贴在其后，输入相应的文本内容，并插入合适的联机图片，再调整文本与图片的位置。

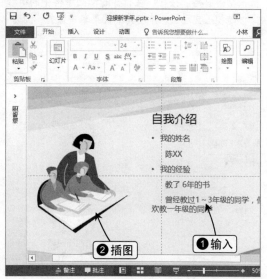

Step 07 删除不需要的幻灯片

用制作第三张幻灯片的方法制作剩余的幻灯片，然后在幻灯片窗格中不要的幻灯片上右击，在弹出的快捷菜单中选择"删除幻灯片"命令将其删除。

Step 09 添加触发器动画

选择标题文本框，为其设置"随机线条"进入动画，选择正文文本框，为其设置"擦除"进入动画，单击"动画窗格"按钮，在打开的动画窗格中同时选择标题和正文动画，并在其下拉菜单中选择"计时"命令。

Step 08 添加动画

切换到第二张幻灯片中，选择图片，为其选择"劈裂"进入动画，并将其开始方式设置为"与上一动画同时"，在"效果选项"下拉列表中选择"中央向左右展开"命令。

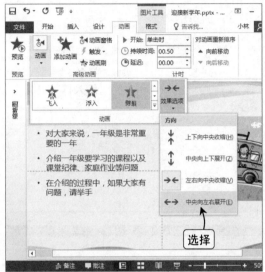

Step 10 设置触发对象

在打开的"擦除"对话框中，将开始方式设置为"上一动画之后"，期间为"快速(1秒)"，单击"触发器"按钮，将"图片5"设置为标题和正文文本的触发对象，然后单击"确定"按钮。

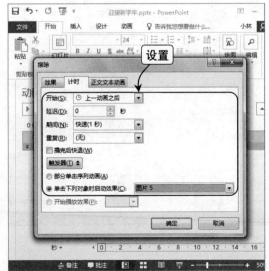

Step 11 添加进入动画

切换到第三张幻灯片中,为图片和标题分别添加"浮入"和"轮子"进入动画,并将其开始方式设置为"上一动画之后"。

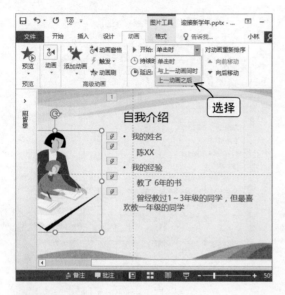

Step 13 重命名

切换到第四张幻灯片中,在"开始"选项卡的"编辑"功能组中单击"选择"按钮,在其下拉菜单中选择"选择窗格"命令,在选择窗格中为本张幻灯片上的所有对象重命名。

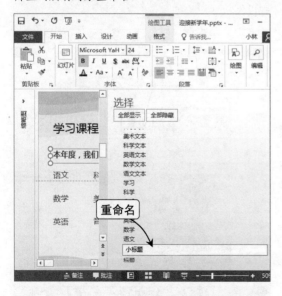

Step 12 设置触发器动画

选择正文文本框,为其添加"擦除"进入动画,打开"擦除"对话框,将其开始方式设置为"上一动画之后",期间为"快速(1秒)",并将本张幻灯片中的图片设置为触发器。

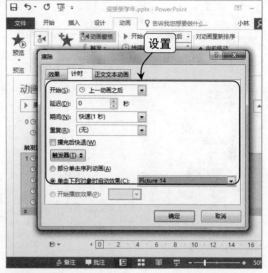

Step 14 设置动画效果

选择"学习"图片,为其添加"淡出"进入动画,为标题和小标题文本添加"擦除"进入动画,开始方式都为"上一动画之后"。

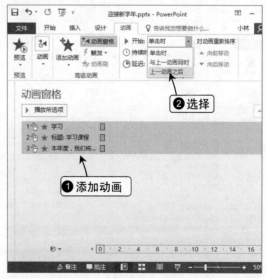

Step 15 统一添加动画效果

按住【Ctrl】键，同时选择"语文"、"数学"、"英语"、"科学"、"美术"、"音乐"文本，为其统一添加"淡出"动画，并将开始方式设置为"上一动画之后"。

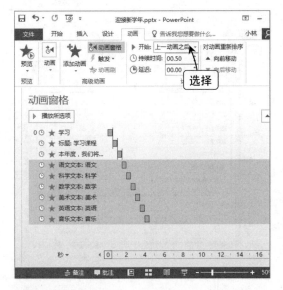

Step 16 添加触发器动画

选择"语文"图片，为其添加"圆形扩展"进入动画，将其开始方式设置为"单击时"，并将"语文"文本设置为其触发对象。用相同方法为剩余的文本添加合适的触发器动画。

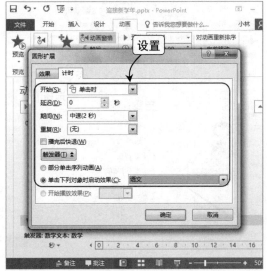

Step 17 为其他幻灯片添加动画

用上述方法为剩余幻灯片中的对象添加合适的动画并设置其动画效果。

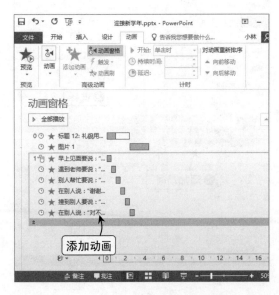

Step 18 添加切换效果

切换到第一张幻灯片中，在"切换"选项卡中为其选择"帘式"切换效果，在声音下拉菜单中选择"风铃"选项，持续时间为"03.50"秒。用此方法为其他幻灯片添加合适的切换效果，完成本次案例的全部操作。

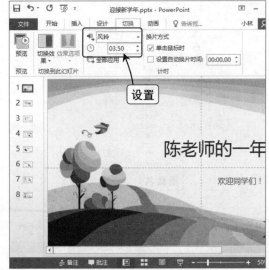

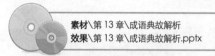

【中学语文课件】——成语典故解析

将图片、超链接及动画灵活应用到演示文稿中

为了加深学生对成语的理解，以便能够更好地运用，语文老师在准备成语课件时会加上一些相关的成语典故，将这些成语的由来解释清楚，方便学生记忆。

13.2.1 实战制作目标

制作中学的语文成语这类型的课件时，在寻找素材时可寻找一些比较具有古典艺术气息的图片，当知识点讲解结束后可加上相关习题，巩固当堂课学习的内容，其最终部分效果如图13-3所示。

素材\第 13 章\成语典故解析
效果\第 13 章\成语典故解析.pptx

图13-3 "成语典故解析"效果图

13.2.2 实战制作分析

本案例讲解的是"沉鱼落雁，闭月羞花"的成语典故，在寻找素材时可以搜索"西施"、"王昭君"、"貂蝉"、"杨玉环"这些关键字，寻找相关人物图片。

找好素材后，就可以开始制作幻灯片了，考虑到老师一边板书一边讲解的讲课习惯，可为幻灯片中的对象添加开始方式为"单击时"的动画，当老师讲解到某个关键点时，可单击出现相应的图片和文字信息辅助讲解，最后制作一个习题幻灯片即可，其流程如图13-4所示。

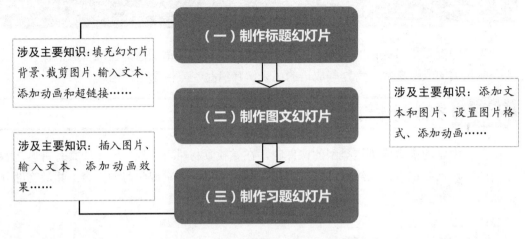

图13-4　"成语典故解析"制作流程

13.2.3 实战制作详解

制作"成语典故解析"演示文稿的具体操作如下。

 （一）制作标题幻灯片

Step 01 填充标题幻灯片背景

新建一份空白演示文稿，将其保存为"成语典故解析"，打开"设置背景格式"窗格，在"填充"选项卡中选中"图片或纹理填充"单选按钮，将默认纹理填充作为背景。

Step 02 裁剪图片

插入"四大美女"素材图片，调整图片大小，并将其复制3份，将每个头像裁剪为单独的一张图片，并调整方向和位置，并将其按原位置拼凑在一起。

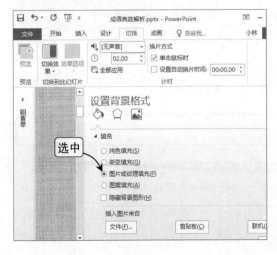

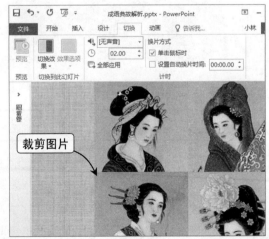

Step 03 输入文本

在幻灯片合适的位置输入相应的文本内容，并设置
其字体格式，此处需将"沉鱼"、"落雁"、"闭
月"、"羞花"文本放在不同文本框中。

Step 04 为标题文本添加动画

选择标题文本，为其添加"出现"进入动画，为"习
题"文本添加"弹跳"进入动画，开始方式为"单
击时"。

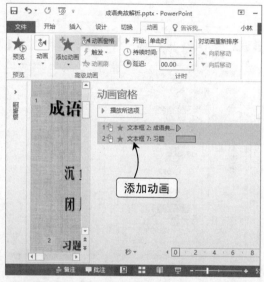

Step 05 设置动画效果

选择"沉鱼"、"落雁"、"闭月"、"羞花"文
本框，统一添加"淡出"进入动画，选择"沉鱼"
文本框，将其开始方式设置为"单击时"，再将剩
余3个文本框的开始方式都设置为"与上一动画同
时"，然后调整动画顺序。

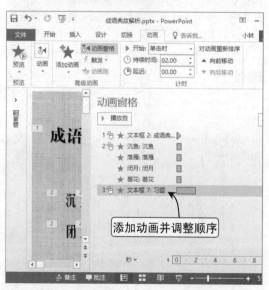

Step 06 添加触发器动画

选择"西施"图片，为其添加"出现"动画，再将
"沉鱼"文本框作为其触发器，用同样的方式再为
剩余的3张图片添加合适的动画效果，并将对应的文
本作为其触发对象。

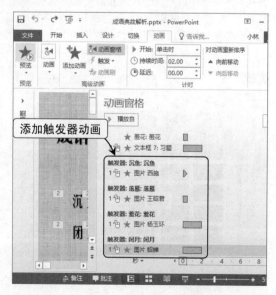

Step 07 添加幻灯片

根据典故个数、习题量添加空白幻灯片，此处添加5张空白幻灯片，选择"习题"文本框，并将其超链接到第六张幻灯片。

Step 08 添加超链接

选择"西施"图片，将其超链接到第二张幻灯片，将"王昭君"图片超链接到第四张幻灯片，将"貂蝉"图片超链接到第三张幻灯片，最后将"杨玉环"图片超链接到第五张幻灯片。

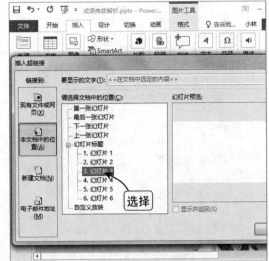

 （二）制作图文幻灯片

Step 01 设置背景图片

切换到第二张幻灯片，插入"背景"素材图片，调整其大小，并适当裁剪图片，保持图片的选择状态，适当调整图片的亮度/对比度和图片饱和度。

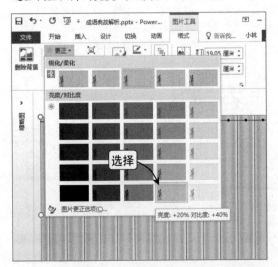

Step 02 复制并调整背景图片

选择背景图片，将其复制粘贴到第二张至第五张幻灯片中，分别选择第三张和第五张幻灯中的背景图片，并将其水平翻转。

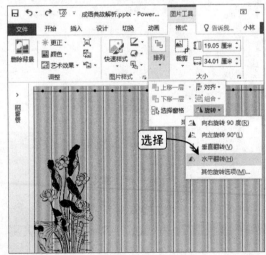

Step 03 设置图片格式

切换到第二张幻灯片，插入"西施"素材图片，调整其大小和方向，再为其设置"25磅"的柔化边缘效果。

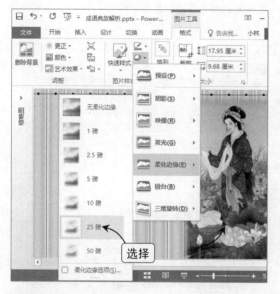

Step 04 添加文本

绘制竖排文本框，在其中录入相应的文本内容，并为其设置不同的字体格式，选择正文文本，打开"段落"对话框，将行距设置为"双倍行距"。

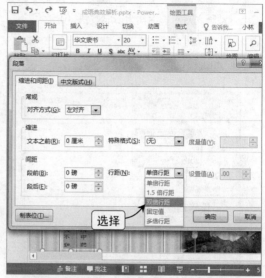

Step 05 设置内容幻灯片

用相同的方法，分别插入并设置"貂蝉"、"王昭君"、"杨玉环"图片，再录入相应的文本内容，并为其设置字体格式和段落间距。

Step 06 重命名

为方便后面的操作，打开"选择"窗格，为幻灯片中的所有对象重命名。

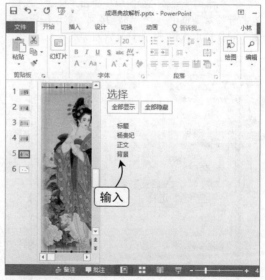

Step 07 添加动画

切换到第二张幻灯片，选择"西施"图片，为其添加"淡出"进入动画，开始方式为"与上一动画同时"，期间为"快速"，选择标题文本，为其添加"擦除"进入动画，方向"自顶部"，开始方式为"上一动画之后"，期间为"非常快（0.5秒）"。

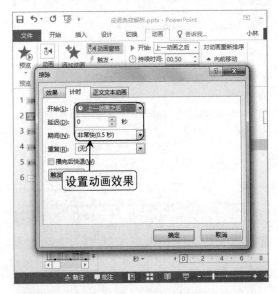

Step 08 设置动画效果

为正文文本添加"擦除"进入动画，方向"自右侧"，开始方式为"上一动画之后"，期间为"中速（2秒）"。用相同的方法为其他3张幻灯片中的对象设置相同的动画及动画效果。

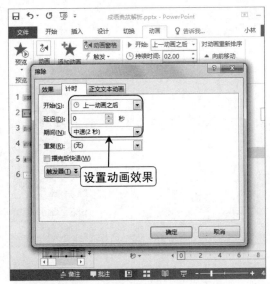

Step 09 添加动作

在第三张幻灯片中选择"貂蝉"素材图片，在"插入"选项卡的"链接"功能组中单击"动作"按钮，在打开的对话框中选中"超链接到"单选按钮，在其下拉菜单中选择"1.幻灯片1"选项。

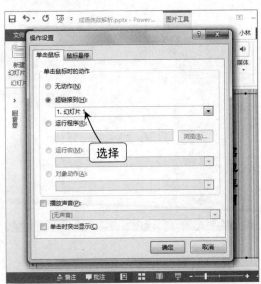

Step 10 设置返回动作

分别为内容幻灯片中的其他3张素材图片添加相同的动作，使其都能返回到第一张幻灯片中。

（三）制作习题幻灯片

Step 01 插入图片

切换到第六张幻灯片，插入"花"素材图片，调整其大小和位置。

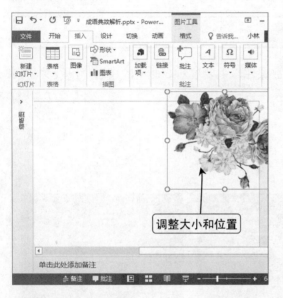

Step 02 设置文本格式

在幻灯片中的适当位置录入文本，并设置文字格式，将4个答案分开录入4个文本框中。

Step 03 添加进入动画

为所有文本添加合适的进入动画，将标题、问题和答案A文本的开始方式设置为"单击时"，将剩余3个文本的开始方式设置为"与上一动画同时"。

Step 04 为正确答案添加强调动画

选择正确答案即文本"B.貂蝉"，为其添加"彩色延伸"强调动画，开始方式为"单击时"。

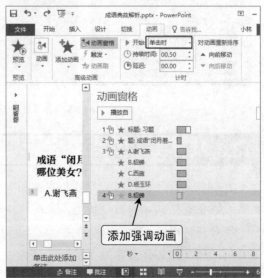

13.3 【艺术公开课】——《牡丹亭》戏曲鉴赏

将形状与文本结合，再插入视频到演示文稿中

很多大学里面都开设有艺术公开课，这类课件与其他课件相比，其文学性较强，除了必要的文字、图片说明和多媒体文件，不应该有过多的元素。

13.3.1 实战制作目标

本案例将具体介绍怎样制作一个戏曲鉴赏课件，主要展示戏曲中的精彩片段及关于该戏曲的文字说明，其最终的效果如图13-5所示。

素材\第 13 章\《牡丹亭》戏曲鉴赏
效果\第 13 章\《牡丹亭》戏曲鉴赏.pptx

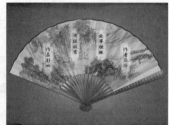

图13-5　"《牡丹亭》戏曲鉴赏"效果图

13.3.2 实战制作分析

在制作幻灯片前，需要寻找与戏曲相关的素材，然后对其进行适当的处理，如抠除背景、设置保存格式、剪辑视频等，为幻灯片的制作做好准备工作。

"《牡丹亭》戏曲鉴赏"演示文稿主要介绍了戏曲作者的基本情况、戏曲的精彩片段、戏曲的故事梗概和作品影响，从制作过程中来看，主要分为导航幻灯片和内容幻灯片的制作，流程如图13-6所示。

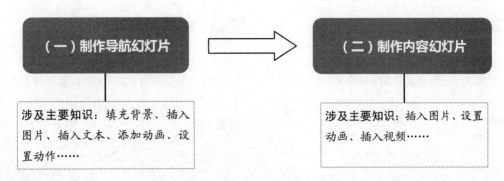

图13-6 "《牡丹亭》戏曲鉴赏"制作流程

13.3.3 实战制作详解

制作"《牡丹亭》戏曲鉴赏"演示文稿的具体操作如下。

 （一）制作导航幻灯片

Step 01 设置幻灯片大小

新建空白演示文稿，切换到"设计"选项卡，在"自定义"功能组中单击"幻灯片大小"按钮，在其下拉菜单中选择"标准 (4:3)"选项，并将演示文稿保存为"《牡丹亭》戏曲鉴赏"。

Step 02 填充背景

在幻灯片中右击，选择"设置背景格式"命令，在打开的窗格中选中"图片或纹理填充"单选按钮，然后单击下方的"文件"按钮，将素材图片"背景"填充为幻灯片的背景，并单击"全部应用"按钮，将背景应用到所有的幻灯片中。

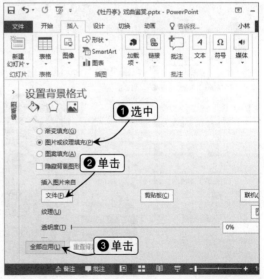

Step 03 制作标题幻灯片

插入 "牡丹亭" 素材图片，调整其大小和位置，再在幻灯片合适的位置绘制一个竖排文本框，在其中输入文本内容，并为其设置合适的文本格式。

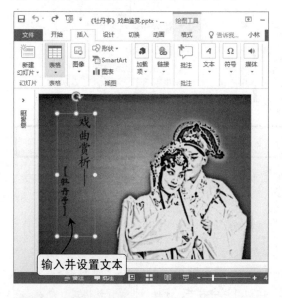

Step 04 插入图片

在 "开始" 选项卡中单击 "新建幻灯片" 下拉按钮，在其下拉菜单中选择 "空白" 选项，然后插入 "折扇" 素材图片，并调整其大小和位置。

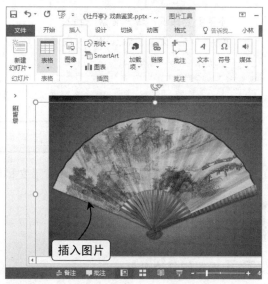

Step 05 设置图片样式

保持图片的选择状态，在 "图片工具 格式" 选项卡的 "图片样式" 功能组中单击 "图片效果" 按钮，为其设置 "向下偏移" 阴影效果。

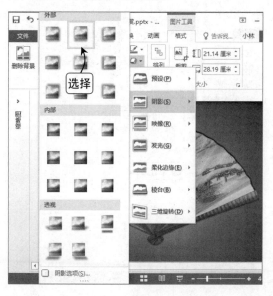

Step 06 插入图片

插入 "画笔" 素材图片，调整大小，按住【Ctrl】键将其复制3次，分别放在合适的位置。

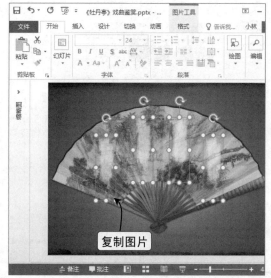

Step 07 添加文本

分别在"画笔"图片上绘制4个竖排文本框，在其中输入图中所示的文本内容，并设置其字体格式，然后新建4张空白版式的幻灯片。

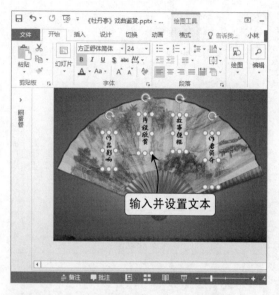

Step 08 添加超链接

分别选择4个文本内容，打开"插入超链接"对话框，依次将文本"作者简介"、"故事梗概"、"片段欣赏"、"作品影响"超链接到第三张、第四张、第五张和第六张幻灯片。

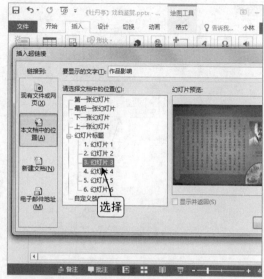

Step 09 打开"新建主题颜色"对话框

单击"设计"选项卡"变体"功能组中的"颜色"下拉按钮，在其下拉菜单中选择"自定义颜色"命令，打开"新建主题颜色"对话框，单击"超链接"下拉按钮。

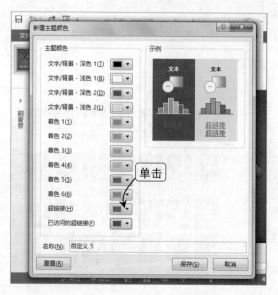

Step 10 修改超链接的颜色

在"超链接"下拉菜单中选择"其他颜色"命令，在打开的对话框的"标准"选项卡中选择"褐色"选项，将已访问的超链接颜色也设置为褐色。

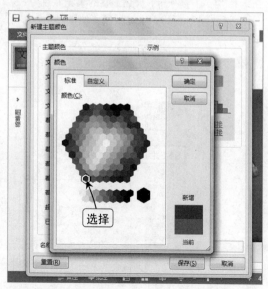

Step 11 为"折扇"图片添加动画

为图片"折扇"添加"轮子"进入动画，在"轮子"对话框中将其开始方式设置为"与上一动画同时"，期间为"中速（2秒）"。

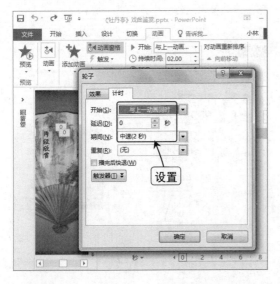

Step 12 添加动画

选择所有画笔图片，为其添加"伸展"进入动画，再为所有文本添加"基本旋转"进入动画，开始方式都设置为"上一动画之后"，然后调整动画顺序。

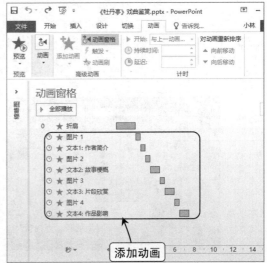

 （二）制作内容幻灯片

Step 01 绘制形状

在第三张幻灯片中绘制"横卷形"形状，切换到"绘图工具 格式"选项卡，设置形状的填充颜色为"茶色"，透明度为"71%"，边框颜色设置为"褐色"。

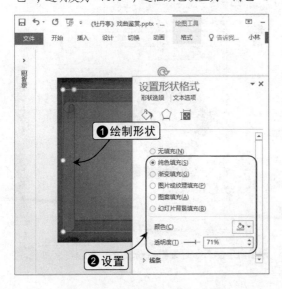

Step 02 插入人物图片

将"汤显祖"素材图片插入幻灯片中，调整其大小和位置，并将"汤显祖"图片的颜色设置为"色温：11200K"。

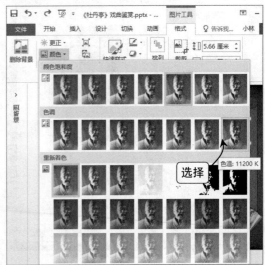

Step 03 添加文本

双击绘制的形状以定位文本插入点，然后在"开始"
选项卡的"段落"功能组中单击"文字方向"下拉
按钮，选择"竖排"命令，输入文本内容。

Step 04 插入图片

插入"折扇"素材图片，调整其大小、位置及旋转
角度，并为该图片应用"左上斜偏移"阴影效果。

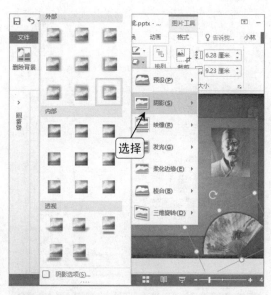

Step 05 添加动画

选择卷轴形状，为其添加"劈裂"进入动画，开始
方式为"与上一动画之后"，期间为"中速"，方
向为"中央向左右展开"。

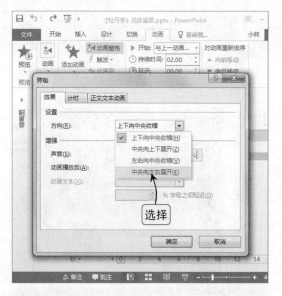

Step 06 设置动画效果

选择形状中的文本内容，为其添加"擦除"进入动
画，开始方式为"上一动画之后"，期间为"非常
慢（5秒）"，方向为"自右侧"。

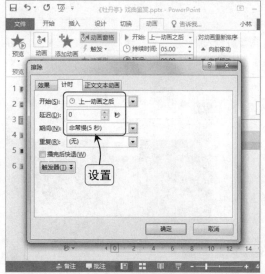

Step 07 添加动画

选择"折扇"和"汤显祖"图片，为其添加"淡出"进入动画，将开始方式设置为"与上一动画同时"，期间设置"快速（1秒）"，同时在"汤显祖"图片下方添加相应的说明信息并设置其字体格式。

Step 08 复制并更改对象

将第三张幻灯片中的所有对象复制到第四张幻灯片和第六张幻灯片中，更换对应的图片和文字，并保持原有的动画效果。

Step 09 插入视频

切换到第五张幻灯片，在其中插入"牡丹亭片段"视频文件，在"视频工具 播放"选项卡中将开始方式设置为"单击时"，并选中"全屏播放"复选框。

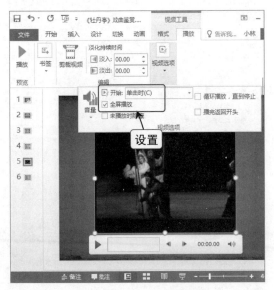

Step 10 复制图片

将第四张幻灯片中的"折扇"图片复制到第五张幻灯片中，完成本次案例的最后操作。

第 14 章

商务推广演示文稿实战演练

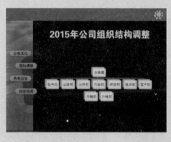

为图示设置外观样式

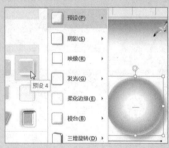

为形状添加预设效果

设置幻灯片大小

为对象添加动画效果

14.1 企业简报
利用幻灯片母版、图表和图示制作演示文稿

企业简报是简要介绍企业概况及本年度营运情况的文件。每年定期进行，以演示文稿的形式在企业内部展示，或以召开会议的形式进行讨论。

14.1.1 实战制作目标

由于不同企业的实际情况不一样，其简报的内容也不一样，但通常情况下，企业简报的内容不会太多，结构也不会太复杂，因其大都是例行进行的，所以也不需要过多的前言或开场白，直接通过数据分析年度经营情况即可，本案例的最终效果如图14-1所示。

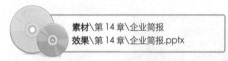

素材\第 14 章\企业简报
效果\第 14 章\企业简报.pptx

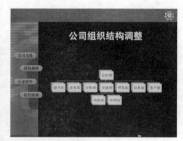

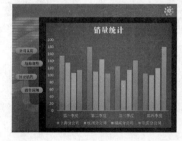
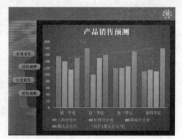

图14-1 "企业简报"效果图

14.1.2 实战制作分析

本案例的企业简报由公司的企业文化介绍、组织结构调整、过去一年的产品销售情况和未来一年的预期销售4个部分组成，而制作本案例则需要3个步骤，如图14-2所示。

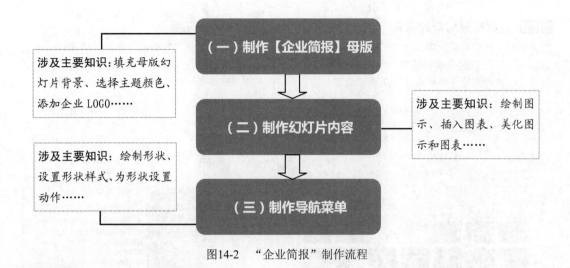

图14-2 "企业简报"制作流程

14.1.3 实战制作详解

制作"企业简报"演示文稿的具体操作如下。

 （一）制作"企业简报"母版

Step 01 切换到母版幻灯片

新建一份空白演示文稿，将其保存为"企业简报"，并将幻灯片大小设置为"标准（4:3）"，单击"视图"选项卡"母版视图"功能组中的"幻灯片母版"按钮，切换到幻灯片母版视图。

Step 02 设置背景图片颜色模式

切换到主题幻灯片母版中，打开"设置背景格式"窗格，将"背景1"素材图片设置为填充背景，然后切换到"图片"选项卡，在"图片颜色"栏中单击"重新着色"按钮，在弹出的下拉面板中选择"灰度"选项。

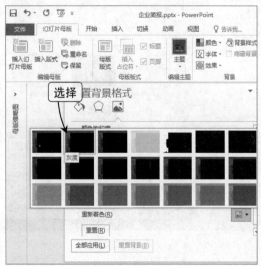

Step 03 设置标题幻灯片背景

切换到标题幻灯片母版中，打开"设置背景格式"窗格，插入"背景2"素材图片，然后切换到"图片颜色"栏，为图片选择"灰度"颜色模式。

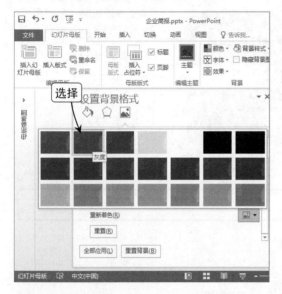

Step 05 插入图片

选择主题幻灯片母版，然后切换到"插入"选项卡，单击"图像"功能组中的"图片"按钮，打开"插入图片"对话框，在其中选择"logo"素材图片，单击"插入"按钮，将其插入母版幻灯片中。

Step 04 选择主题颜色

关闭"设置背景格式"窗格，单击"背景"功能组中的"颜色"按钮，在其下拉菜单中选择"Office"栏下的"蓝绿色"选项。

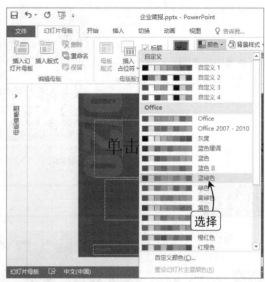

Step 06 设置图片格式

将插入的图片拖动到幻灯片的右上角，并适当调整图片的大小，选择图片，切换到"图片工具 格式"选项卡，单击"图片效果"按钮，为图片选择"左下斜偏移"阴影效果。

（二）制作幻灯片内容

Step 01 制作标题幻灯片

关闭幻灯片母版视图，在标题占位符中输入文本内容，并设置文本的字体和颜色，然后将文本占位符拖动到幻灯片中适合的位置。

Step 02 制作"公司文化"幻灯片

单击"开始"选项卡"幻灯片"功能组中的"新建幻灯片"按钮，新建"标题和内容"幻灯片，在其中输入文本内容并调整文本的格式和位置。

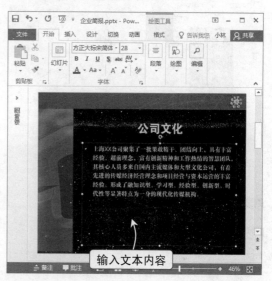

Step 03 插入 SmartArt 图示

新建"仅标题"幻灯片，输入标题内容，单击"插入"选项卡"插图"功能组中的"SmartArt"按钮，在打开的对话框中选择层次结构选项。

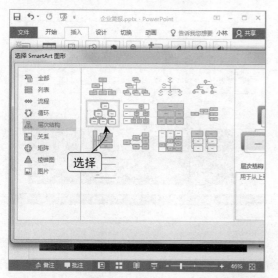

Step 04 在图示中输入文本

在图示中输入对应的文本内容，并调整图示的大小和结构。

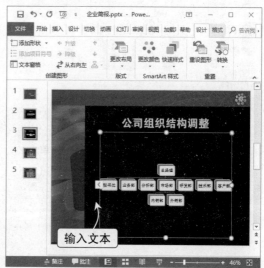

Step 05 更改图示颜色

选择图示，单击"SmartArt工具 设计"选项卡
"SmartArt样式"功能组中的"更改颜色"按钮，
在其下拉菜单中选择一种合适的颜色。

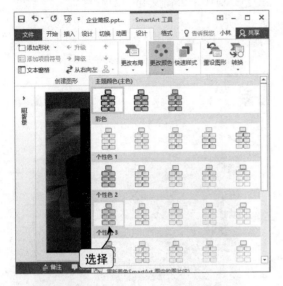

Step 06 选择预设样式

保持图示的选择状态，单击"SmartArt样式"功能
组中的"其他"按钮，在弹出的下拉列表中为图示
选择适合的预设样式。

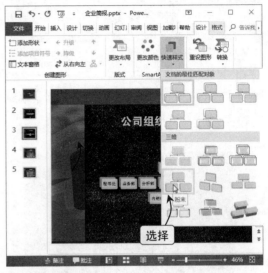

Step 07 插入图表

新建"仅标题"幻灯片，单击"插入"选项卡中的
"图表"按钮，在弹出的对话框中选择适合的图表
类型，然后单击"确定"按钮。

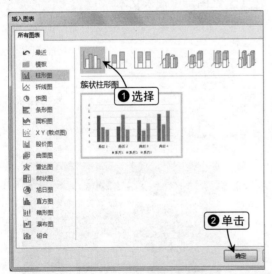

Step 08 编辑数据

此时将打开Excel电子表格程序，在其中输入数据，
然后关闭程序，调整图表的大小和位置，输入标题，
调整字体大小。

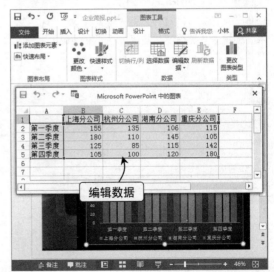

Step 09 应用图表样式

选中图表，单击"图表工具 设计"选项卡"图表样式"功能组中的"其他"按钮，在弹出的下拉列表中选择适合的图表样式。

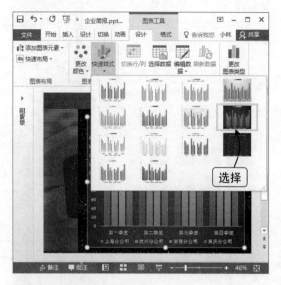

Step 10 编辑数据

新建"仅标题"幻灯片，在其中输入文本内容，然后插入合适的图表，在Excel电子表格程序中编辑图表数据。

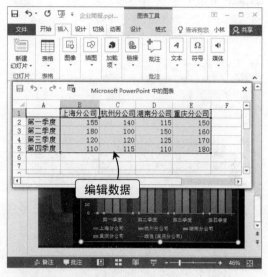

Step 11 应用图表样式

选择新建的图表，单击"图表工具 设计"选项卡"图表样式"功能组的"其他"按钮，在弹出的下拉列表中选择适合的图表样式。

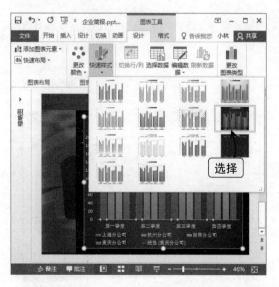

Step 12 添加趋势线

选择图表中的"重庆分公司"数据系列，单击"图表工具 设计"选项卡"图表布局"功能组中的"添加图表元素"下拉按钮，在其下拉菜单的"趋势线"子菜单中选择"线性"命令。

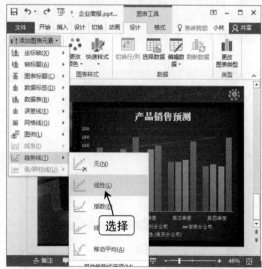

（三）制作导航菜单

Step 01 绘制形状并输入文字

切换到幻灯片母版视图，在主题幻灯片中插入4个圆角矩形，并在其中输入文本内容。

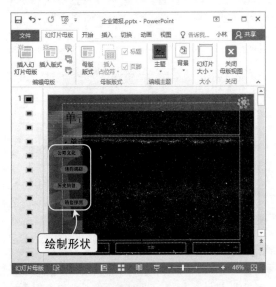

Step 03 打开"动作设置"对话框

选择第一个形状，单击"插入"选项卡中的"动作"按钮，在打开的对话框中选中"超链接到"单选按钮，并选中"单击时突出显示"复选框，然后单击"超链接到"下拉按钮，选择"幻灯片"选项。

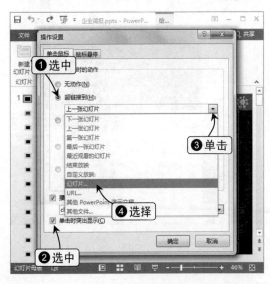

Step 02 设置形状样式

选中所有形状单击"绘图工具 格式"选项卡"形状样式"功能组中的"其他"按钮，选择合适的形状样式。

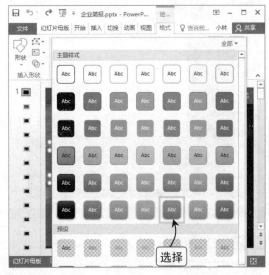

Step 04 选择超链接对象

在打开的"超链接到幻灯片"对话框中选择"公司文化"选项，并单击"确定"按钮完成动作设置。用同样的方式设置其他形状的动作，完成本案例所有操作。

14.2 楼盘推广策划
通过制作演示文稿展示楼盘推广的策划方案

作为地产经理人，做好一份楼盘推广策划尤为重要，利用PowerPoint做一份详尽的、图文结合的楼盘推广策划演示文稿，能更有效地协助展示策划方案。

14.2.1 实战制作目标

本案例将制作一个楼盘推广策划演示文稿，并在其中应用图表或图示对文本内容进行阐述，其制作完成后的最终效果如图14-3所示。

素材\第 14 章\楼盘推广策划
效果\第 14 章\楼盘推广策划.pptx

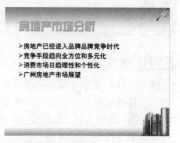
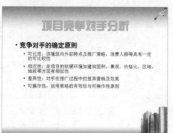
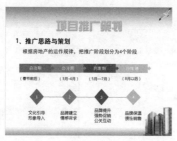
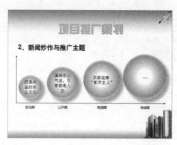

图14-3 "楼盘推广策划"效果图

14.2.2 实战制作分析

楼盘推广策划是新楼盘上市前后的各项宣传和销售手段的整体方案，影响着楼盘将来的销售业绩，因此其中各项工作都需要进行非常细致地准备，要通过充分的市场调查和对各项数据的仔细分析，经过广泛的研究与讨论，才能得出最合适的推广策划方案。

本案例分为制作文本幻灯片和绘制图示两个步骤，其具体的制作流程及涉及的知识点分析如图14-4所示。

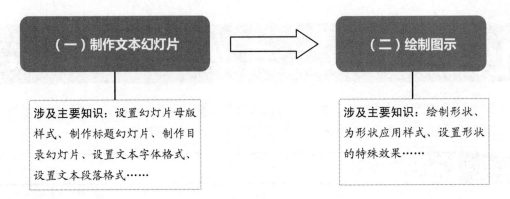

图14-4　"楼盘推广策划"制作流程

14.2.3 实战制作详解

下面将按照图14-4所示的两个步骤，具体介绍演示文稿"楼盘推广策划"的制作过程。

 （一）制作文本幻灯片

Step 01 切换到幻灯片母版

新建一份空白演示文稿，将其保存为"楼盘推广策划"，将幻灯片大小设置为"标准 (4:3)"，然后在"视图"选项卡的"母版视图"功能组中单击"幻灯片母版"按钮，切换到幻灯片母版视图。

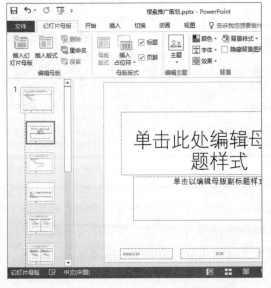

Step 02 填充母版背景图片

在主题幻灯片母版中右击，在弹出的快捷菜单中选择"设置背景格式"命令，打开"设置背景格式"窗格，选中"图片或纹理填充"单选按钮，单击"文件"按钮，在打开的对话框中选择图片"背景1"，单击"插入"按钮。

Step 03 填充标题母版幻灯片背景图片

切换到标题母版幻灯片，在"设置背景格式"窗格中，为其填充"背景2"素材图片。

Step 04 设置字体格式

切换到主题幻灯片母版中，改变标题文本和第一级文本的字体、字号和颜色，并为标题文本应用阴影样式。

Step 05 制作标题幻灯片

单击"关闭母版视图"按钮，返回幻灯片的编辑视图，在标题幻灯片中输入文本内容，并选择文本"上市推广策划"，将其字号大小设置为"28"磅，并为其选择合适的字体颜色。

Step 06 制作目录幻灯片

单击"开始"选项卡中的"新建幻灯片"下拉按钮，新建"标题和内容"幻灯片，在标题中输入文本，然后删除内容占位符，在幻灯片中绘制3个圆角矩形，并在其中输入文本内容。

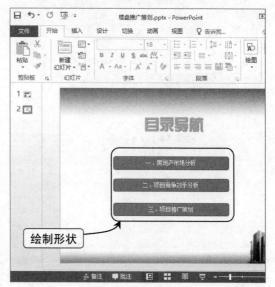

Step 07 设置形状格式

同时选择3个形状，在"绘图工具 格式"选项卡的"形状样式"功能组中单击"其他"按钮，在弹出的下拉菜单中选择适合的形状样式。

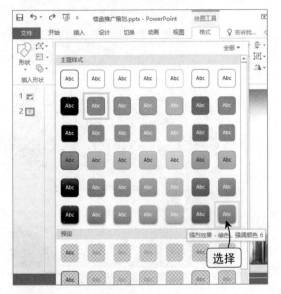

Step 08 输入文本

新建一张"标题和内容"幻灯片，在其中输入相应的文本内容。

Step 09 设置项目符号

选择内容文本，单击"开始"选项卡"段落"功能组中的"项目符号"下拉按钮，在其下拉菜单中选择适合的项目符号。

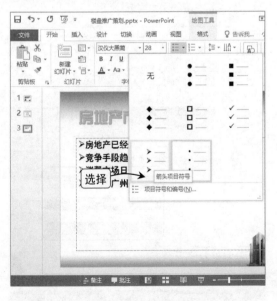

Step 10 提高列表级别

新建一张"标题和内容"幻灯片，在其中输入相应的文本内容，然后选择目标文本，单击"开始"选项卡"段落"功能组中的"提高列表级别"按钮。

（二）绘制图示

Step 01　新建幻灯片并输入文本

新建一张"仅标题"幻灯片得到"幻灯片5"，输入标题文本，绘制两个水平文本框，并在其中输入文本内容。

Step.02　绘制形状

单击"插入"选项卡"插图"功能组中的"形状"按钮，选择"右箭头标注"形状，将其插入幻灯片中，并拖动黄色控制点调整形状外观。

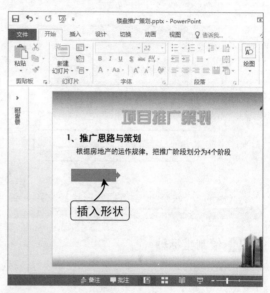

Step 03　复制并制作形状

将形状复制3个，并首尾相连，最左边的形状在最顶层，之后的依次下移一层，并在每个形状中输入对应的文本内容。

Step 04　为形状填充不同颜色

依次选择4个形状，单击"绘图工具 格式"选项卡中的"形状填充"按钮，为其填充不同的颜色，然后单击"形状轮廓"按钮，选择"无轮廓"命令。

Step 05 插入形状

在幻灯片中的合适位置插入4个菱形，在其中输入文本，用相同方法为其填充颜色，然后绘制一条直线将4个菱形连接在一起，并将直线置于底层。

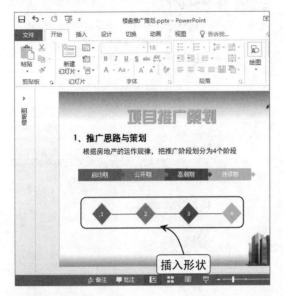

Step 06 添加文本内容

最后在图示的对应位置绘制文本框，并在其中添加文本内容。

Step 07 绘制坐标轴

新建"仅标题"幻灯片，在其中输入文本内容，然后单击"插入"选项卡中的"形状"按钮，绘制两条垂直的直线箭头。

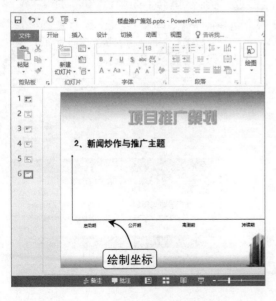

Step 08 绘制形状

在"形状"下拉列表中选择"椭圆"形状，按住【Shift】键绘制4个逐一变大的圆形，并在圆形中输入对应的文本内容。

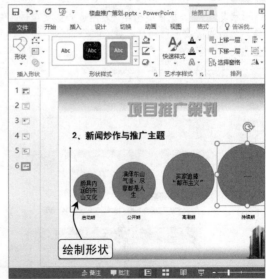

Step 09 填充渐变颜色

选择4个圆形，在右键快捷菜单中选择"设置对象格式"命令，在打开的窗格中选中"渐变填充"单选按钮，再选择合适的预设渐变，并将渐变的"类型"设置为"路径"，最后去掉形状的边框。

Step 10 选择预设效果

保持4个圆形的选择状态，在"绘图工具 格式"选项卡的"形状样式"功能组中单击"形状效果"下拉按钮，在"预设"子菜单中选择"预设4"形状效果。

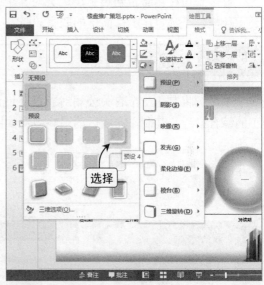

Step 11 添加超链接

切换到目录幻灯片，选择第一个矩形，单击"插入"选项卡"链接"功能组中的"超链接"按钮，打开"插入超链接"对话框，选择"本文档中的位置"选项卡中的第三张幻灯片，单击"确定"按钮，将形状超链接到对应幻灯片。

Step 12 超链接到对应幻灯片

选择第二个形状，右击，在弹出的快捷菜单中选择"超链接"命令，打开"插入超链接"对话框，在"本文档中的位置"选项卡中选择第四张幻灯片，用同样的方法将第三个形状超链接到第五张幻灯片，完成本案例所有操作。

14.3 公司新员工培训
制作简洁的公司新员工培训演示文稿

　　许多公司在招聘了新员工后，会对其进行岗前培训，让新员工能够更好、更快地适应公司环境，了解自己工作岗位的职责。

14.3.1 实战制作目标

　　本案例将制作一个有关公司对新员工培训的演示文稿，并根据测评总成绩来判断新员工的综合素质，其制作完成后的最终效果如图14-5所示。

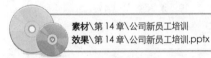

素材\第 14 章\公司新员工培训
效果\第 14 章\公司新员工培训.pptx

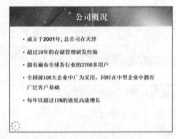

图14-5　　"公司新员工培训"效果图

14.3.2 实战制作分析

　　为了让新员工能够全面认识和了解公司，岗前培训包括企业文化、规章制度、岗位职责的培训等。一般情况下，在培训结束后都会有一个小小的测试，让公司领导了解各位新员工对新环境的适应情况和对新知识的掌握情况。

　　本案例的制作主要分为两个部分，其具体流程和涉及的知识分析如图14-6所示。

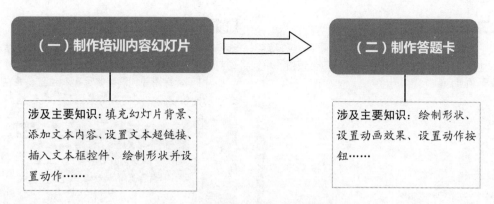

图14-6　"公司新员工培训"制作流程

14.3.3 实战制作详解

制作"公司新员工培训"演示文稿的具体操作如下。

（一）制作培训内容幻灯片

Step 01 设置幻灯片大小

新建一份空白演示文稿，将其保存为"公司新员工培训"，在"设计"选项卡的"自定义"功能组中单击"幻灯片大小"下拉按钮，在下拉列表中选择"标准（4:3）"选项。

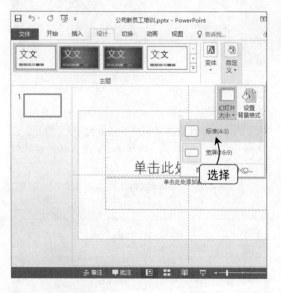

Step 02 插入图片

切换到幻灯片母版视图中，选择主题幻灯片，切换到"插入"选项卡，将"背景1"素材图片插入主题母版幻灯片中，将其移到幻灯片顶端，再将其置于幻灯片的底层。

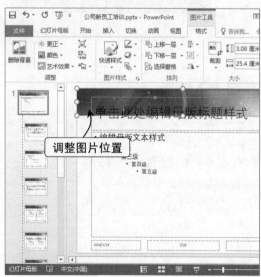

Step 03 设置页脚

插入"图片1"素材图片，调整其大小，将其移动至幻灯片的左下角，再将页码占位符移动至该图片中，并置于顶层。

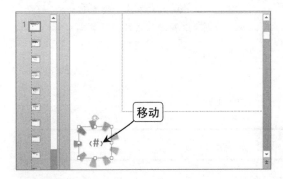

Step 05 设置文本格式

切换到主题幻灯片母版中，将标题占位符移动到合适的位置，并为文本设置合适的格式。

Step 07 插入幻灯片编号

在"插入"选项卡的"文本"功能组中单击"幻灯片编号"按钮，在打开的"页眉和页脚"对话框中选中"幻灯片编号"和"标题幻灯片中不显示"复选框，然后单击"全部应用"按钮。

Step 04 设置标题幻灯片母版

选择标题幻灯片母版，将"背景2"素材图片插入该幻灯片中，调整到幻灯片顶端，置于底层，再插入"图片1"素材图片，调整其大小和位置，并在"背景"功能组中选中"隐藏背景图形"复选框。

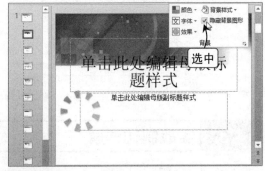

Step 06 输入文本

退出幻灯片母版视图，在标题幻灯片中输入文本，并设置文本格式。

Step 08 绘制形状

新建"仅标题"幻灯片，在幻灯片中绘制圆角矩形，输入文本，并设置文本格式，然后选中3个形状，切换到"绘图工具 格式"选项卡中，为其选择合适的形状效果。

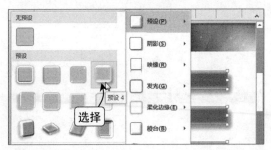

Step 09 设置段落格式

新建"标题和内容"幻灯片，在其中输入文本内容，并设置字体格式，打开"段落"对话框，将"段前"设置为"12磅"，行距为"1.5倍行距"。

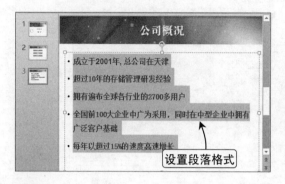

Step 10 复制文本格式

添加"标题和内容"幻灯片，输入文本，切换到第三张幻灯片中，选中正文文本，通过格式刷将此文本格式复制到第四张幻灯片文本上，用相同的方法制作第五张幻灯片。

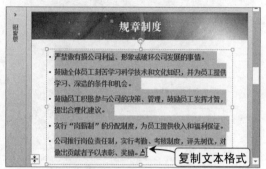

Step 11 添加超链接

切换到第二张幻灯片中，选中第一个形状，将其超链接到第三张幻灯片中，将第二个形状超链接到第四张幻灯片，最后将第三个形状超链接到第五张幻灯片中。

（二）制作答题卡

Step 01 绘制形状

新建一个标题幻灯片，在其中输入文本内容，绘制一个圆角矩形，并在其中输入文字，将其超链接到下一张幻灯片中。

Step 02 添加幻灯片母版

切换到幻灯片母版视图，单击"插入幻灯片母版"按钮，打开"设置背景格式"窗格，将"背景3"素材图片作为该母版的背景图片。

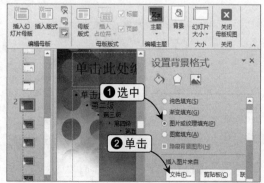

Step 03 制作答题卡封面

退出幻灯片母版视图，新建第二套母版中的空白版式幻灯片，再绘制文本框并输入文本内容，设置字体格式。

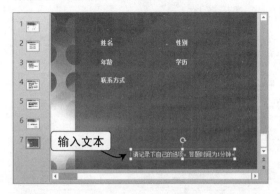

Step 05 单击"文本框"按钮

返回幻灯片编辑界面，切换到"开发工具"选项卡，单击"控件"功能组中的"文本框"按钮。

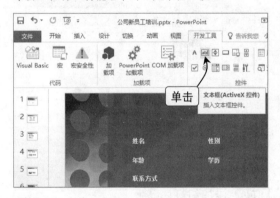

Step 07 绘制形状

在幻灯片中绘制一个圆角矩形，并在其中输入对应的文本内容，并为矩形形状应用合适的形状样式。

Step 04 添加选项卡

切换到"文件"选项卡中，单击"选项"按钮，在打开的对话框中切换到"自定义功能区"选项卡，在右侧选中"开发工具"复选框，单击"确定"按钮。

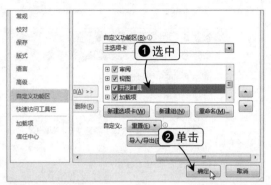

Step 06 绘制控件

当鼠标光标变成十字形状时，在幻灯片中的合适位置绘制5个文本框控件。

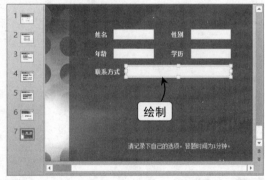

Step 08 为形状添加动作

保持形状的选择状态，打开"动作设置"对话框，选中"超链接到"单选按钮，将形状超链接到下一张幻灯片，并选中"单击时突出显示"复选框。

Step 09 绘制"折角形"形状

新建空白版式幻灯片，在其中绘制"折角形"形状，并为其选择适合的预设样式。

Step 10 添加问题文本

在形状上绘制文本框并输入文本内容，复制该幻灯片两次，并修改文本内容。

Step 11 粘贴答题卡

将"折角形"形状和其中的所有文本组合在一起，然后将后两张答题卡幻灯片剪切粘贴到第一张答题卡中，并使其完全重合，删除多余的幻灯片并在"选择"窗格中为各组合后的形状命名。

Step 12 绘制形状并为其添加动画

在答题卡的右上角绘制一个圆形，为其应用适合的样式，然后为其添加"彩色脉冲"强调动画，打开"彩色脉冲"对话框，将期间设置为"快速（1秒）"，重复为"60"次。

Step 13 为第一题添加进入动画

打开"选择"窗格，选择第一题，为其添加"出现"进入动画，开始方式为"与上一动画同时"。

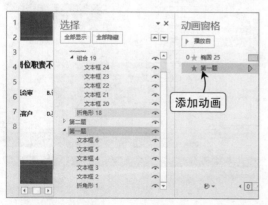

Step 14 为第一题添加退出动画

单击"添加动画"按钮，添加"消失"退出动画，开始方式为"与上一动画同时"，延迟为"20"秒。

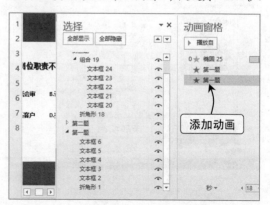

Step 15 为第二题添加动画

选择第二题，为其添加"出现"进入动画，开始方式为"与上一动画同时"，延迟为"20"秒，再为其添加"消失"退出动画，开始方式为"与上一动画同时"，延迟为"40"秒。

Step 16 为第三题添加动画

选择第三题，为其添加"出现"进入动画，开始方式为"与上一动画同时"，延迟为"40"秒，再为其添加"消失"退出动画，开始方式为"与上一动画同时"，延迟为"60"秒。

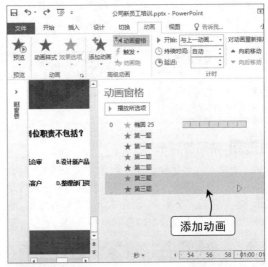

Step 17 绘制形状，并添加动画

在幻灯片中绘制一个矩形，输入"答题结束"文本，并为其应用样式，然后为其添加"出现"动画，开始方式为"上一动画之后"，持续时间为"1"秒。

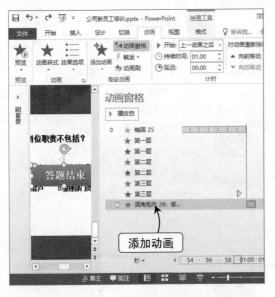

Step 18 添加超链接

选择"答题结束"形状，将其超链接到"第一张幻灯片"中。

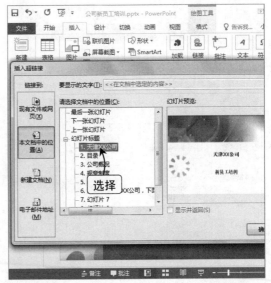

第 15 章

生活娱乐演示文稿实战演练

绘制并调整形状

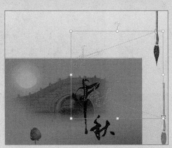

为毛笔绘制动作路径

调整图片大小和角度

设置幻灯片切换效果

15.1 中秋贺卡的制作
利用演示文稿的动画功能制作中秋贺卡

每逢佳节到来，用户可以向亲朋好友发送使用PowerPoint制作的节日贺卡，送上美好的祝愿。本例将介绍中秋节贺卡的设计与制作方法。

15.1.1 实战制作目标

由于本例制作的是节日贺卡，因此需要突出节日的特色，同时也需要展示演示文稿精美的图片和酷炫的动画效果，最后可以将演示文稿创建为视频发送给亲朋好友。本例的最终效果如图15-1所示。

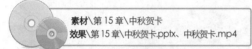

素材\第15章\中秋贺卡
效果\第15章\中秋贺卡.pptx、中秋贺卡.mp4

图15-1 "中秋贺卡"效果图

15.1.2 实战制作分析

"中秋贺卡"演示文稿着重突出动画的效果，在制作过程中主要可以分为两部分：月亮变化过程的动画制作和结束幻灯片的动画制作。

在制作月亮的变化过程时，需要从月亮的圆缺和周围环境的明暗来突出显示这一变化效果，在此效果完成后，可以添加一个手写祝词的效果在末尾，此效果有画龙点睛之妙。

这就要求用户寻找这方面的素材，如毛笔和"中秋"字样的图片。其具体的制作流程如图15-2所示。

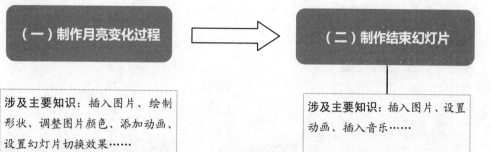

图15-2　"中秋贺卡"制作流程

15.1.3 实战制作详解

制作"中秋贺卡"演示文稿的具体操作如下。

 （一）制作月亮变化过程

Step 01 插入图片

新建演示文稿，将其保存为"中秋贺卡"，将幻灯片大小设置为"标准（4:3）"，在空白版式的幻灯片中插入"荷塘"和"背景"素材图片，并调整其大小和位置。

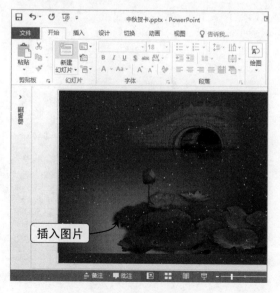

Step 02 绘制形状

在幻灯片中绘制"新月"形状，可拖动黄色控制点调整新月的弯曲弧度，然后切换到"绘图工具 格式"选项卡，为形状填充金色并去掉形状的边框颜色，然后选择合适的柔化边缘效果。

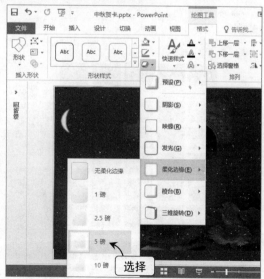

Step 03 调整图片的亮度和对比度

分别选择"背景"和"荷塘"素材图片，切换到"图片工具 格式"选项卡，单击"调整"功能组中的"更正"下拉按钮，在其下拉菜单中的"亮度/对比度"栏选择合适的选项。

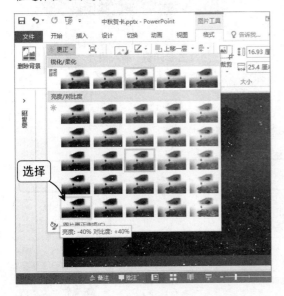

Step 04 复制幻灯片

复制第一张幻灯片新建第二张幻灯片，删除其中的"新月"形状，绘制一个"弦形"月亮，设置形状的外观样式，并拖动黄色的控制点调整形状，再将其移动至合适的位置。

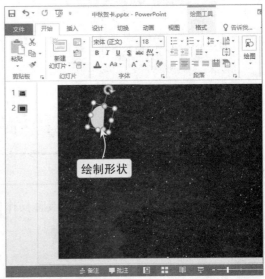

Step 05 调整图片的亮度和对比度

在第二张幻灯片中分别选择"背景"和"荷塘"素材图片，切换到"图片工具 格式"选项卡，在"更正"下拉菜单中的"亮度/对比度"栏为其选择合适的选项。

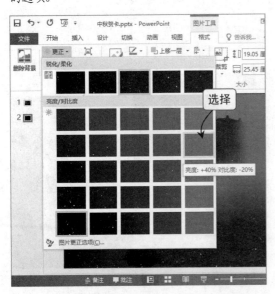

Step 06 复制幻灯片

复制第二张幻灯片新建第三张幻灯片，删除其中的"弦形"月亮，然后插入"满月"素材图片，并调整其大小和位置。

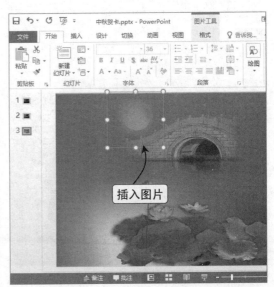

Step 07 调整图片的亮度

选择第三张幻灯片中的"荷塘"素材图片，切换到
"图片工具 格式"选项卡，在"更正"下拉菜单中
的"亮度/对比度"栏为其选择合适的选项。

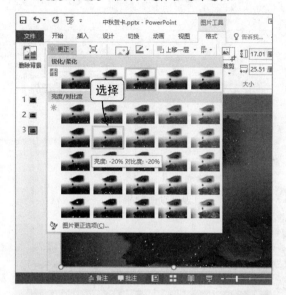

Step 08 插入图片

在第三张幻灯片中插入"中"、"秋"、"毛笔"
素材图片，并调整图片的大小和位置。

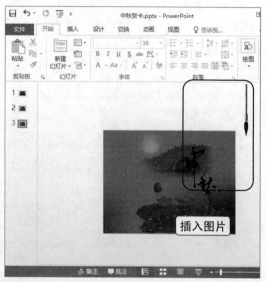

Step 09 自定义动作路径动画

选择素材图片"毛笔"切换到"动画"选项卡，为
其绘制一条沿"中"、"秋"素材图片运动的动作
路径，将其开始方式设置为"与上一动画同时"，
根据实际情况调整动画的持续时间。

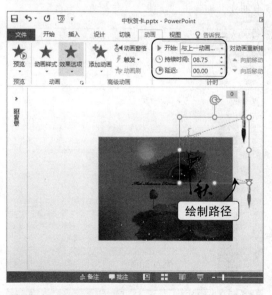

Step 10 添加动画

为"中"素材图片添加方向为"自顶部"的"擦除"
进入动画，开始方式为"与上一动画同时"，延迟
为"03.50"秒，持续时间为"01.00"秒。

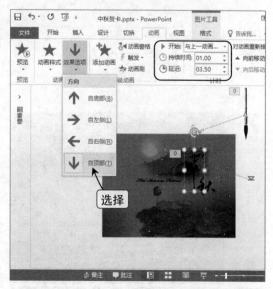

Step 11 添加动画

为"秋"素材图片添加方向为"自顶部"的"擦除"进入动画，开始方式为"与上一动画同时"，持续时间为"01.00"秒，延迟为"05.75"秒。

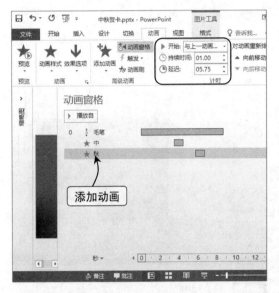

Step 12 添加动画

为"中"和"秋"素材图片添加"淡出"退出动画，开始方式为"上一动画之后"，"中"素材图片的期间为"非常快"，"秋"素材图片的期间为"0.75"秒。

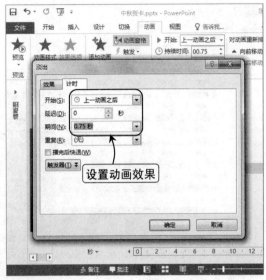

Step 13 添加英文文本

绘制一个横排文本框，在其中输入"Mid-Autumn Festival"英文文本，根据需要设置文本的格式，并将其移动至合适的位置。

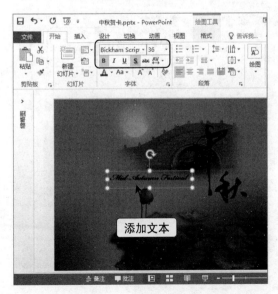

Step 14 添加文本动画

为文本内容添加"飞入"进入动画、"对象颜色"强调动画和"飞出"退出动画，效果都为"按字母"，开始方式都为"上一动画之后"，并将强调动画重复两次，期间为"快速"，颜色为"白色"。

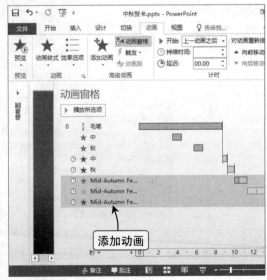

Step 15 添加退出动画

选择第三张幻灯片中的所有图片，为其添加"淡出"退出动画，将"满月"素材图片的开始方式设置为"上一动画之后"，"荷塘"和"背景"素材图片的开始方式为"与上一动画同时"。

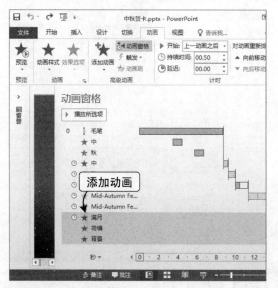

Step 16 设置切换效果

切换到"切换"选项卡，为3张幻灯片添加"淡出"切换效果，然后选中"设置自动幻灯片时间"复选框，根据实际情况设置时间。

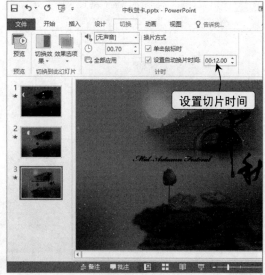

 （二）制作结束幻灯片

Step 01 填充背景

新建空白版式幻灯片，打开"设置背景格式"窗格，为背景填充颜色。

Step 02 绘制形状

在幻灯片中绘制一个矩形，并切换到"绘图工具 格式"选项卡，设置形状的填充颜色和边框颜色。

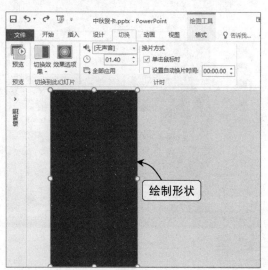

Step 03 插入图片和文本

将"花"、"吉祥"和"中秋"素材图片插入幻灯片中并调整其大小和位置，然后绘制一个竖排文本框，输入文本内容。

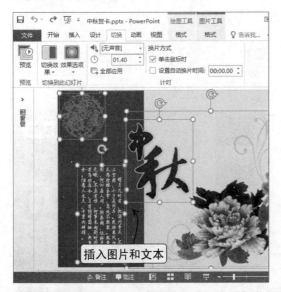

Step 04 添加动画

根据自己的需要为幻灯片中的对象添加进入和强调动画，并为最后一张幻灯片设置合适的切换效果。

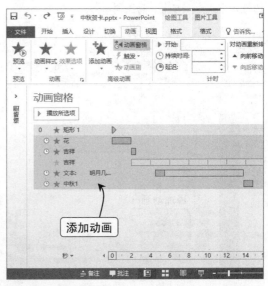

Step 05 插入音乐

切换到第一张幻灯片，单击"插入"选项卡"媒体"功能组中的"音频"下拉按钮，将素材音乐"但愿人长久"插入幻灯片中，并切换到"音频工具 播放"选项卡，在其中设置音乐的播放方式。

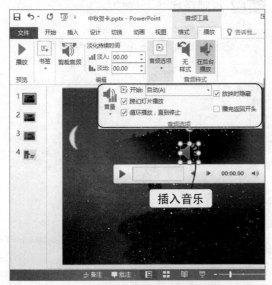

Step 06 创建视频

单击"文件"选项卡，然后单击"导出"选项卡"创建视频"栏中的"创建视频"按钮，将演示文稿创建为视频完成本案例所有操作。

15.2 创建精美相册
熟练掌握交互式动画和图片的各种处理技巧

每个人都应该有一本属于自己的相册，因为它记录了我们成长过程中的点点滴滴，当时过境迁，我们会发现最美的是回忆。可以将这些照片通过PowerPoint创建成电子相册，让这些记忆永不褪色。

15.2.1 实战制作目标

本案例着重体现图片的各种处理方法和幻灯片的交互效果，尽可能让相册给人以美的感受，同时让相册的放映更加流畅自然，其最终效果如图15-3所示。

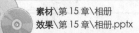
素材\第 15 章\相册
效果\第 15 章\相册.pptx

图15-3 "相册"效果图

15.2.2 实战制作分析

"相册"演示文稿主要分为导航幻灯片和内容幻灯片两个部分，内容幻灯片主要分为4个人生阶段，即学前时期、学生年代、大学恋爱、情定结婚，再加上一个全家福幻灯片。

本相册的风格比较个性化，在制作的过程中应用了大量的装饰素材及标签、对话框，其制作过程如图15-4所示。

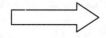

（一）制作导航幻灯片 ➡ （二）制作内容幻灯片

涉及主要知识：插入图片、调整图片、添加文本、设置超链接、添加动作、添加动画……

涉及主要知识：插入图片、调整图片、添加文本、设置超链接、添加动画，添加切换方式……

图15-4　"相册"制作流程

15.2.3 实战制作详解

制作"相册"演示文稿的具体操作如下。

（一）制作导航幻灯片

Step 01 填充幻灯片背景

新建一份空白演示文稿，将其保存为"相册"，将幻灯片大小设置为"标准（4:3）"，打开"设置背景格式"窗格，将"背景1"素材图片填充为背景。

Step 02 插入图片

插入"图片1"素材图片，并调整其位置，然后插入"图片2"至"图片4"素材图片，调整其大小和角度，使其刚好嵌入相框内，并将"图片1"素材图片置于顶层。

Step 03 裁剪图片

将"图片5"素材图片插入幻灯片中,并裁剪图片,使其只剩5个胶卷格,分别在其中绘制文本框,输入文本,并设置文本格式,根据需要,添加5张空白版式的幻灯片。

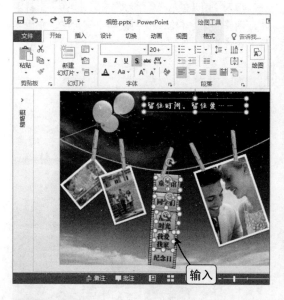

Step 04 添加动作

选择"图片2"素材图片,在"操作设置"对话框中切换到"鼠标悬停"选项卡,在"超链接到"下拉列表框中选择"6.幻灯片6"选项,并选中"鼠标移过时突出显示"复选框,单击"确定"按钮。

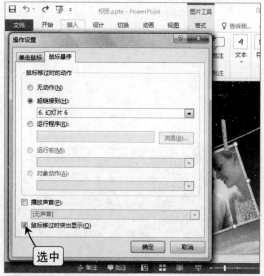

Step 05 添加动作

选择"图片9"素材图片,在"操作设置"对话框中切换到"鼠标悬停"选项卡,在"超链接到"下拉列表框中选择"幻灯片"选项,在打开的对话框中选择"幻灯片3"选项,依次单击"确定"按钮。

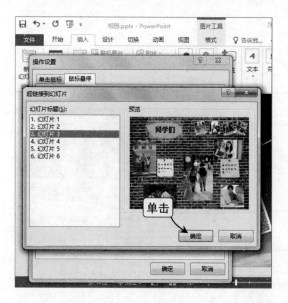

Step 06 添加超链接

用相同的方法将"图片4"素材图片超链接到最后一张幻灯片中。选择"童年馆"文本框,打开"操作设置"对话框,将其超链接到下一张幻灯片中,同样将剩余的文本框超链接到对应的幻灯片中,单击"确定"按钮。

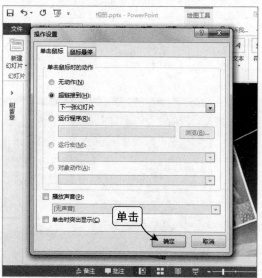

（二）制作内容幻灯片

Step 01 制作招牌

切换到第二张幻灯片中，将"背景2"素材图片填充为背景，插入"图片6"素材图片，调整其大小和位置，并合理裁剪图片，然后插入"图片7"素材图片，并为其添加合适的阴影效果，并输入文本。

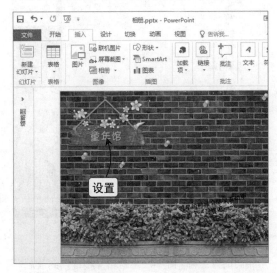

Step 02 插入图片

分别插入"图片2"、"图片8"和"图片9"素材图片，调整其大小和位置，再旋转一定角度，并为其应用合适的外观样式。

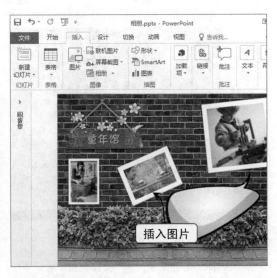

Step 03 复制图片

插入"图片10"素材图片，调整其大小和位置，将其复制4次，分别放置在其他两张图片的上端两角，使图片有种被钉在墙上的感觉。

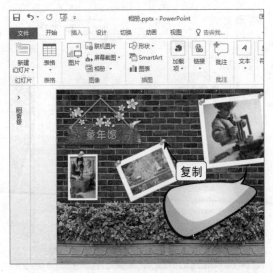

Step 04 添加对话框

将"图片11"素材图片插入幻灯片中，调整其大小和位置，并在其中绘制文本框，输入文本内容。

Step 05 制作导航相框

插入"图片12"素材图片，调整其大小和位置，原位复制一次，将右侧的2个相框裁剪掉，并选择两张图片，按【Ctrl+G】组合键组合两张图片。

Step 06 添加导航图片

分别插入"图片13"至"图片16"素材图片，并缩小图片，使其刚好嵌入导航相框内，然后在图片下方绘制文本框，输入文本，设置文本格式。

Step 07 添加文本

切换到第三张幻灯片中，将"背景3"素材图片填充为背景，插入"图片17"素材图片，在"调整"功能组中的"颜色"下拉菜单中选择"冲蚀"选项，并调整其位置和大小，然后输入文本。

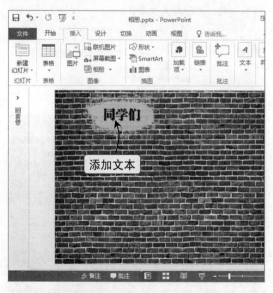

Step 08 插入标签

插入"图片3"和"图片18"素材图片，调整其大小和位置，再插入"图片19"和"图片20"素材图片分别放置在两张图片的旁边，并在其上绘制文本框，输入文本，为文本选择一种手写效果的字体样式。

Step 09 复制并更改图片

插入几张图片，并调整其大小和位置，复制第二张幻灯片中的导航图片，更改属于本阶段的图片和文本。

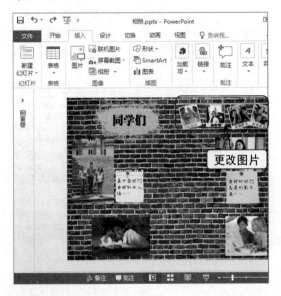

Step 10 插入图片

切换到第四张幻灯片中，将"背景4"图片素材填充为本幻灯片背景，插入"图片23"和"图片24"素材图片，调整其大小和位置，并输入文本。

Step 11 添加对话框

插入"图片15"和"图片25"素材图片，调整大小、位置和角度，并为其选择一种合适的外观样式，再插入"图片26"素材图片，调整其大小和位置，并在其上输入文本内容，设置文本格式，最后复制导航图片，更改属于本阶段的图片和文本。

Step 12 制作第五张幻灯片

切换到第五张幻灯片中，将"背景4"素材图片填充为幻灯片背景，插入"图片27"和"图片28"素材图片，调整其大小和位置，并复制一张"图片28"图片，将其水平旋转，再为这两张图片添加合适的阴影效果，然后输入文本。

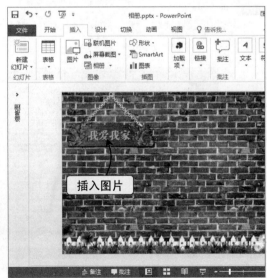

Step 13 添加文本和图片

插入素材图片，调整其大小、位置和角度，并为其选择一种合适的外观样式，然后复制导航图片，更改属于本阶段的图片和文本。

Step 15 绘制形状

在幻灯片中的适当位置绘制一个椭圆形，填充颜色，并去掉轮廓颜色，将其透明度设置为"50%"，再插入"图片31"素材图片，调整其大小和位置。

Step 14 制作第六张幻灯片

切换到第六张幻灯片中，将"背景5"素材图片填充为该幻灯片的背景，插入"图片7"素材图片，并将其水平旋转，然后放在合适的位置。

Step 16 调整图片

插入"图片32"至"图片34"，使其大小和外观样式一致，同时选择3张图片，使其下端对齐并平均分布，然后复制并调整导航图片，选中导航图片的文本，使其方向为"竖排"方向，并调整文本位置。

Step 17 为第二张幻灯片添加动画

切换到第二张幻灯片中，为所有对象添加合适的进入动画，开始方式都为"上一动画之后"，根据需要适当调整持续时间或其他动画参数。

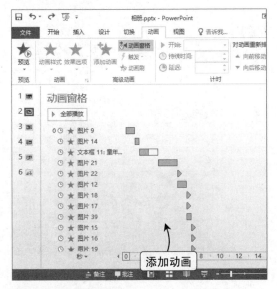

Step 18 为第三张幻灯片添加动画

切换到第三张幻灯片，为其中的所有对象添加合适的进入动画，开始方式都为"上一动画之后"，可以自定义对象动画的开始先后。

Step 19 添加强调动画

切换到第四张幻灯片中，为所有对象添加进入动画，选中吊牌上花状图片，为其添加"陀螺旋转"强调动画，开始方式为"与上一动画同时"，重复为"直到幻灯片末尾"。

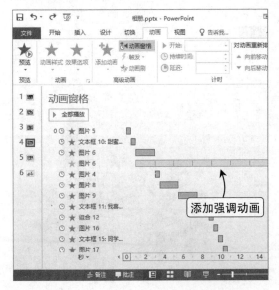

Step 20 添加动画

用同样的方法为第五张和第六张幻灯片中的对象添加进入动画，再为第六张中的小熊图片添加"跷跷板"强调动画，开始方式为"上一动画之后"，重复为"直到幻灯片末尾"。

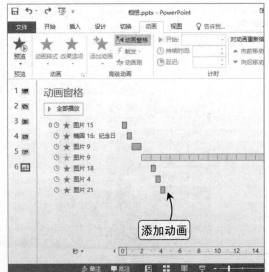

Step 21 添加超链接

切换到第二张幻灯片中，选择导航图片，根据名称分别将其超链接到对应的幻灯片中，用此方法为其他内容幻灯片中的导航图片添加对应的超链接。

Step 22 添加幻灯片切换样式

在"切换"选项卡的"切换到此幻灯片"功能组中单击"其他"按钮，在其下拉列表中为幻灯片选择一种合适的切换方式，在"效果选项"下拉列表中选择方向，也可以在"计时"功能组中调整其他参数。